生态文明

与绿色发展的铜仁实践

Shengtai Wenming Yu Lüse Fazhan

De Tongren Shijian

黄江 著

中央民族大学出版社

China Minzu University Press

图书在版编目（CIP）数据

生态文明与绿色发展的铜仁实践／黄江著. —北京：中央民族
大学出版社，2022.8（2023.10重印）

ISBN 978-7-5660-2099-4

Ⅰ.①生… Ⅱ.①黄… Ⅲ.①生态环境建设—研究—铜仁
Ⅳ.①X321.273.3

中国版本图书馆 CIP 数据核字（2022）第 131201 号

生态文明与绿色发展的铜仁实践

著　者	黄　江
责任编辑	舒　松
封面设计	舒刚卫
出版发行	中央民族大学出版社
	北京市海淀区中关村南大街 27 号　　邮编：100081
	电话：(010)68472815(发行部)　　传真：(010)68932751(发行部)
	(010)68932218(总编室)　　　　　(010)68932447(办公室)
经销者	全国各地新华书店
印刷厂	北京鑫宇图源印刷科技有限公司
开　本	787×1092　　　1/16　　　印张：18
字　数	285 千字
版　次	2022 年 8 月第 1 版　　2023 年 10 月第 2 次印刷
书　号	ISBN 978-7-5660-2099-4
定　价	68.00 元

序

习近平总书记指出，建设生态文明是关系人民福祉、关系民族未来的大计。近年来，在习近平生态文明思想指引下，生态文明和绿色发展受到广泛关注。理论界不再囿于生态中心主义与人类中心主义的简单争论，既不在"增长的极限"中悲观，也不在技术中心主义呼声中搞"速度崇拜"，而是立足国家环境史、地方气候及地理等具体因素，继承和发展马克思主义生态文明观，从生产的视角，探讨绿色发展、勾勒生态文明。实践中，绿水青山就是金山银山的理念已成共识；"先污染、后治理"的老路在我国没有土壤，绿色生产方式成为新时代高质量发展的内涵；生态文明体系的构建日趋完善，美丽中国已经成为人类生态文明的贡献者和引领者。

绿色是铜仁的底色。铜仁不仅拥有世界自然遗产梵净山，还有仁义之城、桃源铜仁的美誉，是西部的"丽水"。特别是近几年，在习近平生态文明思想指引下，通过绿色发展先行示范区建设，一张覆盖全域的"绿网"在全市铺开，森林覆盖率已经达 66.2%，位居贵州省第二位。在生态文明建设中，铜仁把绿色、生态作为自己的发展方向和目标，坚持生态产业化、产业生态化。目前"梵净山珍""梵山净水"等生态产品品牌闻名遐迩。生态农业、山地经济和数字经济正成为铜仁绿色生态的"幸福不动产"。

铜仁职业技术学院是国家民委和贵州省人民政府省部共建高校，位于梵净山腹地，具有研究绿色发展的独特优势和培养人才、服务地方绿色发展的独特义务。得益于东西友好城市大连与铜仁的发展协作，大连民族大学和铜仁职业技术学院开展了校校合作，黄江同志是我一对一指导与合作的青年骨干。该同志在教学科研中，立足铜仁、服务铜仁，把马克思主义生态文明观作为自己的主要研究方向，不仅潜心于生态经济的理论学习，还致力于把生态哲学应用到实践中。主持了"习近平生态文明思想的铜仁实践""铜仁绿色发展先行示范区建设研究"等科研项目，以及《毛泽东思想和中国特色社会主义理论体系概论》课教学创新研究，取得了一定的有益成果。

该书系在习近平生态文明思想指引下，从马克思主义生产方式入手，阐述了生态文明的价值形态和绿色发展的当代实践；结合福建、江西和丽水绿色发展的不同模式，分析了新时代实现生态文明的不同路径；聚焦铜仁高质量绿色先行示范区建设的成就和经验，提出了桃源铜仁围绕"四新"、主攻"四化"的高质量发展路径选择；最后从制度体系、标准体系、产业体系、动力体系和教育体系的构建与完善上探索建设绿色发展先行示范区的具体方法，以推动铜仁"一区五地"建设。从推广价值来说，该书还在一定程度上针对并解决了"十四五"期间民族地区山地经济高质量发展和乡村振兴发展战略的生态与发展问题，也为高职院校生态文明教育提供了绿色实践蓝本。全书分为四篇，共十六章，是黄江同志研究生态文明建设的阶段性总结。

应该说，全书具有从理论到实践的深入浅出，具有从绿色发展到生态文明建设的逻辑演进，具有从绿色生产到生态人培养的方法追求，具有一定的学术价值。从应用价值看，该书不仅具有生态立市与示范区建设的实践意义，还有生态人培养的教育意义。

生态文明建设是新时代中国特色社会主义的一个重要特征，是马克思主义生态文明研究者义不容辞的时代责任。我们将和同仁一道，带领新时代青年学生承前继后继往开来，专心围绕生态文明建设，深耕生态经济、生态哲学、生态政治，特别在生态气候、生态地理等方面，完整准确全面地贯彻新发展理念，推动实现"双碳目标"，为打造人与自然和谐共生的现代化做出更多更大的贡献。

郭景福

2022 年 3 月 19 日于大连民族大学

前　言

理论上彻底，才能说服人。如何在《毛泽东思想和中国特色社会主义理论体系概论》以下简称"概论"课教学的基础上，让习近平生态文明思想进教材、进课堂、进头脑，拉近理论与实际的距离，让新时代大学生能在毕业后顺利融入和参与绿色环保生活和绿色高质量发展，是"概论"课教学和生态文明建设的题中应有之义。本课题从习近平总书记3·18重要讲话起，就从生态文明理论的深度、铜仁地方绿色发展的温度和"概论"课教学的适度，进行绿色发展的理论与实践研究，以期作为大学生思想政治理论的课外读物，助推其成长为服务地方高质量绿色发展的高级技能型人才。

而且，建设生态文明与生态文明建设是马克思主义发展观的重要内容，关系到中华民族的千秋万代和永续发展。植根中国特色社会主义的理论与实践，习近平总书记深刻而系统地回答了"为什么要建设生态文明、建设什么样的生态文明、怎样建设生态文明"的重大问题，提出了一系列重大战略、重大创新和重大部署，形成了习近平生态文明思想。实现人与自然和谐共生、建设美丽中国、构建生态集体主义是新时代高质量绿色发展的应有追求。

贵州省是生态文明先行示范区，森林覆盖率达 62.12%，绿色经济占比为 45%，不仅创造了"黄金十年"，更创造了生态文明国际话语高地。2021 年 2 月 3 日至 5 日，习近平总书记在贵州考察调研时再次强调了"发展"和"生态"的两条底线思维，并首次提出了生态文明建设与西部大开发、乡村振兴和数字经济"四位一体"的"四大"举措与"四新"目标：在新时代西部大开发上闯新路，在乡村振兴上开新局，在实施数字经济战略上抢新机，在生态文明建设上出新绩①。因此贵州下一个"黄金十年"已经开始谋篇。铜仁作为黔东门户，具有鲜明的民族特色，山川秀美、人文荟萃，打造绿色发展先行示范区天时地利人和三者俱备，特别是在生态产业、生态扶贫、生态旅游，绿色社会、绿色经济、绿色文化方面可以大有作为。铜仁打造高质量绿色发展先行示范区就要主动在习近平生态文明思想指引下，在前期绿色发展的基础上，牢牢把握国发〔2022〕2号文件的重大机遇，落实新发展理念，完善铜仁方案，探索铜仁更高层次实现绿色发展、高质量发展的路径，形成铜仁先行示范区建设的生态模式和发展模式，推动铜仁在新时代实现四化同步的突破、绿色创新的突破和生态引领的突破，打造铜仁绿色发展样板和模式。这一地方生动的生态文明与绿色发展的成功实践，是推动高校思想政治工作创新发展前沿问题的典型案例，是生态文明教育的典型教材。

一、研究背景及意义

十九届五中全会指出，推进绿色发展，方法上必须完善生态文明领域统筹协调机制，运用整体论思维，构建生态文明体系，实现生态文明各目标体系全面进步，并提出了建设人与自然和谐共生的现代化目标。这表明我国在实现全面建成小康社会的基础上开启"第二个百年奋斗目标"的新征程新发展阶段中，需要更高层次、更具理性的"新发展理念"和"新发展格局"，从而真正向国家治理体系和治理能力现代化的高质量发展而进军和晋级。为此我国在习近平新时代中国特色社会主义思想的指引下，提出了推动供给侧结构性改革、产业结构优化升级、发展生态经济，推动区域协调发展，缩小区域发展差距、加快转变经济发展方式，增强可持续发展能力等具体目标和任务工单。在理念上，早在党的十七大报告首次提出生态文明建设的概念和目标，并将它提到实现工业化、现代化发展战略的突出地位，从国家层面要求实现资源节约型和环境友好型的"两型社会"。

---

① 《习近平春节前夕赴贵州看望慰问各族干部群众》，载《贵州日报》2021年2月6日。

提出实现速度和结构质量效益相统一、经济发展与人口资源环境相协调，使人民在良好生态环境中生产生活，实现经济社会永续发展的目标①。党的十八大进一步把生态文明建设放在了实现中华民族永续发展的高度，提出建设美丽中国的要求②。2015 年 6 月，习近平总书记来到贵州视察，在谈到适应经济发展新常态时，他指出，要保持战略定力，善于运用辩证思维谋划发展，并就如何实现创新发展思路，发挥后发优势为贵州指明了"两条底线"和"两个有别"的发展路径③。在《中共中央关于党的百年奋斗重大成就和历史经验的决议》中，进一步肯定，"如果不抓紧扭转生态环境恶化趋势，必将付出极其沉重的代价"，新时代的中国共产党坚持"人与自然和谐共生……协同推进人民富裕、国家强盛、中国美丽"④。明确把美丽中国建设与民生保障、国家综合实力等结合起来，承诺"碳达峰""碳中和"的如期实现。

　　从党的十七大，到习近平总书记多次关心贵州绿色发展，为什么要建设生态文明，建设什么样的生态文明、怎样建设生态文明、社会主义生态文明与马克思主义是怎样的关系等重大理论问题就非常清晰了。不过在实践中，有人认为发展和生态是一对矛盾，抱怨就是因为"生态好"，才阻碍了发展。还有人甚至认为马克思本人就是一位"反生态思想家"，具有"生态原罪"⑤，造成理论的糊涂和实践的徘徊。如生态马克思主义者詹姆斯·奥康纳就说马克思主义理论中存在着生态学方面的"理论空场"。这就造成了建设社会主义生态文明是不是另投贤主、抛弃马克思主义？而韦建桦、朱炳元等指出，在《1844 年经济学哲学手稿》《德意志意识形态》《资本论》和《自然辩证法》等马恩著作中蕴藏着鲜明而成熟的马克思主义生态思想。那么怎样辨别错误，怎样厘清思路，怎样处理矛盾，是当代

　　① 胡锦涛：《高举中国特色社会主义伟大旗帜为夺取全面建设小康社会新胜利而奋斗》，见《十七大以来重要文献选编》（上），北京：中央文献出版社 2009 年版，第 12 页。

　　② 胡锦涛：《坚定不移沿着中国特色社会主义道路前进，为全面建成小康社会而而奋斗》，见《十八大以来重要文献选编》（上），北京：中央文献出版社 2014 年版，第 31 页。

　　③ 《习近平在贵州调研时强调：看清形势适应趋势发挥优势善于运用辩证思维谋划发展》，载《人民日报》2015 年 6 月 19 日。

　　④ 《〈中共中央关于党的百年奋斗重大成就和历史经验的决议〉辅导读本》，北京：人民出版社 2021 年版，第 81 页。

　　⑤ ［加］本·阿格尔：《西方马克思主义概论》，慎之等译，北京：中国人民大学出版社1991 年版，第 486 页。

中国社会主义生态文明建设和地方经济社会发展的现实问题。

在经济社会发展中，铜仁深刻贯彻了"绿水青山就是金山银山"的发展理念，依托自身的自然条件和地理优势，坚定不移走上了生态优先、绿色发展的道路。发展战略上，自2016年底开始，铜仁正式提出按照"五位一体"总体布局和"四个全面"战略布局，着力推进大扶贫、大数据两大战略行动，结合时代要求和人民呼唤，带领全市干部群众深入实施"四化"同步发展步骤，深化"两区一走廊"经济空间布局，依山傍水念好"山字经"，做好"水文章"，打好"生态牌"，全市一盘棋奋力创建绿色发展先行示范区，全力打造绿色发展高地、内陆开放要地、文化旅游胜地、安居乐业福地、风清气正净地。"一区五地"建设是铜仁高质量绿色发展的历史大事，是铜仁在新时代抓住新机遇、推动新跨越的人民选择，对地方的绿色发展实践和中国生态文明建设的理论演进都具有重要的价值和意义。

通过近几年的努力，铜仁的精准扶贫、精准脱贫已经取得了历史性成就，94.29万贫困人口全部按期脱贫，彻底解决千百年来困扰"绿色铜仁""民族铜仁""仁义铜仁"的贫困问题，彻底撕掉绝对贫困标签。2020年实现地区生产总值1327.79亿元。在疫情防控期间，也打了一场漂亮战、快速战。下一步，如何细化落实《关于深化生态保护补偿制度改革的意见》《生态保护和修复支撑体系重大工程建设规划（2021—2035年）》等，如何做好精准脱贫与2020年后乡村振兴战略的衔接提上议事日程。高质量绿色发展，对铜仁先行示范区建设的新阶段新规划、对地方高校生态文明教育等具有很强的现实意义。

一是获得绿色发展的优势，在环境治理的基本思路下，为山地经济的生态生产力完善要素，促成生态产品价值的实现和提升，更好实现生态脱贫和绿色发展，实现地方经济社会发展的转型和升级。

二是明确绿色发展的重点，在供给侧结构性改革的框架下，实现产业升级和催生新业态，大力发展数字经济、康养经济、山地经济等绿色循环经济。为"生态"后的"发展"找到根本出路，为绿色发展找到定盘星。

三是避免生态文明建设的弯路和覆辙。这些年，中国在推动生态文明建设的过程中，环境改善有目共睹，生态底线有所警悟。不过有些地方在处理发展的过程中，有照搬西方、照搬沿海的简单冲动，仍然把经济社会发展的目的狭隘的理解为增加财政税收或"资本增值"，没有真正把"共享"和"人类共同福祉"作为高质量绿色发展和先行示范区建设的根本目的。

四是推动校地互动，实现高校思想政治理论课生态文明理论教育与地方生态实践的呼应，推动高校人才培训的"顶天立地"。

近几年，虽然生态文明建设和绿色发展取得了辉煌成绩，但由于环境和资源变化的滞后性，全面小康社会建成后，生态和发展的底线还必须始终坚持。由于之前环境恶化的积累，未来数十年，气候危机仍然存在，全球变暖已经不可阻挡，冰的融化或许刚刚开始，梵净山生态保护任重道远。特别是 2019 年亚马逊大火和澳洲大火，还有新冠病毒大流行，为铜仁的先行示范区建设敲响了环境保护要防患未然、坚持不懈的警钟，照出了生态与发展的重要性和必要性。更重要的，生态文明建设也是"一带一路"倡议中建设清洁美丽世界的重要内容，是高校复合型人才培养的基本要求。

绿色发展不仅具有先行示范区建设的实践意义，更在高质量发展、"两山"理念、现代化经济体系理论等方面具有一定的理论指导意义。为生态与发展的和谐统一在山地经济中的理论探索和"一区五地"的理论构建提供了实践平台及发展方向。

铜仁属于典型的山地经济，工业基础薄弱，生态资源丰富，民族文化深厚，具有"两山"理念实践和实现的独特条件。在先行示范区建设期间，铜仁如果在绿色发展上探索出了"铜仁方案"和"铜仁样板"，必将推动习近平"两山"理念的贯彻落实和生态文明建设的持续深化，必将推动生态文明的社会主义现代化和绿色发展，为"生态"和"发展"搭建了可复制、可推广的"铜仁绿色"，真正达到生态产业化和生态产品的价值实现，带头完成马克思提出的"人的自然主义和自然的人道主义"的完美统一。"十三五"期间，铜仁开创了经济增速快、脱贫成效实、城乡变化大、发展后劲足、政治生态好的高质量发展局面。"十四五"，多彩贵州，苗绣铜仁梵净星城。

"一区五地"建设，从 2016 年提出到现在，已经取得了巨大的政策成果和社会效益，但其生态效应和经济效益还有待提升，其理论渊源和理论构建等方面的成果还鲜为人知。特别是地方高校在落实生态文明理论教育中缺乏生态实践教育。所以在今后的高质量绿色发展先行示范区建设中，绿色发展的研究在前期生态建设和绿色发展的基础上必将呈现新的繁荣景象，成为铜仁现代化经济体系建设和供给侧结构性改革的着力点和理论研究的热点，为马克思主义生态文明思想拓宽了理论边界和实证研究的案例，促进地方生态文明建设与高校生态文明教育的融合。

最后，铜仁经验也为生态良好、生产较弱的山地经济、农业经济的地区高质量发展研究拓宽了思路，提供了"铜仁特色"。从目前看，高质量绿色发展尚未形成统一的概念，考察要素包括经济发展方式、经济结构、资源效率、创新、生态环境、城市化、人力资本等等。铜仁如果在生态环境、经济结构、资源效率等方面探索出高质量绿色发展的"因地制宜"，必将为生态良好、生产较弱的山地经济、农业经济带来产业转型与升级，也为地方高校生态文明教育提供鲜活实践。

就此，本书运用多学科视域交叉的视角，系统性阐述马克思主义生态文明观和人类生态文明思想的逻辑演进，力图在吸收前人和当代国内外专家学者思想和成果的基础上，总结两条底线思维的铜仁绿色发展实践经验及其走向。

二、国内外研究动态

在人类文化滋养和中国实践的推动下，形成了科学的马克思主义生态文明观和习近平生态文明思想。国内外相关研究成果非常丰富，为本课题提供了现实的生态语境和翔实的生态理论。

在人类文明史上，我国是第一个提出建设生态文明和美丽中国的国家，"天人合一"的生态思想可以追溯到孔孟。近代真正意义上的生态文明研究，经历了可持续发展到科学发展，现今是习近平生态文明思想。研究马克思主义生态文明成果较多的专家学者有周生贤、徐静、郇庆治、王雨辰、杨莉、廖福霖、方时娇、刘仁胜、李惠斌、薛晓源等。

第一，关于生态文明的概念。

生态文明的概念是 20 世纪 80 年代兴起的，出现了仁者见仁智者见智的情况，主要有"总和论""文明形态论""经济形态论"和"实践论"。"总和论"的代表中国地质大学尹成勇认为生态文明即生态环境文明，是指人们在改造客观物质世界的同时，克服破坏自然的负面效应，通过道德和法律约束以改善人与自然、人与人的关系，建设有序的生态运行机制和良好的生态环境所取得的制度、环境等方面的成果总和①。王雨辰从批判"深绿""浅绿"的视角，认为生态文明不是生态正义，而是环境正义，认为生态文明不仅包括科技文明，还包括制度文明等②。"经济形态论"的代表廖福霖从经济系统的视角提出生态文明的本质特征是和谐协调，是自然生态系统和社会生态系统按照客观规律建立并运转起来的人与自然、人与社会的良性社会文明形式。从而得出协同发展是生态文明经济发展的基本特征和基本要求③。俞可平、周生贤是"文明形态论"的代表。俞可平从物质文明、政治文明和精神文明有机体的高度，提出生态文明包含人类和自然和谐相处中产生的意识、法律、制度、政策、科技和行动④。周生贤同样认为生态文明是人类文明的一种新形态。强调在新的文明形态中，人自觉、自律的重要性，实现人与自然环境的相互依存、相互促进⑤。汪信砚是反对"文明形态论"的代表，他认为工业文明永不过时，生态文明仅仅是对工业文明的"修补"，因而无法独立存在，只能是工业文明生态化或生态化的文明⑥。方时娇是"统一论"的代表，她从生态文明建设与建设生态文明的视角，认为生态文明有广义和狭义之分⑦。

第二，关于生态文明与中国特色社会主义研究。

我国的生态文明研究是基于生态马克思主义对资本主义生态危机的批判。作为对资本主义的超越，中国特色社会主义与生态文明的关系研究自然引起诸多学者的兴趣。陈学明是研究这一领域的专家之一。他从国家发展战略的高度，认为建设生态文明是中国特色社会主义的题中应有之义。首先，他分别否定了要"生态"不要"现代化"的愚昧、加快现代化后再

---

① 尹成勇：《浅析生态文明建设》，载《生态经济》2006年第9期。

② 王雨辰：《论生态文明的本质与价值归宿》，载《东岳论丛》2020年第8期。

③ 廖福霖：《三谈生态文明及其消费观的几个问题》，载《福建师范大学学报》（哲学社会科学版）2010年第4期。

④ 俞可平：《科学发展观与生态文明》，载《马克思主义与现实》2005年第4期。

⑤ 周生贤：《生态文明建设：环境保护工作的基础和灵魂》，载《求是》2008年第4期。

⑥ 汪信砚：《生态文明建设的价值论审思》，载《武汉大学学报》（哲学社会科学版）2020年第3期。

⑦ 方时娇：《论社会主义生态文明三个基本概念及其相互关系》，载《马克思主义研究》2014年第7期。

谈生态的错误和像发达资本主义一样转嫁环境污染的"妄想"。接着他提出了现代化和生态化的"折中"方案："以生态导向的现代化"，实现绿色工业化和绿色城市化①。

人类命运共同思想的提出是生态文明与中国特色社会主义研究的新标志、新成果，这一成果和理念开辟了共赢共享的时代格局，认为生态危机下，任何国家不能独善其身。通过生态集体主义，把生态文明建设纳入社会发展总布局和中国特色社会主义建设的方方面面。中国的生态文明建设向世界证明了社会主义的优越性，并为全球合作和人类命运共同体的构建注入了生态文明的动力。

第三，关于生态文明建设研究。

生态文明建设研究历来是绿色发展研究的重点，涉及政治生态、经济生态、社会生态、消费生态、生产生态和生活生态等领域。建设的重点经历了从环境治理到环境保护，最后到绿色发展的转变。徐春通过梳理生态文明发展史得出生态文明建设具有层次性和阶段性的特征，并从当代实际出发，指出现阶段的生态文明建设要着眼环境资源的承载力，以可持续的社会经济政策为手段，从生产方式、生活方式、管理方式和文化价值观四个方面建设生态文明②。在生态制度体系建设方面，赵成、于萍提出了核心制度体系和支撑制度体系概念，其中支撑制度体系包括政治法律管理、经济科技、文化和社会生活四个维度；核心制度体系是环保制度体系，进而提出了自己的"两层五维"制度体系建设方案③。刘焕明从"创新"的视角，提出以绿色技术范式促进生态文明建设的"革命"。他认为新时代绿色技术是联系经济发展与生态建设的桥梁，只有依靠技术，才能避免工业文明"技术"对自然的破坏和对抗④。习近平生态文明思想提出后，关于新时代生态文明建设的研究出现了显著的"中国范式"，如生态扶贫、

---

① 陈学明：《在中国特色社会主义的旗帜下建设生态文明的战略选择》，载《毛泽东邓小平理论研究》2008 年第 5 期。

② 徐春：《对生态文明概念的理论阐释》，载《北京大学学报》（哲学社会科学版）2010年第 1 期。

③ 赵成、于萍：《生态文明制度体系建设的路径选择》，载《哈尔滨工业大学学报》（社会科学版）2016 年第 9 期。

④ 刘焕明：《生态文明逻辑下的绿色技术范式建构》，载《自然辩证法研究》2019 年第 12期。

"两山"理论，还有上海师范大学耿步建提出的生态集体主义概念等，都是新时代生态文明研究的新动向。

第四，关于生态文明思想的理论渊源研究。

生态文明思想的理论渊源与本质特征研究，也是生态文明建设讨论的重要领域。从目前看，学界普遍从马克思主义、西方马克思主义、中国传统儒家思想和中国共产党既往生态环境建设中探源。葛厚伟就认为儒家和谐的"天人合一"、厚生的"仁明爱物"、节度的"以时禁发"等思想就是新时代人与自然和谐共生思想的启蒙①。王青持类似观点，他认为，中华民族的传统文化蕴含丰富的生态智慧，如崇尚节俭的生态消费观、取之有时的生态管理观、敬畏生命的生态伦理观等②。张涛从梳理习近平总书记的"人民命运共同体"概念出发，提出习近平生态文明思想是马克思关于人与自然辩证关系思想的继承和发展③。

关于马克思主义是否具有生态思想，主要争论有：

> 朱炳元认为马克思主义理所当然地包含了生态思想，认为马克思主义本来就是研究自然、社会和人类思维发展规律的理论体系，并详细论述了《资本论》中的生态思想④。潘岳从社会主义战胜资本主义的视角，认为马克思主义本质上就是对资本主义的超越，理应包含着对工业文明的反思。所以他认为，生态文明是马克思主义的内在要求，也是社会主义的根本属性⑤。方世南认为，虽然马克思所处时代的环境问题没有现在这么严重和引人注目，但马克思的理论前瞻性深刻地剖析了人与自然的双向依赖和双重构建，提出人是自然的一部分的重要命题⑥。时青昊从《资本论》中"物质交换"一词出发，通过详细的文本研究和逻辑推理，提出了马克思不但具有

---

① 葛厚伟：《传统儒家思想对新时代生态文明建设的有益启示》，《人民论坛》2019年第34期。

② 王青：《新时代人与自然和谐共生观的哲学意蕴》，载《山东社会科学》2021年第1期。

③ 张涛：《新时代生态文明建设若干创新论断的哲学解读》，载《大连理工大学学报》（社会科学版）2018年第6期。

④ 朱炳元：《关于〈资本论〉中的生态思想》，载《马克思主义研究》2009年第1期。

⑤ 潘岳：《生态文明的前夜》，载《瞭望》2007年第43期。

⑥ 方世南：《马克思的环境意识与当代发展观的转换》，载《马克思主义研究》2002年第3期。

生态思想，而且还是当代生态社会主义理论的奠基人，其本人的生态思想可以追溯到伊壁鸠鲁①。在生态虚无主义研究方面，同济大学的王平等成果较多，有力地回击了价值观颠倒和生态问题弱化的马克思主义诽谤者。

那么马克思主义具有哪些生态思想，目前学界主要集中关注马克思、恩格斯的生态本体论、生态价值论、生态生产论和生态历史论。韦建桦高度认可马克思、恩格斯的生态思想和生态原则的科学性。他指出，马克思、恩格斯不仅清晰地认识到人与自然的一体性，还深刻地剖析了资本主义制度与生态之间的对抗性，并最终找到了人与自然"和解"的生产方式：只有社会主义才能消除危及人类生存和发展的弊病，只有社会主义生产方式才有可能从根本上变革唯利是图、急功近利和目光短浅的灾难性生产②。黄志斌、任雪萍通过研究马克思主义经典文本，指出马克思、恩格斯的生态思想主要体现在自然在先的唯物思想、内在价值的辩证思维和资本霸权的历史唯物主义三个方面，所以他认为马克思、恩格斯的生态思想是对资本逻辑的超越③。

国外虽然没有直接提出生态文明的概念，但他们对生态文明研究较早，成果非常丰富，并出现了诸多流派。如伊夫琳的《森林》和《驱散云烟》分析了疾病和死亡的"物质"原因，维尔纳茨基的《生态圈》提出了大气层的概念。海克尔《普通有机体形态学》首次提出"生态学"一词。著名的有生态马克思主义，其代表人物有莱斯（代表作《满足的极限》《自然的统治》等）、马尔库塞（代表作《单向度的人》等）、卡逊（代表作《寂静的春天》等）、阿格尔（代表作《论幸福的生活》等）以及后来的奥康纳、克沃尔、福斯特和伯克特等。其中奥康纳提出了资本主义的双重危机理论，认为资本主义无法逃脱经济和生态两大危机的宿命；伊壁鸠鲁提出原子论偏斜学说，从而把自然哲学从自然神学中解脱出来；克沃尔批判改良和生态区域主义的局限，认为生态社会主义必须坚持社

---

① 时青昊：《"物质变换"与马克思的生态思想》，《科学社会主义》2007 年第 5 期。

② 韦建桦：《在科学发展观指引下创建生态文明——经典作家的理论构想和厦门实践的生动启示》，载《马克思主义与现实》2006 年第 4 期。

③ 黄志斌、任雪萍：《马克思恩格斯生态思想及当代价值》，载《马克思主义研究》2008 年第 7 期。

主义的原则和实行生态化生产的统一；在实现路径上克沃尔认为：政党领导在生态文明建设中的作用不可替代，建立生态系统和生态社会主义的政党，是生态建设的前提，主张爆发生态社会主义革命；俄勒冈州立大学福斯特教授（代表作《马克思的生态学》）和印第安纳州立大学伯克特博士（代表作《马克思与自然》）更旗帜鲜明地提出了马克思主义的生态学，传承和发展马克思主义，化解马克思的生态"隐蔽"。福斯特指出，资本主义对"利润与生产之神"的麻木崇拜是滋生灾难性后果的"滔天罪恶"①。布哈林在《历史唯物主义》中强调，人的生存环境是自然，人类本质上是生活和工作在生物圈中。致力于土地生态和物种研究的朗凯斯特在《人类对自然的淡忘》中，把生态环境提升到物种与人类生存的高度。

对马克思主义生态观，国外研究则经历了一个复杂和争论的过程。起先西方学术界片面认为马克思主义有阶级斗争、劳动是价值的源泉等认识，因而对生态文明没有发言权。甚至认为马克思是"生产主义"者，是"红色"而不是"绿色"的代表。唐纳德·沃斯特和哈尔马斯就持这种观点。他们认为，马克思历史唯物主义抱有对"技术"的幻想，而且没有旗帜鲜明的提出生态学理论。直到20世纪90年代，才显露了马克思主义生态文明理论的强烈兴趣。如桑德拉拉杰、伯克特、戴维·佩珀、奥康纳、伯克特、福斯特、科韦尔等，他们普遍认为马克思生态学思想的核心是"物质变换"思想，伊壁鸠鲁的生态原则和尤斯图斯·冯·李比希的"归还的规律"等是马克思生态思想的理论来源，这些理论专家特别赞赏和关注《劳动在从猿到人的转变中的作用》的生态意蕴和生态价值。

关于生态危机的消解，马丁·耶内克以阿瑟·摩尔等则创立了生态现代化理论。他们认为生态现代化的四个核心要素是进行技术革新，激活市场机制，搭建环境政策和预防性体系，坚决反对先环境污染、生态破坏后进行修复补偿的末端治理做法。著名的绿色运动及其政党提出了生态主义哲学观和一整套绿色政策的"政治正确"主张。其绿色哲学对以往的人类中心主义哲学进行了批判，突出生态中心和自然价值，反对人类中心论。认为人是自然的消耗者，倡导绿色价值，主张人受制于自然，认为社会发

---

①　[美] 约翰·贝拉来·福斯特：《生态危机与资本主义》，耿建新、宋兴无译，上海：上海译文出版社2006年版，第17页。

展以生态可承受能力为准绳，应探索调整人类的生存方式和发展模式，依照马尔萨斯的人口论，放弃人口和经济的无限增长，减少人类生存对自然的压力。关于生态建设根本出路问题，巴克斯特提出了生态主义和全球生态学，试图解决地球"飞地"的生态共同体问题①。

著名后现代思想家、生态经济学家小约翰·柯布是中国生态研究的专家之一。他认为中国的生态文明建设不仅植根于中国"和"的民族文化传统，而且植根于比现代世界科学技术更为先进的现代性，具有带领世界进入生态文明新飞跃和人类命运共同体的条件和愿景。

近年来，基于生产方式的哲学批判，生态主义研究向纵深发展。以保罗·维希留、哈特默特·罗萨为代表的"速度"批判主义者超越资本主义的"货币拜物教"，转移论战其"速度拜物教"，从"速度的灰色污染"批判资本主义、构建生态主义。他们认为，灰色污染是现代资本主义社会的最大问题，比黑色污染还要"糟糕"，从而阐述了在"唯利是图"社会关系下科技"加速"污染的第二元凶。在生态批判和哲学寻源中，巴克斯特认为可以整合资源的"极限论"、人类诉求的"道德论"和基于生物圈的"相互关联论"，构建生态主义的绿色政治理论②值得参考。

在生态文明思想教育方面，目前各地也高度重视，如《贵州省生态文明教育读本》从环境科学等方面详细介绍了贵州生态文明建设情况，是"概论"课的重要补充。一般认为，生态文明教育，主要是培训新时代的生态公民③，是教育不可或缺的内容。特别是高等教育在实践中融入马克思主义生态思想和习近平生态文明思想，是国际环境教育的"中国声音"，是培养中国生态文明建设高层次人才的时代诉求，具有发挥高等教育在推进生态文明建设中的先锋作用④。因此，生态文明教育是近几年教育研究的重点。具体到教育方法方面，特别侧重理论联系实际，宣讲联系生活。

---

① ［英］布赖恩·巴克斯特：《生态主义导论》，曾建平译，重庆：重庆出版社 2007 年版，第 211 页。

② ［英］布赖恩·巴克斯特：《生态主义导论》，曾建平译，重庆：重庆出版社 2007 年版，第 7 页。

③ 蒋笃君、田慧：《我国生态文明教育的内涵、现状与创新》，载《学习与探索》2021 年第 1 期。

④ 张晨宇、于文卿、刘唯贤：《生态文明教育融入高等教育的历史、现状与未来》，载《清华大学教育研究》2021 年第 2 期。

如汪旭等认为生态文明教育要突破"人类中心主义"的哲学方法，建构"生态自我"的"生态中心主义"价值，打造浸泡式"全机构"生态育人模式①。教育内容方面，既谈党的方针政策、经济发展理念等绿色中国，也谈绿色消费、绿色出行等绿色自我。张军霞认为生态文明教育对中小学而言，至少包括生态文明知识、生态文明意识、生态文明行为、生态文明理念等多个方面②。刘毓航从生态素养的视角，指出要从生态认知、生态观念、生态情感和生态行为等方面增加教育供给，构建时代新人③。

三、研究内容和方法

目前关于马克思主义生态文明观、我国当代生态文明建设的研究成果颇丰。理论上，本成果主要借鉴和吸收前人研究成果，找出并归纳现有马克思主义生态文明观的具体内容及其内在联系与规律；学习专家分析马克思主义关于生态危机的论述，就地方如何贯彻落实习近平生态文明思想展开实践研究。最后聚焦生态教育，在吸收前人的基础上，融合地方生态实践，在理论与实践的结合中讲好习近平生态文明思想，提升新时代大学生生态意识和绿色服务能力。

课题研究对象是铜仁高质量绿色发展的建设经验和处理生态与发展辩证关系的方式方法、绿色发展对人民至上发展观的贯彻、绿色发展对和平崛起的回应等，从而提出进一步打造绿色发展先行示范区的产业构建、制度安排和对策建议。研究的理论根据主要包括马克思生态思想，习近平生态文明思想、习近平总书记对贵州的"两条底线"嘱托、多彩贵州建设和《中共铜仁市委铜仁市人民政府关于奋力创建绿色发展先行示范区的意见》。

研究方法包括：文献法，查阅马克思主义生态理论及贵州、福建和江西的生态文明建设实践经验和有关文献；调查法，调研和学习贵州和外省

---

① 汪旭、岳伟：《深层生态文明教育的价值理念及其实现》，载《教育研究与实验》2021年第3期。

② 张军霞：《关于小学科学教材中生态文明教育的思考》，载《课程 教材 教法》2020年第6期。

③ 刘毓航：《时代新人型塑的生态向度：价值、目标与路径》，载《教育理论与实践》2020年第31期。

代表性的绿色先行示范区建设的经验和路径；访谈法，深入铜仁的发改委等部门和各县区、乡镇，通过访谈，收集铜仁高质量绿色发展第一手资料；分析法，运用 SPSS，分析铜仁高质量绿色发展的"一二三四"，特别在其价值、优势、内容、路径和方向上取得有价值的成果。

课题研究的重点是如何运用马克思主义的生态理论，总结提炼铜仁绿色发展的现状和问题、成就与经验；如何通过理论与实践的比较、历史与现实的比较、其他地方与铜仁的比较，提出合理的、接地气的、可操作的铜仁高质量绿色发展先行示范区建设路径和发展模式。研究的难点在于理论水平非常有限的情况下，如何完整地梳理马克思主义的生态文明观，如何借鉴前人的研究成果运用于地方生态文明建设，特别是如何运用这些理论和实践方法在课堂上讲好生态理念、培养生态人。

针对以上重点和难点，本课题通过文献法、比较法、归纳法和实地调研，力图从马克思主义的自然史与人类史的高度寻找生态文明的狭义概念和广义概念、人类文明发展规律和社会形态更替的双重维度给社会主义生态文明进行实践的界定，从而从理论上系统地认识马克思主义的生态观。首先从原始文明、农业文明、工业文明的纵向发展规律分析，找到生态文明是人类的"第四大文明"；从政治文明、物质文明、精神文明、社会文明的横向角度分析，得出生态文明是人类文明的题中应有之义；从原始社会、农业社会、现代工业社会的发展规律分析人类未来的社会是生态社会；从而从理论上理清人类文明与社会形态、社会生态与原始生态、生态与生态文明等概念及其联系与区别，在历史脉络的梳理中更好地理解人类文明新形态。并通过哲学思维灵活应用历史唯物主义的实践观和资本观，分析马克思主义生态文明观的具体内容、生态危机的原因和出路，以及马克思主义生态文明观对当代中国生态文明建设的指导意义。

在实践研究方面，课题力图从人类文明发展规律和新时代经济发展规律的双重维度界定绿色发展的评价体系和制度体系。结合铜仁生态优势，论证了铜仁高质量绿色发展先行示范区建设，不是继续走传统模式，也不是转向走资本主义的发展模式，而是从"传统模式"向"绿色发展模式"转型，在"绿色资源""生态产业"和"再生资源"方面重点推进。特别是基于梵净山"申遗"成功后，回答了铜仁如何在世界自然遗产保护公约的国际规则下，变荣誉为承诺和责任；如何用世界的标准、在联合国教科文组织的监督下，更好地保护梵净山，更好地传承这一珍贵的人类共有的自然遗产。另外就是围绕习近平生态文明思想在铜仁的实践，阐释了习近平总书记人民至上、生命至上的人民情怀发展观和生态文明建设事关实现"两个一百年"奋斗目标的永续发展观在绿色经济中的体现和贯彻，激发铜仁坚定绿色发展的信心和决心，在生态经济、生态生产力、生态价值实现上下功夫，不断提升梵净山地理标志品牌，打造梵净山绿色产业。其次就是从绿色发展是和平发展一部分的高度诠释了铜仁打造绿色发展新高地的世界意义。最后就是推动铜仁的绿色发展走进高校思政课堂，推动职业教育生态人培养。总体思路就是要落实五大发展理念，坚定"一个目标"：铜仁高质量绿色发展；做好"两个实践"：生态保护实践和绿色发展实践；服务"三个领域"：生产、生活、生态；提升"四个方面"：生态环境、生态生活、生态金融、生态产业，实现铜仁高质量绿色发展的先行示范区，生态与发展的统一与共生。

综合前人研究成果认为，所谓生态文明，是继工业文明之后的新的文明形态，是人类与自然的现代性融合，是人们在认识和改造客观世界的同时，遵守偶然性和共同进化的生态理论，协调和优化人与自然、人与人、人与社会的关系，建设有序的生态经济、生态社会运行机制和良好的生态、社会环境所取得的生态成果的总和。生态文明奉行两个主体：人的主体和自然主体的统一；两个价值，人的内在价值和自然的内在价值的统一，它以经济发展、生活富裕的生态经济为前提，尊重和维护生态环境为主旨，以可持续发展为着眼点，强调人的自觉自律和自由以及人与自然的友好关系，消除人与自然关系的异化，体现了人类尊重自然、利用自然、保护自然、与自然和谐共生的生态人的全面自由解放。生态文明的本质是人与自然、人与人、人与社会的和谐，摆脱自然神学和劳动异化。生态文明的核心是人的全面自由发展。

成果共分四篇。第一篇主要从基础理论视角追寻马克思主义生态文明观。共三章。分别研究马克思对人、自然与社会关系的阐述，马克思对生态危机的思考和马克思关于人与自然和解的思想。第二篇基于我国当代生态文明建设，重点呈现习近平生态文明思想。共四章。分别是马克思主义生态文明观在中国的发展、马克思主义生态文明观的当代社会实践、习近平生态文明思想和地方绿色发展的个案研究。第三篇基于地方微观实践的视域，详细分析铜仁生态文明建设的实践。共六章。第一章主要分析课题研究的背景，内容包括政策背景、发展背景。第二章详细叙述了高质量绿色发展的内涵、理论渊源、经验与模式、发展意义和考核指标。第三章回归和梳理铜仁先行示范区建设的历程、现状和经验。第四章在第三章的基础上，结合《中共铜仁市委铜仁市人民政府关于奋力创建绿色发展先行示范区的意见》要求，分析了绿色发展的未来趋势，铜仁高质量绿色发展先行示范区建设的基础与条件、机遇与挑战以及重点任务。第五章进一步阐释了铜仁高质量绿色发展先行示范区建设的思路、难点和重点。为了突出绿色发展的完整体系，第六章专门阐释了铜仁高质量绿色发展先行示范区建设的支撑体系。最后第七章从"先行"和"对策"两个方面提出了铜仁高质量绿色发展先行示范区建设的"施工图"。第四篇基于生态文明建设的原动力和根本方法，探讨生态文明教育问题。共三章。第一章聚焦生态人理念探究生态人的培养。第二章探讨生态文明教育融入思政课的路径。第三章基于"课堂革命"探讨生态文明教育课堂建设。

从总体看，本成果聚焦习近平生态文明思想在贵州的实践，聚焦山地经济高质量绿色发展的经典案例，开展理论与实践研究。该成果具有一定的开拓性，突出现实性，不仅对地方生态文明建设与绿色发展具有参考价值，也对讲深讲透习近平生态文明思想、推动高校"毛泽东思想和中国特色社会主义理论体系概论"课教学质量提升具有一定的理论和实践意义。

从学术价值看，全书全面梳理了马克思主义生态文明思想，从生态哲学的视角以结构化、规范化的手法厘清了人与自然关系的发展史、人类命运共同体的价值论。成果一是基于马克思主义生态文明观，阐发了中国生态文明建设的人民旨趣；二是基于人类命运共同体的哲学基础，阐发了铜仁绿色发展是为人类构建共同美丽家园的实践哲学；三是基于生态集体主义理论，阐发了山地经济高质量绿色发展的联动机制；四是基于生态马克思主义对资本主义现代性批判，阐发了中国特色社会主义现代化的创新驱动和生态价值实践理论。

从思政育人方面看，本成果也是《毛泽东思想和中国特色社会主义理论体系概论》课教学改革创新的理论成果。全书高举习近平新时代中国特色社会主义思想伟大旗帜，全面贯彻"五大发展理念"，从地方实践的视角，为新时代大学生讲述了社会主义现代化进程中的绿色发展与生态文明建设的内涵与价值、路径与模式。因此，从应用价值上看，该成果可以帮助我们在人类命运共同体的语境中，从人民至上的高度，按照社会主义生态文明发展的规律，来指导和推动地方高质量发展和新时代生态文明建设。从教育的视角看，也是"概论"课的理论辅导，能让学生在现代化进程中、马克思主义生态文明中领悟习近平生态文明思想的科学性和地方高质量绿色发展的必要性和必然性。

在服务地方绿色发展方面，该成果创造性地提出了铜仁山地经济高质量绿色发展的实现路径，为铜仁市探索出一条生态与发展统一、增收与增绿同步、绿起来与富起来相统一的绿色发展新路，对生态资源丰富、工业相对不发达地区实现绿色发展具有一定的参考价值。

目　录

第四篇　新时代生态文明教育

第一篇

马克思主义生态文明观

以科学技术、城市化和市场经济为核心的工业文明时代，西方社会不仅战胜了封建贵族，还"战胜"了自然。可惜不到一个世纪，人类还没有享受好工业化、机械化和城市化带来的喜悦与便利，一系列的危机、灾难、疾病、战争、断供、疫情接踵而至，让人类突然发现，昔日随处可见的新鲜空气、清澈河流、茂密的森林成了人人向往的"著名景点"这种奢侈商品，小桥流水人家已经成为"消失的美学"。

技术的"无望"，人类不得不把目光再次投向伟大的"哲学"，在马克思主义那里寻找未来发展的方向和"改变世界"的良方。

作为伟大思想家的马克思，他沿着从"破"到"立"的基本进路，先后通过人与自然关系的哲学批判构建生态哲学思想，对资本主义国民经济学的"异化"批判构建生态经济思想。至此他没有止步，在自然生产力的基础上，既突破朴素唯物主义"客观理性"视域下自然对人的压制，又突破了货币拜物教"主观理性"视域下人对自然的征服和破坏，按照人类史与自然史相统一的思维方式，马克思大笔墨从人的解放视角对共产主义进行了理论建构，从而形成了生态政治思想，达到人、自然与社会的统一。

人直接地是自然存在物……一方面具有自然力、生命力，是能动的自然存在物……另一方面，人作为自然的、肉体的、感性的、对象性的存在物，同动植物一样，是受动的、受制约的和受限制的存在物。

——卡尔·马克思

第 一 章

人与社会

关于人与自然的关系，马克思考查过众多前人的研究成果。其中因康德是生活在近代科学的发展、传统的神学宇宙观受到唯物机械论取代的挑战时代，因此在康德看来，机械的"无目的"的生活将给人带来如何在自然中"安身立命"的困惑和烦恼。于是他用反思性判断力来面向自然。首先，康德认为机械论并不是看待自然的正确观点，或者至少不是最根本的观点。他认为，机械论把自然完全看作僵死的客体和机器，受人类的技术摆布而无灵性。接着他指出，人是自然的目的，所以从道德论看，如果人类"不预设一项自然计划，人们就不能有根据地抱此希望"[①]。所以人要给自然立法，推崇自然的目的性。黑格尔是唯心主义自然观的代表。在他看来，无论历史如何发展，自然界的太阳底下没有任何"新东西"，是人的精神存在物，只有逻辑的精神产生自然界[②]。费尔巴哈是"非人类中心主

[①]　［德］康德：《康德著作全集》（第 8 卷），李秋零译，北京：中国人民大学出版社 2010 年版，第 37 页。

[②]　《马克思恩格斯全集》（第 2 卷），北京：人民出版社 1957 年版，第 214 页。

义"的导师，他从发生学出发，认为自然界先于人类，自然界是"本源"、自在的自然。大地、河流、空气等自然是人类存在的各个器官和"生态位"要件，人只是自然界的"派生"和自然进化的产物，是一种与自然物毫无不同的本能的生物。从而形成"人本学"价值论，作为自然的"儿子"，人类要敬仰"荒野"的自然，感恩自然，"行无为之事，施不言之教"。关于人与社会的关系，马克思在考查前人观点的基础上，从国民经济事实出发，层层拨开商品的面纱，从而揭露和发现了国民经济学中"财富的增加与工人的赤贫"之间的悖论，得出了"异化劳动"这一概念。从而开始了对资本主义现实的生态批判。

从批判的过程看，马克思在批判康德"人给自然界立法"的唯心主义、黑格尔把"逻辑的必然性"强加于自然的机械唯物主义和费尔巴哈"人学空场"的自然观的基础上，科学地提出了主体性、能动性"在场"的生态哲学。因此，马克思和恩格斯，是"自觉的辩证法从德国唯心主义哲学中拯救出来并用于唯物主义的自然观和历史观的唯一的人"①。

第一节　人与自然

做好绿色发展，抓好生态文明教育，首先要知道什么是自然，这是生态文明建设首先要认识的问题，也是生态哲学的基本问题。一般认为，自然就是物理世界或自然科学研究的对象，即宇宙、物质、存在、客观实在的同义语；也有观点认为自然是发生性、规范性乃至目的性的统一②。在马克思看来，一方面，他认可自然的客观性和异在性，承认自然是先在的、系统的、自己发展自己的"物性"。另一方面，马克思认为，自然界是现实的，具有感性的人类学性质和自然的对象性实质。即自然既是自在的自然，又是属人的自然。自然是"人的精神食粮"。

什么是人？这个既简单又复杂的问题，一直是哲学家和人类学家困惑的问题。有人说人是最高级的动物，哪怕像森林之王的老虎都要靠人类建

---

① 《马克思恩格斯选集》（第3卷），北京：人民出版社1995年版，第349页。
② 张汝伦：《什么是"自然"？》，载《哲学研究》2011年第4期。

个保护区才能避免其濒危甚至消失。也有人说人是文明动物，如果没有文化的传承，人在捕食方面远不如哪怕非常微小的生物。从现有的讨论中，我们可以看出，人可以从生物、精神或文化方面来综合定义。何为人的本质同样也很复杂，历来主要有两种针锋相对的观点①。一种观点认为，人性就是只属人的属性，是区别于其他动物的属性，"高尚"性。另一种观点认为人性就是人本来的属性，是区别于神性的属性，自我意识、自我实践性。发展到后来，第一种观点导致把人凌驾于其他动物之上，剥夺了人的生物基础，从而出现现实中的把人当作不食人间烟火的"神"、剥夺人的基本生理需求的悲剧和"无为"。第二种观点把人和动物混为一谈，奉行"衣冠禽兽""两脚动物"及时行乐、追求享受、无视道德的价值观，导致资本逻辑的社会生产。马克思从历史唯物主义出发，在伊壁鸠鲁提出的偶然性和达尔文提出的进化论的基础上，发展了唯物主义自然观。他认为人是自然与社会的统一，是"对象性"的存在物，不是自然神学的上帝"杰作"，也不是马尔萨斯的"经济累赘"，其具有自然存在物和社会存在物的统一、有意识存在物和能动存在物的统一、"普遍"存在物和"自由"存在物的统一、"类存在物"和"劳动"存在物的统一。这种关于"人"的存在物观点，同样是对非人类中心主义"自然人"的修正和对人类中心主义"理性人"的扬弃②。在马克思看来，人的自然性、社会性、精神性、类特性等都寓于人的对象性之中，人与自然的关系通过人的对象性活动，即劳动中表现出来，在与自然相处中，对象性劳动则是人的最高本质。首先，人要吃穿住行，有自我保存、自我繁衍的能力和需要；其次，人有社会理性，包括"仰望星空"的思想自由、人以有礼的道德追求、人皆可为尧舜的向善向往、利益共同体的社会约定、有意识谋生的劳动属性、文化交流的符号语言和人为贵的荣誉价值。

马克思主义人与自然的关系的认识告诉我们，自然对人来说不再是外在的存在，不是介于神与动物之间，而是与人及与人的活动不可分割的另一种身体。从实践的领域来说，生命是在环境和生命的相互作用中给定和出场，自然存在于人的生活中，受人的影响，同时人的活动在自然之中，

---

① 祁志祥：《人学原理》，北京：商务印书馆 2012 年版，第 10 页。
② 孙道进：《马克思主义环境哲学的本体论维度》，载《哲学研究》2008 年第 1 期。

受自然的制约。人的活动以自然为对象，形成对象性活动。但这种对象化活动是一种内化，即把对象转化成主体的一部分，转化成人的另一种身体。由于人的需要的持续性，造成人与自然之间持续不断的交互作用，形成新陈代谢。生态情况下，这种交换的目的不是为了满足单方面的需要，而是美的"进化"，为了双方的互依互存、共同发展、共生相伴。马克思主义自然观认为人是自然的一部分，强调自然的优先性，自然有了人，才是真正的自然，人离不开自然，认为自然是人的无机身体，人与自然是相互的，所谓人的肉体生活，还有精神生活同自然界相联系，其实就是说自然界同其自身相联系，因为人本来是自然界的一部分①。无论是人的物质生活，还是人的精神生活都要依靠自然界，破坏自然就等于破坏人的另一个身体。当然，身体需要洗澡保养，人需要进步，自然也需要改造。马克思主义的人与自然观强调在尊重自然规律的前提下，自然是人的实践要素，主张变革自然，实现人与自然的统一，实现自然的人性化演变。这就是人与自然的共生共长。

一、"自然存在物"与"人的自然存在物"

马克思不仅从社会关系上揭示了劳动的异化理论，还在伊壁鸠鲁原子偏斜论的基础上澄清了人与自然的关系，提出了自然界的异化。他不把人与自然分为"自然存在物"和"人的自然存在物"。所谓"自然存在物"，就是纯自然，是人类尚未活动、改造的原始自然，如人类社会出现前的处女自然，还有今天的水、空气、阳光、雷电等天然自然。自然存在物作为我们人类先在的"存在"，在人类产生以前已经有了亿万年的演化史，它是"人的自然存在物"的前提和基础。所以生态文明建设与绿色发展，首先要保护好自然存在物，保护好青山绿水。

同时，马克思还把人本身的存在看作对象性的活动，是自然的存在物，是自然界自我进化、自我发展而成的。马克思指出，在激发对象性的存在物进行对象性地活动中，如果它的本质规定中不包含对象性的东西和因素，那它就不能进行对象性活动……因此，任何活动主体并不可能在设

---

① 马克思：《1844 年经济学哲学手稿》，北京：人民出版社 2000 年版，第 56-57 页。

定这一行动中从自己的"纯粹的活动"转而创造的对象，而是它的对象性的产物证实了它的对象性活动存在，证实了它的活动是对象性的自然存在物的活动①。人的对象性活动的结果，使自然不再是原始的、自在的自然，而成为"人化自然"，成为人的产品。这里的产品，就属人的自然，即人的在场，区别于"荒野"，凝结了人类智慧的自然，包括"小桥"和"人家"。

"人化自然"即"人的自然存在物"，是马克思主义人与自然观的考察核心。所谓人是自然的一部分，即人与自然和谐相处、循环交换、互依互存，这种人与自然的关系必然引出自然存在物的"人化"，即"人的自然存在物"。马克思告诉我们，人与自然之间的关系在功用方面表现出双向性、互依互存、共生共长。从自然社会科学来说，植物、动物、山地、河流、氧气等等，一方面作为自然科学的对象，叫物质；另一方面作为艺术的对象，能为人的意识所反映，是人的精神的无机界，是人可以通过艺术等方式进行加工以便享用和消化的精神食粮，也叫物体。同时，从实践领域来说，这些自然界的东西也是人的生活和人的活动不可或缺的一部分②。一方面，自然对人的功能，首先表现为满足人的物质需要，提供人的生存必不可少的物质资源和生存环境；同时还能满足人的精神需要，成为人的好奇心和探索欲望的认识对象，形成自然哲学和自然科学，提供人展示其本质力量的物质对象，满足人的审美需要和生存本领，更好适应环境的变化，达到"自然选择"。另一方面，人的活动方式也改变了自然的面貌，自从有了人，自然就不再是自在的自然，成为人化的自然，赋予自然的人的智慧。人的文化价值在一定程度上能造就自然呈现的样态，达到自然与人共同进化。正如马克思所说，所谓整个世界的历史不外是人通过人的劳动而诞生的历史过程，是自然界对人来说的生成和演进过程③。自从有了人和人的活动，自然就不再是"自然存在物"的孤单了，而是"人的自然存在物"的生命共同体，即自然界成了人的一部分，人成了自然的一员，环境既是人进化的可能，也是人活动的限制。

把"自然存在物"和"人的自然存在物"区分开来，是对自然神学和

---

① 马克思：《1844年经济学哲学手稿》，北京：人民出版社2000年版，第105页。

② 《马克思恩格斯选集》（第1卷），北京：人民出版社1995年版，第277页。

③ 马克思：《1844年经济学哲学手稿》，北京：人民出版社2000年版，第92页。

机械唯物主义的质的超越，是马克思主义生态文明观的逻辑起点。自从有了"人的自然存在物"的概念，人与自然的对立、人类中心主义与非人类中心主义的冲突，除了劳动自然有无价值，人究竟区别于动物还是区别于神灵的悖论就不难了，存在物清晰地论述了人是自然的一部分。

二、"尊重自然"与"不是土地的所有者"

"人的自然存在物"理论告诉我们，自然界要有人的参与，才能成为人化自然。没有人的自然，那是原始自然。所以现代文明，需要开展生态文明建设，需要合理地进行生态环境的改造与美化。即绿色发展不是不发展，不是否定对自然的改造。不过，马克思主义的人是自然的一部分理论同样告诉我们：人，是自然界中"能动"的一员，这种能动不是超自然的，而是遵循唯物主义、人文主义和自然主义的统一，通过劳动实现人与自然理性的新陈代谢。所以人要像保护自己的眼睛一样保护自然，尊重自然，爱惜自然；在尊重自然规律的情况下用好自然。否则正如恩格斯说的，"我们不要过分陶醉于我们人类对自然界的胜利。对于每一次这样的胜利，自然界都对我们进行报复"①。人类在自然界打下印记的能力必然受历史的限制，忘乎所以必然造成土壤的耗竭、自然与社会新陈代谢的裂缝。

这时人类不仅面临着改造自然与保护自然的尺度问题，要不人化自然过度，要不因保护自然而发展过慢的技术性矛盾；还要正确看待两个"无为"：一是生态中心主义者借机高呼自然界是完美无缺的，动物的一切活动都是合理的，不需要人类的"改造"与智慧；二是唯心主义者则相反，他们甚至兴高采烈、幸灾乐祸：机械地认为没有自然就没有人，因此人在自然面前无能为力，人是土地的所有者。人在世间只有守住原始、守住自然，不发展经济、不改造自然，才有活下去的"土地"支撑。

其实马克思主义人与自然观的"尊重自然"不是搞自然崇拜和自然神化。相反，他是在批判自然神学、目的论和机械论的基础上，旗帜鲜明的认为人"不是土地的所有者"、人不是神的旨意，人是自然的一部分，人

---

① 《马克思恩格斯选集》（第4卷），北京：人民出版社1995年版，第383页。

在对象性活动中改造自然，而不应该把太阳、月亮、动物和植物看作是上帝的作品。所以在尊重自然规律的前提下，改造自然、美化自然是人类文明进步的象征，是提高人与自然和谐相处的更高层次。

因此，改造自然是马克思主义"人的自然存在物"概念的题中应有之义。人和自然相处，人不是无能为力的"自然存在物"的动物，人具有意识能动性，可以改造自然，为人类谋幸福。"整个所谓世界历史不外是人通过人的劳动而诞生的过程，是自然界对人来说的生成过程。"① 纵观人类文明史，人确实不是一般的动物、被动的相信"人是自然的奴隶"，而是在尊重自然、遵循自然规律的前提下积极改造自然、造福人类，推动人类社会不断向前发展，实现人与自然的共生。

这也就是人之所以区别于动物的表现所在，人是具有能动性的，是主动性的存在物，人的活动极大地改变了自然的面貌，使自在自然向人化自然演变。人不仅仅像动物一样利用外部自然界，还可以通过人的在场以创造性的劳动改造环境、改造自然界来使自然界为自己的目的服务，成为自己的朋友和生存方式。而且人越智慧，生产方式越先进，即人离开动物越远，人的主观能动性越大，人们对自然界的影响就越带有经过事先思考的、有计划的、以事先知道的目标为取向的行为特征和价值诉求②。所以改造自然，提高科学水平，在又绿色又创新的方式下，适度干预自然和美化自然，为人类创造更好的生态环境和生存空间，特别通过科学技术关注气候和地质，则将仍然是人类未来的发展方向③。

三、人与自然的"交换"

在自然观上，马克思远远超越了自然层级的信仰、自然神学的传统和机械唯物主义论，科学地阐释了人的能动性与自然环境的关系。尊重自然与改造自然是人与自然关系的基本内容和存在方式，与"人是自然的一部分"、人"不是土地的所有者"相互映衬，构成严密的马克思主义生态文

---

① 马克思：《1844 年经济学哲学手稿》，北京：人民出版社 2000 年版，第 92 页。
② 《马克思恩格斯选集》（第 4 卷），北京：人民出版社 1995 年版，第 38 页。
③ 刘增惠：《马克思主义生态思想及实践研究》，北京：北京师范大学出版社 2010 年版，第 38 页。

明观关于人与自然的关系和生态哲学。但是马克思主义并没有到此作罢，马克思主义认为，人是自然的一部分不是静态的规定，还要体现在人与自然的"交换"，即人在改造自然时，遵循人与自然的交换规律。

在马克思看来，人与自然的正常交换必须有两个条件：第一，劳动者占有自然界或生产资料。劳动者占有自然界，就是劳动者与自然界融为一体，劳动、生活、享受一体化，劳动是生产需求，而不是生产剩余价值。生产资料私有制，劳动者不占有自然，是人与自然冲突的根源。第二，人类为维持自己生存所消耗的自然物要以其他某种形式回到自然为条件。人有需求，自然也一样，有付出，就要有回报。人与自然的交换的核心环节，就是人类生产生活所消耗的自然物要以其他某种形式回到自然为循环。自然提供人类各种资源，必然需要各种营养和修复。比如垃圾，只不过"是放错了位置的原料"，垃圾可以通过科学技术循环利用，不仅可以用于其他行业，有的可以直接作为自然肥料，把城市市民生活垃圾变为农村农业发展的有机肥。

马克思的人与自然的变换理论的基本内涵表现在三个方面。一是人类源于自然，是自然界长期分化的产物，因此人类对自然界有着天然的无法摆脱的依赖性。没有自然界，没有感性的外部世界，再高级的工人什么也不能创造。它是工人的劳动得以实现的原材料①。自然是人类生存发展的空间和世界。二是人有对自然改造的诉求和旨趣，人将自己的本质力量作用在自然上，依照自己的价值尺度进行生产，使自然成为人的产品，这就是人的劳动价值。当然，人虽然是自然的一部分，但不同于普通的自然动物，如果说动物也不断地作用于它的环境，那只是无意地发生，而且对于动物本身来说是某种偶然的事情。而人对自然界的作用具有事先考虑、事先计划、向着一定的意识目标和理想状态前进的行为指向，具有鲜明的能动性、主动性。三是表现为人的主体与自然客体的双向运动，人在交换获取自然能量的同时，自然客体主体化，也是自然人化的过程，即人在改变自然时，也就同时改变我们人类自身的自然②，这是人与自然交换的永恒之所在。

---

① 《马克思恩格斯选集》（第1卷），北京：人民出版社1995年版，第42页。
② 《马克思恩格斯全集》（第23卷），北京：人民出版社1972年版，第202页。

　　人与自然的交互条件和过程，彰显了人与自然具有持续的、永恒的物质变换。这种变换就有一个度的问题，因为自然界中的任何物体，无论是死的物体还是活的物体，他们之间的相互作用中既包含和谐，也包含冲突，既包含斗争，也包含合作①。人作为具有能动性的自然主体，在交换中就要自觉遵守一个"统一"："社会实践性"和"自然界的优先地位"的统一。人的社会实践只能像自然本身那样发挥作用②，以自然作用于自然，尊重自然规律。不能设想人高高在上，不能把人当作自然的一切主宰、以所有者的姿态为所欲为的奴役自然。正如后来列宁所说，一般说来，人的劳动是无法代替自然力的，自然力的自然属性不依人的意志为转移，就像普特不能代替俄尺一样。无论在工业发展还是农业生产中，人只能在认识到自然力的作用以后利用和激活这种作用，并借助机器和工具等以减少利用中的困难和障碍③。即使人类科技相当的发达、造成自然的能力"无所不能"，也不能说人们从此可以为所欲为地废除自然界的法则，而创立自然界的新"概念"。唯技术论、技术决定论，只会创造更多剩余价值，造成速度拜物教。在自然规律条件下，人的主观能动性的充分发挥，改造自然能够发生变化的，不是任意的，只是这些规律借以实现的形式④。所以说，人类的社会生活必然被人与自然的物质变换所规定好规范。人类在与自然的交换中要想避免自然的报复，人类就必须控制自己的贪婪，约束自己的野蛮，美化自然的同时给自己祛魅，预判自身行为的后果，既要考虑到眼前的"生活"，也要考虑到长远的生态，实现交换的平衡与永恒。

第二节　劳动与人

　　从法律意义上讲，劳动是人的权利和义务。同时能劳动，说明人健康。但在马克思眼里，劳动如果与教育相结合，便是改造现代社会的最强

---

① 《马克思恩格斯全集》（第34卷），北京：人民出版社1972年版，第161-162页。
② 《马克思恩格斯全集》（第23卷），北京：人民出版社1972年版，第56页。
③ 《列宁全集》（第5卷），北京：人民出版社1986年版，第90页。
④ 《马克思恩格斯全集》（第32卷）北京：人民出版社1974年版，第541页。

有力的手段之一。因为劳动是价值的源泉。人与自然的交换，自然的"人化"和人的"自然化"的发生与演进，劳动起着"魔幻"的作用，劳动实践是人的能动性的现实表现。区别于动物的人类实践劳动形成人与自然、人与社会的纽带和介质。首先，劳动是创造使用价值的有目的的人类活动，是为了人类生存的需要而对自然物的占有和利用，是人和自然之间的物质变换的一般条件与载体，是人类生活的永恒的自然条件和自然存在①。人有且只有在实践活动中即通过社会实践、生产实践和科学实验这三大实践活动实现人与自然和谐统一。而且劳动是人类生活的一切社会形式所共有的②，即人类社会具有劳动的天赋和传统。其次，劳动离不开人，只有人才是劳动的主人，更离不开自然，自然是劳动的对象，直接反映人与自然的关系。人在劳动中，通过自然利用和价值凝聚，创造了价值，这就是劳动是财富之父，土地是财富之母。同样劳动离不开自然，自然同样具有价值。马克思非常清晰地将劳动的自然条件称之为自然生产力，指出自然生产力包括自然力与自然资源这两大类型。人要生产某种物质文化需要，满足人类的生存和发展，总要有一定的自然物质为条件。因此，人类的劳动实际上只是改变自然界各种物质的形态为人类所运用，并且还需要不断得到各种自然力的支持的过程③。进一步说，劳动实践作为人与自然关系的中介环节，是人与自然关系的双向运动：人通过实践活动变革对象，同时对象又反作用于实践主体。再次，劳动离不开合作，包括集体合作、区域合作和人类合作，从而形成社会和命运共同体，马克思主义发展观认为劳动生产力是社会发展的根本动力，人的全面自由发展和自然界的全面生态是社会进步的标准和根本目标。最后，劳动一旦异化，必将扭曲人和自然与社会的关系。

一、劳动是人与自然的过程

在批判自然神学和机械唯物主义中，马克思主义认为，全部社会生

---

① 《马克思恩格斯选集》（第2卷），北京：人民出版社1995年版，第181页。
② 《马克思恩格斯全集》（第23卷），北京：人民出版社1972年版，第202页。
③ 荣兆梓：《政治经济学教程新编》，合肥：安徽人民出版社2008年版，第27页。

活本质上是实践的①，实践活动是人类联系自然的纽带，是理解人与自然关系的关键。在人类史中，人通过长期的实践实现了"生物性"和"社会性"两次历史性飞跃，人不仅能适应自然还能改造自然，从而使人脱离了动物界，在人与人合作和分配中，自然界才有了一个特殊的物质形态——人类社会。人类社会属于自然又不同于自然，因为实践是人类与自然界既相分离又相统一的基础，实践离不开自然的基础，实践也离不开人的精神活动。我们知道，现实生活中实践的主体是人，客体是自然界，这样把人从表面上分离出自然界。同时，主体与客体的交换，即人与自然界的交换与作用，又把人与自然完全统一起来，构成人与自然的矛盾悖论。马克思指出，在实践中，人的自然性与社会性构成的"普通性"是通过实践的普遍性联系和表现出来，首先把作为人的直接的生活资料和作为人的生命活动的对象材料看作整个外在自然界，通过劳动的中介变成人的无机体即生命的一部分；同时对自然界自身而不是人的身体而言，人的自然改造形成人的自然也就是人的无机的身体。人靠自然界的存在而生活，人与自然界就是不断地新陈代谢的过程，构成自然史和人类史的继往开来。这就是说，自然界对人而言，是人为了不致死而必须与之处于持续不断地发生交互作用的人的"身体"，没有这个身体，人类生命的新陈代谢将无法完成。这样，所谓人的肉体生活和精神生活同自然界相联系，不外是说自然界同内部自身联系，包括与人的联系，因为人已是自然界的一部分②。

所以说，实践劳动如同血脉流通，作为人与自然的介质，一方面劳动是物质世界分化为自然界与人类社会的历史前提，另一方面劳动又是自然界与人类社会统一起来的现实基础。在实践活动发生过程中，物质世界就出现了自然界和人类社会的区分，从而构成了自然界和人类社会两种不同形态的物质世界的存在③。人类社会的生产力不再是单一的资本或者劳动，而是人工力与自然力的合成。

①　《马克思恩格斯选集》（第 1 卷），北京：人民出版社 1995 年版，第 56 页。
②　《马克思恩格斯选集》（第 1 卷），北京：人民出版社 1995 年版，第 45 页。
③　刘增惠：《马克思主义生态思想及实践研究》，北京：北京师范大学出版社 2010 年版，第 38 页。

二、人与自然的劳动决定社会的关系

在唯物主义自然观之前，目的论、单向决定论的神的安排是整个世界的"命运束缚"。马克思通过比较德谟克利特与伊壁鸠鲁的原子论区别，通过与黑格尔的决裂，通过拜读李比希的《农业化学》，提出了劳动价值论。他发现劳动不仅是人与自然物质互换与新陈代谢的桥梁，还使自然界和人类社会区别开来，这是自然史与人类史的作用过程。并且，随着自然科学和人类技术的演进，劳动的中介能力也在不断提升，一方面促进生产力的发展，另一方面推动人类历史的变革与演进，实现社会关系发生深刻的变化。因此，人同自然界的关系在劳动的催化中直接地包含和演绎着人与人之间的关系。在人类史中人与人的关系和人与自然的关系是人类社会两种最基本的关系。人在改造自然的劳动中改造世界，直接地产生人与自然的交换和人与自然的关系，同时在这种自然的类的关系中，因为合作或者对抗，产生人对自然的关系直接就是人对人的关系，正像人对人的关系直接就是人对自然的关系①。超越单向的决定论，马克思发现生产力决定生产关系，或者说人的社会关系是由人与自然物质变换的方式来决定着的。社会关系是什么样的，既和人生产什么一致，又和人怎样生产一致，还和人用什么生产关联。因而，劳动也不是像资产阶级庸俗经济学家所说的土地由神统治变为由人统治，变成"人类技术征服自然"。即人类生活是什么样的和怎样生产，不能随心所欲，要取决于他们所处时代进行生产的物质条件②。这里的生产关系其实就是社会关系，马克思根据人与自然的劳动关系发展历程，提出"人的依赖关系""物的依赖性"和"个人全面发展"三大社会形态学说，从而把人类的社会关系大致分为前资本主义生产关系、资本主义生产关系和后资本主义生产关系。"人的依赖"时期，人类社会生产力不发达，人的各类生产只能在孤立的地点发展，人与人的关系表现为人身依附。"物的依赖"时期，表现为货币面前人人"平等"，社会出现货币拜物教和速度拜物教。"个人全面发展"的共产主义生产关

---

① 马克思：《1844年经济学哲学手稿》，北京：人民出版社2000年版，第80页。
② 《马克思恩格斯选集》（第1卷），北京：人民出版社1995年版，第67-68页。

系，以人民为中心，坚持"人民至上"的发展理念，实现人人精彩，人人全面和充分的发展。三种社会形态展现的社会关系反映了人类社会的生产力水平，同时印证了人与自然的交换同样受到自然的支持和制约，社会成为自然的延伸和印记，自然成为人的自然和有机体。人类实践活动的本质就是人类与自然的新陈代谢，从而创造了人类历史，造就人与自然既对立又统一的自然史。

三、社会异化反作用劳动循环

在"学习"和剖析资本主义生产及其关系维系中，不难发现，剥削产生"黄金"财富的同时，因为资本的贪婪性也造成他人和资源的枯竭。更要命的是，随着资本全球化的延伸和掠夺，世界范围内的自然"发现"和自然"利用"变得没有限制和约束，造成全球生产的目的不是为了人，而是为了钱。从而出现了财富拜物教，从此人类不仅失去了赖以生存的空间，还失去了快乐，失去了精神财富和健康财富。这样就不得不在进一步征服自然和消费自然中找到自己可怜的和最后的"安慰"，然后恶性循环。可见，马克思主义人与自然的交换循环理论，有力地展示了社会异化必然导致自然的失衡。

社会异化，从上面的恶性循环中可以看出，就是人与自然、人与人的物质存在与社会存在的异化。主要表现为：社会财富的两极分化，自然的征服化，科学技术的武器化，人的经济动物化和社会关系的剥削化。社会异化的实质是文化危机和人的生存价值危机，根源在于"经济人"的意识和资本主义的生产方式和"征服型"生产力。

在人类与自然的交换中，生产力得到不断的提高，科学技术日新月异，实现了人类从敬畏、崇拜自然到统治、征服自然，从"自然人"到"经济人"的质的转变。不过科学技术是一把"双刃剑"，存在"资本主义应用"与"生态应用"的两面性。在资本主义社会里，"经济人"为了利润最大化，对自然的保护和付出少，对自然的摄取与消耗多，这种不平衡的"交换"与掠夺模式，为剥削自然、征服自然效益，结果劳动不再是为了生存，而是生产价值和剩余价值。同时为了商品的价值回收，社会上便造就了以消费为快乐的"消费人"。而且资本主义的大生产、集中生产，使汇集在大中城市的人口越来越占优势。这样一来，它一方面聚集着社会的历史动力，铸造城市的魅力，另一方面又破坏着人和土地之间的物质交换，也就是使人以衣食形式消费掉的土地的组成部分不能循环回到土地，从而破坏土地持久肥力的永恒的自然条件①，导致各种城市病和农村土地的荒芜。这种交换和循环条件的打破，人与自然、人与人的循环就不复存在，于是乎地球上便出现了艾尔克河②的变迁：本来清澈、美丽，孕育着无数代生命的小河，如今桥底下流着，或者更确切地说，停滞着一条狭窄的、黝黑的、发臭的小河，河里没有鱼没有草，只有污泥和废弃物，在微风中，飘来的不是清凉的空气，而是臭气熏天。河岸上也没有了昔日的鸟语花香，只有制革厂、染坊、骨粉厂和烧砖厂，这些工厂的脏水和废弃物24小时不停地流向无人问津的艾尔克河里。

然后，人类有限的生产空间被挤到了人造的公园或者需要缴纳门票的风景区。原来也有的突发自然灾害，因为生存环境的脆弱，已经突然变为"灭顶之灾"。气候怪异、地质灾害等也好像变得日益频繁。

所以，人类不要因为烟囱冒烟就陶醉于我们工业对自然界的胜利。其实，自然本身就是价值，破坏自然，就是破坏自身。人类每一次对自然的掠夺胜利，起初确实取得了一时的经济快感，但是往后和再往后，自然的报复常常把最初的结果给消除了③，而且给人类的"身体"造成无法修复的伤害，"征服型"生产力不可取。

---

① 《马克思恩格斯全集》（第23卷），北京：人民出版社1972年版，第552页。
② 《马克思恩格斯全集》（第2卷），北京：人民出版社1957年版，第331页。
③ 《马克思恩格斯选集》（第4卷），北京：人民出版社1995年版，第383页。

我们不要过分陶醉于我们人类对自然界的胜利。对于每一次这样的胜利，自然界都对我们进行报复。

——恩格斯

第 二 章

马克思对生态危机的思考

通过归纳马克思主义关于人与自然关系的论断，我们可以看出，马克思主义把人与自然关系的发展历程分为三个典型阶段：一是"自然存在物""土地的所有者"即未完成的自然主义阶段；二是"人的自然存在物"即未完成的人本主义阶段；三是对二者超越的阶段，这个阶段体现在两个方面的结合，一方面是"尊重自然"，人与自然"交换"的人的实现了的自然主义，另一方面是自然界的实现了的人本主义。这就是著名的马克思生态循环理论，与马克思在《1857—1858 年经济学手稿》中提出的"人的依赖关系""物的依赖性"和"个人全面发展"三大社会形态学说是基本一致的。

在马克思对人、自然与社会关系的形而上学的批判、形成生态循环理论后，马克思没有停止于"生产"，接着他开启了对生产关系即资本主义现实的生态批判。他认为，在私有财产和金钱的统治下形成的自然观，资本至上，自然是被利用的对象、被征服的对象，认为资本是财富之源和终极目标，从根本上否定了自然生产力是发展的第一源泉，造成对自然界的真正蔑视和实际的贬低①。这样在"人的自然存在物"即未完成的人本主

① 《马克思恩格斯文集》（第 1 卷），北京：人民出版社 2009 年版，第 52 页。

义阶段，社会异化，资本征服，造成劳动循环不复存在，生态危机油然而生，它是资本主义或者说是工业文明的必然产物，是人类中心主义的表现。

第一节　工业文明的生产与消费方式

环境是人的生存条件，其问题由来已久，在人类进入工业文明以前，就有区域性生态危机。其主要原因有：一是气候、自然灾害等自然因素的变化引起的区域环境改变，使得原有的生活自然条件发生危机，不再适合于人的生存；二是人口的自然快速增长，超过了其所在生活圈的自然承受和平衡能力，造成了区域性的生态危机。

到了人类工业文明的萌芽阶段，知识就是力量的新认识冲破传统的神学统治，逐步构建起现代科学技术范式。于是重新认识和定义人与自然之间的关系成为农业文明末期最为重要的自然观思潮。特别是开启人类新纪元的自然科学三大发现，彻底摧毁了传统神学体系的神秘世界观，以牛顿体系建立的近代科学，成为人类认识和观察世界的新方法。于是人类对遇到的环境问题超出人类的一般活动或自然灾害带来环境的变化的认识。马克思主义在批判资本主义时，提出的生产方式理论认为，生态危机的直接原因在于人类的生产方式和生活方式的失范。工业文明时代，人类彻底摆脱自然的束缚，成了自然的主人、成了"经济人"。于是在私有财产和金钱货币的统治下形成了"经济人"自然观，把征服自然成为资本的自豪。将作为人类的生命之源、生存之基的自然界当作人类的"包身工"。所谓的人成了"工具人""单面人"，没有了人性，没有了感情。自然界变成了超自然的人格化的"资本"，而人则成为无资源的机器化的"工具"。工业文明表现在生产方式方面，就是无限制的追求财富，掠夺自然；表现在消费生活方面，制造虚假需求，消费者则成了物品和商品的奴仆，消费的主体性缺失，因追捧时尚而被商业活动彻底"殖民化"。所以说，以工业文明为象征的资本主义的生产方式和消费方式不仅破坏了自在自然，也破坏了人化自然，破坏了人类劳动成果和人类的生活方式。这样的工业文明说到底就是一个人与自然、人与人对抗的过程，这个过程在"变富"的同时不断地使土地贫瘠，使森林退化，使土壤的肥力不能生产其最初的产品。温度升高、气候异常、土地沙漠化，似乎是耕种的宿命①。

根据马克思主义的生产方式理论，人类社会主要经历了原始文明、农业文明、工业文明，正在从后工业文明向生态文明这一新型文明形态迈进。同时人类与自然的关系也经历了神的安排，到依赖自然、征服自然，最后到人与自然和谐共生关系的出场。

各个时代都有自己的时代环境问题。在原始社会，人类还处于自然之下，使用的是简陋的劳动工具，与自然的关系是人类依赖自然、顺从自然，从自然界获取很少的资源，维持着自身极低水平的生存和繁衍。这一阶段，环境主宰人类，人类没有主观能动的改造自然、改造环境，主要生产方式就是捕猎和采摘，对自然的利用能力极为低下。可以说在人类原始求生的自然状态下，人类对自然的破坏力很小，没有也不可能产生现代意义上的生态危机。但是，这不是说原始社会因为自然神学就没有环境问题，比如因为麻木的烧山捕猎导致动植物的灭绝而引起部落常年不断地迁徙，因为没有主动的改造自然经常性发生食物匮乏和疾病传播。当然，总体上那时的人与自然维持着天人混沌一体的共存关系，保持着原始生态文明。

到了农业社会，人类学会了使用部分工具，也有了改造自然的思想动机和实践探索，推动人类社会先后经历了新石器时代、青铜器时代。在农业生产中，随着劳动工具的改进，人类开始积极主动地利用自然、开发资源，并通过观察气候变化，懂得对土地肥力的适应和控制，创造了农业文明。

当然，在农业文明时代，虽然没有工业的大量废气、废油、废热，没有速度拜物教，但如果不遵循气候气象、不遵循地质地貌、不遵循人口规律，特别是在经历了三次农业革命后，试图超越自然，甚至是背离、破坏自然规律，打人口战、打侵略战，也付出了沉重的代价。如"尼罗河"养育的古埃及文明，现已成为世界上贫困地区之一；巴比伦文明同样沦为风沙肆虐的贫瘠之地。可以说饥荒、瘟疫和战争始终伴随古代的农业文明，造成罗马的兴衰，佛罗伦萨的黑死病和无数次"文明的冲突"。

---

① 恩格斯：《自然辩证法》，北京：人民出版社1984年版，第311页。

人类进入工业社会先后经历了两次工业革命。人类利用自然、改造自然的能力空前增强，创造了前所未有的巨大物质财富。西方大国充分抓住商业贸易的契机，到处开办工厂，竞相发展经济，确实推动了人类工业化和城市化进程，经济高速持续增长。同时，在庸俗经济学家曲解进化论后，提出了没有合作的"竞争"，缔造一个追求利润、技术至上的虚假型社会，崇拜货币、崇拜速度、崇拜索取。最终，以西方国家为代表的工业化道路使得人与自然的关系全面紧张起来，人与自然的新陈代谢受阻，自然资源无机身体功能散失，环境污染像瘟疫一样缠身，全球范围内的生态系统恶化加剧，人类生存和发展面临生态危机的重大威胁。各种环境问题和生态问题都在这个时期全面而集中的爆发出来，各种"公害事件"层出不穷。从而出现了马尔萨斯控制人口的错觉、梅多斯增长极限的悲观。

在马克思后，因为环境污染逐渐从理论走向现实、从生产走向生活，其他非马克思主义者也开始思考污染问题。《寂静的春天》《增长的极限》就是在这种情况下问世的，从此环境污染事件引起世界各国理论界以及其他各界的关注和重视。1970年4月22日，美国举行了声势浩大的"地球日"游行活动。1972年6月5日，联合国人类环境会议在瑞典召开。

从人类文明的发展历程看，人类社会大致经历了崇拜自然、征服自然、人和自然和谐共生三个阶段。在原始社会，生产力落后，"自然界起初是作为一种完全异己的、有无限威力的和不可制服的力量与人们对立的……人们就像牲畜一样服从它的权力"①。表现出人对自然界的一种纯粹动物式的自然崇拜，即自然宗教。自然宗教是原始生态文明，不是真正意义上的生态文明。

农业社会后，特别是第一次工业革命后，科学技术给人们带来无限可能，人类开始征服自然，市场经济开始高度发展，货币最终代替一般等价物，人类从自然宗教迈向拜物教。进入20世纪中后期，随着人们对自然和经济关系的正确认识，生态文明思想越来越受到人类的重视。人是自然的一部分的思想融入经济社会发展。人类与自然界相处，绝不能像资产阶级征服者统治异族人那样实行"三光"，绝不是像站在自然界之外的神似的，不听自然的"限制"。相反，连同人的肉、血和头脑都是属于自然界和存

---

① 《马克思恩格斯全集》（第3卷），北京：人民出版社1995年版，第35页。

在于自然之中的自然；人类对自然界的全部"统治力量"，包括生存能力和改造能力，都是来自自然生产力、物质生产力、精神生产力和人口生产力的进化合力。人类比其他一切生物强，就在于人能够认识和正确运用自然规律，通过劳动，实现人与自然的新陈代谢与完美统一①。

第二节　资本主义的劳动组织方式

资本主义社会是工业文明的社会，提倡大力发展生产力和资本增值。事实也证明"资产阶级在它的不到一百年的阶级统治中所创造的生产力，比过去一切世代创造的全部生产力还要多，还要大"②。这要感谢资本主义的组织方式。其管理理念以效益为中心，追求利润最大化；以市场为无形的手，指挥人的经济冲动；其倡导的自由更极大地促进了生产力的飞速发展。同时，要"感谢"广阔的世界市场，实现了资本的全球扩张和掠夺。但人与自然危机的产生与加剧真正源于人与人关系的紧张和冲突。无论是在资本主义国家内部，还是资本的世界扩张，无不滴着劳动群众的血。因为人与自然的关系就是人与人的关系，人对待自然的态度就是人对待人的态度。资本主义劳动组织方式是资本主义雇佣关系。这种关系在资本主义社会里，人是剥削人的，结果这种人剥削人的关系也带入到了人与自然的关系中，造成人对自然的统治和剥削，正如曹孟勤说的人与人关系对人与自然关系的殖民化③。这种殖民化，使劳动者在自然面前迷失了自我，不再把自然世界看作人类的朋友，而将社会视为对抗自然世界的产物。

首先，人的关系的恶化与人的异化。资本唯利是图的本性决定了资本主义社会的自私性、嗜利性和剥削性。资本主义之所以出现、并不能从根本上解决生态危机。主要原因在于以资本为轴心的社会制度的痼疾。该制度按照资本掌握的多寡把人群划分成不同阶级，社会总资源全部垄断为资

① 《马克思恩格斯全集》（第3卷），北京：人民出版社1995年版，第383页。
② 《马克思恩格斯选集》（第1卷），北京：人民出版社1972年版，第256页。
③ 严耕、林震：《生态文明理论构建与文化资源》，北京：中央编译出版社2009年版，第26页。

本服务，即为少数利益者服务，少数利益者按照资本的秉性——追求剩余、追求利益最大化的目标，通过资本的疯狂扩张和吞噬，掠夺市场范围的全部劳动者和消费者，从而带来人与自然关系的紧张、人与人之间关系的异化、人与社会关系的冲突①。

其次，自由的"丛林法则"。资本主义最迷人也是最害人的地方就是"自由"，强调自由竞争和自由放任，把自由放任等同于"自然秩序"，认为自由就是自然的，结果丛林法则带入了人与人之间的关系。丛林法则就是动物植物界的原始生存状态，或叫生态，其特点是没有人的参与与改造，任其自生自灭和相互斗争。这种关系在原始森林、沙漠可以存在，但若带入人类，就是文明的倒退。一方面成了资本主义剥削人与自然的理由，同时也成了资本主义转嫁经济危机和生态危机的借口。第三世界国家成了资本主义低端产业和污染企业的承接地，成了资本主义发达国家的垃圾场，进一步恶化了落后国家的自然环境。

最后，工业文明大踏步推动了人类历史车轮前进的步伐，同时其所造成的生态危机，其实还包括经济危机等，也在吞噬着人的无机体自然界和人类自身。特别是科学技术在资本主义制度工业文明下，不再是生产力，而是成为延缓生态危机的技术手段，甚至是转嫁生态危机的军国主义保障。

在马克思时代，资本主义条件下的生产对环境的破坏性是触目惊心的。如今发达资本主义国家的环境情况与 19 世纪相比确实发生了很大变化，这是科学技术的结果，是国际市场不平等的缺陷，是短暂的缓和。因为随着科技革命的推动，在先进技术的支撑下，污染问题的消解也技术化，使许多原本无法处理的污染得到有效治理。同时，在技术的支撑下，许多落后的生产方式也逐渐被淘汰。加上资本的全球化，促使生产与消费的分离，导致资本主义的污染企业逐渐转移到第三世界国家，从而出现了资本主义国家清洁美丽的假象。从全球看，因为资本主义生产关系没有根本改变，其生产追逐利润的本性就没有改变。出于赢利和追求剩余价值的需要，发达资本主义国家仍然生产高污染的产品。当然，相比前资本主义时代，高污染产品的生产基地已经发生了改变，已经源源不断地转移和倾

---

① 张雄、范宝舟：《科学发展观精神实质初探》，载《哲学研究》2008 年第 11 期。

销到人民生态觉悟低、环境控制能力不强的落后国家①。像那些能对生态环境造成严重破坏和威胁的工业项目如石化、冶金、化工等，已经很难在发达资本主义国家内部找到生产基地。因此，虽然资本主义生产性的粗暴环境污染看似"终结"，其实是以生态殖民主义行为出现的。当今发达资本主义国家环境的改善与觉醒恰恰证实了资本主义制度是全球生态危机产生的根源②。一方面，资本主义国家通过技术控制，源源不断地把污染企业输送到劳动力廉价、自然资源丰富的国家赚取高额利润的同时，实现自然的"绿化"，将落后国家的人民推到生态灾难第一线。另一方面，由于资本主义的"垄断"和技术的控制，剥削其实越来越高，导致资本主义国家内部高消费、高福利，源源不断地从其他国家吸取自然，造成世界范围的环境污染，实现消费地与污染地的分离，生产者与获利者的分离。于是资本主义最繁华的工业时代就出现了世界范围内的自然生态环境系统的失衡、人类自身生存系统的失调、现代社会经济系统的失范这"三失"病态。

　　其实在社会主义也要防止资本对人与人、人与自然和谐关系的破坏。应该使生活和知识摆脱对资本的从属，应该使地球表面的生物活动有利于人的永续生存。如东莞某民营医院手术室举行年终总结大会时，会场悬挂"虎虎生威迎新年，手术室里全是钱"这样的"大实话"！被社会和媒体痛批后，所谓的及时的道歉"护士自制""营造氛围"，不过是"逗人玩"、忽悠人，没有一点儿医者仁心。可见资本驱动下的手术刀不过是点钞机、收割机——哪怕关乎人的生命，更何况对非生命的自然，只能受金钱的摆布和蹂躏。这与社会主义热爱骨肉同胞的价值格格不入，与社会主义核心价值观之友善背道而驰，与共产党人的无私奉献、人民至上的不懈追求更是水火不容。生态文明建设是新时代中国特色社会主义的一个重要特征。因而，无论在实现中华民族伟大复兴的道路上，还是在建设生态文明的行动上，都要深入学习贯彻习近平总书记关于党的自我革命的战略思想，着

---

① 刘增惠：《马克思主义生态思想及实践研究》，北京：北京师范大学出版社 2010 年版，第94 页。

② 刘雅兰、卜祥记：《只有在社会主义制度中才能真正实践生态文明思想》，载《毛泽东邓小平理论研究》2020 年第 9 期。

力查处资本无序扩张问题，斩断权力与资本勾连的纽带①。

第三节 人类中心主义的劳动价值方式

以工业文明为标准的资本主义社会，生产力得到了空前发展，科学技术无所不能，人类终于脱离了物的依赖，"自然人"发展成了"经济人"，从而自然中心主义被人类中心主义所代替。资本主义的意识形态不再是人是自然的一部分，而是"控制自然""人定胜天"。"这种流行的意识形态对于它的信徒们，以及他们的牺牲品，即自然环境和其他人类团体来说，不可避免地是自我毁灭的。基于这种意识形态的行为的最根本的不合理的目标就是，把全部自然（包括人的自然）作为满足人的不可满足的欲望的材料来加以理解和占用。"② 统治阶级的狂妄和贪婪成为推动生产发展的动力因素。而且，资本滚雪球的本性是无止境的，就如同没有哪一个资本家愿意看到工人和农民过得富裕而不去他那里出卖廉价的劳动力。这就导致了资本主义生产呈无限扩大的趋势和整个社会的虚假需求，也导致了人对自然的作用以"征服"和"践踏"为特征，而不是追求"有用"和"生存"。资本的逻辑就是把一切资源都贬低为追求利润的手段，甚至连劳动者也不例外，人成了挣钱的工具，无偿"征收"环境、大气、水等环境资源那更是天经地义的，在生产过程中把污染的大气、水排放到环境中，也是理所当然的，而对于资源枯竭和环境污染，以及子孙后代的生活关照，则是"毫不利己，高高挂起"。所以说资本主义劳动是异化的劳动，资本家无止境的追求财富，成了货币的奴隶，劳动者夜以继日地工作，成了资本的工具。劳动创造了财富，却为工人生产了赤贫；劳动推动了生产力，却给工人带来了愚钝和痴呆。

这时自然中心主义就针对马克思的生态经济哲学，特别是劳动价值论问题进行了片面的批判。自然中心主义认为，马克思强调劳动是价值的源

---

① 《中国共产党第十九届中央纪律检查委员会第六次全体会议公报》，载《人民日报》2022年1月21日。

② ［加］本·阿格尔：《西方马克思主义概论》，北京：中国人民大学出版社1991年版，第8页。

泉，那说明马克思反对"自然有价"。所以他们认为，正是马克思的"自然无价"造成人类的生态危机。第一，在马克思、恩格斯那个年代，世界人口不多、工业不是那么发达，自然还是相当的丰富，所以马克思不可能超意识提出"绿水青山就是金山银山"。第二，从马克思的人和自然与社会的关系循环理论也可以看出，马克思的自然观是自然有价的价值转移。

　　研究马克思主义经典著作，不难发现马克思、恩格斯虽然没有专门提出生态文明和自然有价，但他们的字里行间无不透漏出生态文明的伟大思想。在辩证唯物主义和历史唯物主义的运用中，他们是大自然的热爱者，赞赏大自然的风光、美景和魅力是人类的生存的港湾和条件。"大自然是宏伟壮观的，为了从历史的运动中脱身休息一下，我总是满心爱慕地奔向大自然。"① 而且，马克思、恩格斯不仅热爱原始的自然，更爱社会的自然、人化的自然。他们赞叹人的伟大力量，赞叹人对自然的改造。自然界自从有了人，便充满着生机与活力。

　　所以，分析马克思主义生态文明观，我们不能目光短浅，不能只看"劳动价值论"的直接价值，而要全面的分析马克思主义如何看待人、自然与社会。"问渠那得清如许？为有源头活水来。"马克思主义认为"人是自然界的一部分"，是"有生命的自然存在物"，"人本身是自然界的产物，是在自己所处环境中并且和这个环境一起发展起来的"。因此，人必须坚持唯物主义自然观，遵循生命共同体的共同进化理论，以自然界为其生存和发展的前提条件。充分发挥主观能动性，保护自然、改造自然，形成人类与自然的新陈代谢健康化。在为了生存获取自然"营养"和改造自然、美化自然中，不要过分沉溺于对自然界的占有和战胜。因为人类每一次对自然的胜利，自然就会对人类进行报复。所以人类的劳动创造价值必须按照客观规律办事，否则"只会带来灾难"。字里行间，已经表明了自然的价值所在。

　　因此，马克思主义生产方式理论，要全面、准确地把握。人民是历史的创造者和推动者，"劳动是交换价值的唯一源泉和使用价值的唯一的积极的创造者"②。这就是说，一个地方的发展离不开劳动创造，离不开人。

---

① 《马克思恩格斯全集》（第39卷），北京：人民出版社1974年版，第63页。
② 《马克思恩格斯全集》（第26卷），北京：人民出版社1974年版，第285页。

所谓先进设备、新产品的生产线等，只是劳动的要素，起到价值转移的作用，是不能带来价值的。只有人才是活的劳动因素，才是利润的创造者。同时，人类是自然的一部分，人类存在的价值就是自然的价值。劳动价值论不是对自然价值的否定。

从现在看，马克思的生态思想不仅传承和创新了伊壁鸠鲁的原子论、达尔文的进化论和李比希的可持续发展理论，建立了唯物主义自然观，还在同马尔萨斯、李嘉图等资产阶级经济学家的斗争中构建了唯物主义历史观，是唯物主义、自然主义和人文主义相统一的实践唯物主义。这种唯物主义是对资本主义生产方式的批判，是对资本主义资本逻辑的超越，包含着对工业文明的批判和反思。这一建立在自然唯物主义基础上的生态思想在新时代仍然没有过时，对 21 世纪的中国和地方绿色发展仍然具有根本的指导意义。

　　这种共产主义……是人和自然界之间、人和人之间的矛盾的真正解决，是存在和本质、对象化和自我确定、自由和必然、个体和类之间的斗争的真正解决。

——卡尔·马克思

第 三 章

马克思关于人与自然和解的思想

　　在生态政治构建上，除了马克思、恩格斯，早期傅立叶、圣西门也对康德、黑格尔和费尔巴哈进行了批判。他们在批判中深化了对私有财产本质的独特理解，从而提出了属于自己的空想"共产主义"学说，构建起了关于未来生态社会的理论。马克思和恩格斯在循环理论、生产方式理论的生态哲学、生态经济基础上，通过生态政治的设想，把共产主义理解为"完成了的自然主义"和"完成了的人道主义"的统一，从而实现从人类解放学说中进行了生态社会的理论建构①。这种构建是对生态正义的超越。生态中心主义提出的生态正义是从法律角度用公平、正义的法律概念，试图通过"政治正确"来实现人类的合理分配关系，从而达到自然与社会的生态。马克思通过《资本论》一层一层分析，认识到资本主义的必然失败、共产主义的必然胜利是不可避免的，但需要通过"红"的社会革命和"绿"的生态革命相结合的社会变革模式才能实现人、自然与社会的统一和人的真正自由解放。即马克思主义的生态政治和生态文明建设的立论前

---

　　① 赵光辉：《〈1844年经济学哲学手稿〉生态思想研究》，海口：海南师范大学2018年博士论文。

提是消灭私有制度，而不是靠"技术"论的进步或者生态中心主义的"无为"，需要用生产劳动解释生产关系。可见，马克思主义对人、自然和社会的关系的分析以及对资本主义生态危机的批判，我们可以看出马克思主义生态文明观是从人和自然的需要出发，根据生产力决定生产关系的历史唯物主义方法论，坚持自然主义和人本主义相统一的生态文明观。这种生态文明观不同于生态中心主义，要回归到原始生态，也不同于人类中心主义，要掠夺自然，他追求在人与自然的和谐相处中改造自然、发展经济，实现人与自然的和解，实现共产主义的生态文明。

第一节　劳动循环遵循"归还的规律"

劳动是人、自然和社会的纽带，通过劳动可以实现人与自然的循环，也可以实现人对自然的掠夺。所以要想实现人与自然的和解与永恒，马克思主义认为我们人类只能选择前者：劳动遵循归还规律。

"归还的规律"就是人与自然的平等的交换和友善往来。具体说就是劳动在连接人与自然时，作为具有能动性的人要自觉树立自然的系统性、整体性、有机性、复杂性意识，把自然看成是一个生态共同体，实现自然的循环运动。第一，需求是人的本性，是生存需要，同样，需求也是自然延续的产生可能，这是归还规律的根据所在。这是因为人类在自然界中诞生，是自然界的一部分。人类永远不能彻底摆脱自然界的供给和互换，人类社会是自然界的发展和延伸；同样，只有在社会中，自然界对人来说才是人与人联系的纽带和条件，才是人的现实的生活要素和发展空间，自然界对人来说才是"人"。第二，人是具有自然力的社会存在物，劳动是人的基本需要、生存手段和基本技能，这为改造自然界提供了现实的可能性和实践的条件。也就是在新陈代谢平衡的范围内，人可以改造自然，也可以创造环境。但人不能像神或者瘟疫一样，在自然环境面前无所作为或胡作非为。"人创造环境"，这是马克思、恩格斯的重要生态思想。人是主动性的自然存在物，具有一定的能动性，如积极的大禹治水或者是反面的资本主义侵略战争。就积极方面而言，人类的创造性使人始终把追求更适宜的环境作为奋斗目标，依靠积极的、能动的劳动实践活动来实现环境的改善与美化，实现自然史与人类史的统一。"既然人的性格是由环境造成的，那就必须使环境成为合乎人性的环境。"① 人类的创造可以把改造自然、建设自然、美化自然结合起来。第三，人是有思想有意识的社会动物，为了他人、为了后代，人主观上也必须与自然礼尚往来。热爱自然，就是在确保自己在自然生态系统中的公共利益，保护自己生存和发展的自然基础。同时，个人离不开社会，保护自然也是保护人类。

人类遵守劳动的归还规律，主要体现在生产、分配、交换和消费这四大环节上。生产、分配、交换和消费作为社会劳动总过程的不同环节，他们直接决定、影响人与自然、人与人的交换关系。

第二节　劳动推动社会经济全面发展

人与自然的和解概念的提出是基于工业文明的生态危机，有危机才有和解。那么生态危机与高度发展的生产力的关系怎样？是否要停止人类劳动来化解生态危机？

关于劳动，马克思考察和分析得非常透彻和全面，分别从哲学存在论、剩余价值论和共产主义超越性三个维度上提出了一般劳动、雇佣劳动和自由劳动的概念。一般劳动是人的存在方式，是人类与自然界新陈代谢的条件。雇佣劳动是资本逻辑的前提，是人与人、人与自然关系异化的根源。自由劳动是人类解放的旨趣，是人与自然统一的新文明形态。这种三维分析法，充分彰显了马克思对人的生存论的关怀和科学的历史唯物主义立场。

马克思历史唯物主义告诉我们，人类要生存，就必须有一定的物质资料，以满足吃、穿、住、行等多方面的生活需要。而要取得这些物质资料，就必须进行生产、与自然打交道。如果停止生产，人类不但无法生存、无法从事政治、科学、艺术等其他活动，更无法实现人类文明的前进。马斯洛的需求层次论告诉我们，人的需求总是从低级到高级逐渐产生并得到满足的。只有"当经济发展到较高水平时，人们的生态需求才会出

---

① 《马克思恩格斯全集》（第2卷），北京：人民出版社1957年版，第167页。

现，才会主动关心自己生活的周围环境状况"①。所以说劳动是推动社会进步的决定力量，是推动生态文明的根本途径，也是化解生态危机的最有效方法。而不是停止劳动和创造，回到原始生态，过着森林野蛮人的生活。

劳动创造价值。价值的源泉问题是唯物史观问题，也是方法论问题。资产阶级否认自然的价值和人口的价值，认为资本可以"钱生钱"。马克思在批判庸俗经济和层层剖析商品的概念后指出，作为人和自然界之间的物质交换和新陈代谢的劳动，不仅是人类生活得以实现的永恒的自然条件，也是使用价值的创造者，是有用劳动，是自然价值转化为社会价值的"催化剂"②。马克思认为在社会劳动生产即人与自然的交换，人和自然是同时起作用的，即使在高科技或思维实践中，二者都缺一不可。社会生产包括自然生产和人类生产，从生产力的角度分析，就产生了自然生产力和社会生产力的概念，即自然价值和社会价值。所谓自然生产力，是"不需要代价的……未经人类加工就已经存在的"③，如空气、水、土地、森林、矿藏等，这些自然是生产力发展的第一源泉；人类生产就是人口的再生产，是人类文明延续的基础。社会生产力是自然生产力和人类生产力的合力，是自然史的进步而进化。这种生产力在自然生产力的基础上人通过劳动而产生的，是"制造"出来的生产力，包括社会改造自然的能力及人类的劳动产品和人类科技，是生产力发展的物质交换。自然生产力是社会生产力的核心和基础，它制约着社会生产力。马克思说，劳动生产率决定于社会生产的不同发展程度，更与自然条件相联系。外界自然条件在经济和人类生活供给上可以分为两类：生活资料的自然厚度，如土壤的肥力、气候的合适、淡水的丰富等；劳动资料的自然广度，如矿产的丰富、港口的优良等④。所以说，人在能动的创造中，不仅实现了人与自然的互换，还实现了人的本质力量的全面发挥，为自然界的多样性和丰富性提供了生命的舞台⑤。

劳动实践的更高一个层次，即科学实践。在"极限论"的悲观主义者

---

① 江永红、马中：《环境视野中的农民行为分析》，载《江苏社会科学》2008 年第 2 期。
② 马克思：《资本论》（第 1 卷），北京：人民出版社 2004 年版，第 56 页。
③ 《马克思恩格斯全集》（第 23 卷），北京：人民出版社 1972 年版，第 167 页。
④ 《马克思恩格斯全集》（第 23 卷），北京：人民出版社 1972 年版，第 560 页。
⑤ 邓晓芒：《马克思人本主义的生态主义探源》，载《马克思主义与现实》2009 年第 1 期。

看来，自然是有限的，因而有且只有通过控制人口来避免资源的争夺。这种观点在马克思看来是遮蔽了人类劳动的创新性。马克思在借助李比希等化学家、物理学家发现的理论基础上，提出除了变革社会制度之外，利用科技手段解决生产中的"排泄物"、提升资源的有效利用等问题是基于劳动的一个基本的方法和途径。特别是随着自然史和人类史的共同进化，把纳米、数字等科学技术的应用所产生的经济效益、社会效益和环境效益统一起来，实现科技在人与自然交换中达到短期适应和长期共生。这就是在劳动的价值实现中，不仅表达了自然的应有价值，还催生了创新的人口价值，即人口生产力。人口生产力是其他一切生产力发展的能动力量，其与自然生产力，还有以制度、物质和精神生产力为主要内容的社会生产力共同构成生态文明：绿色高质量发展的三大生产力。

劳动，在制度的规范和道德的约束下，对人类社会来说就是"经济发展方式"。当前人类的生产方式有以追求利益为核心的生产方式，有以人与自然生命共同体的生产方式，二者的根本区别就是货币拜物教还是人民至上的价值理念。后者的劳动生产方式把自然当作公共产品属性，推动人与自然的共同进化，从而进一步巩固生态圈与命运共同体的构建。根据马克思的劳动价值，这种生产方式把握了生产力发展水平和人的实际需要的耦合性、关联性、价值性和人文性的统一。劳动不仅揭穿了自然神学的决定论，还搭建了人类不断走向生态圈和谐的文明，体现了历史唯物主义与自然唯物主义的统一，从而揭示了文明形态更新的本质：生产力发展水平决定了人类文明程度，人类改造自然的能力受制于自然规律，人类改善环境则受人类利益、需要的驱使和生产技能的支配。反过来看，衡量社会进步和人类文明的尺度主要是生产力水平、自然与人的互换水平和人的解放程度。所以新时代高质量发展应当是追求自然规律和社会规律的统一，形成一种促进"自然-社会"和谐发展、正常新陈代谢的战略；追求以人为本，抛弃以利益为本的异化，形成一种能促进全社会每个人的全面发展的社会发展战略。从矛盾的解决看，生态危机的消解必须是这样的社会：尊重劳动价值和自然的价值的统一，不断发掘人的主观能动性，保护自然、改造自然，战胜资源诅咒、污染转移和城乡对立，搭建生态正义、绿色发展和生态文明的生产方式和劳动形态。

当然，纵观人类发展史，劳动是要付出代价的，经济增长是曲折发展的。人对自然的改造有"好"有"坏"。一方面，人类改造自然，从而创造人类历史，解决了人类自身的衣、食、住、行。在此基础上，人从事社会活动、科学研究等精神生活，实现人类文明的不断进步。另一方面，随着人类改造自然的能力和欲望越来越强，发展方式的失当，特别在工业文明时代，人的活动给自然界带来的负面影响触目惊心。造成了"经济是魔鬼"、是"祸根"的假象，这也就是"真正的社会主义"的原始生态是人类理想的自然社会环境的理由。其实这并不能证明劳动无用论，只是这里的劳动被"经济人"利用罢了。

第三节　建立社会关系的"自由王国"

针对生态危机的治理问题，马克思从哲学的批判到经济的批判，最后到政治的构建的思路，通过人与自然的循环理论、生产方式理论和生产力力量的阐述，构建起用生产劳动解释生产关系的理论。马克思指出，生态政治的立论前提是消灭私有制度，通过"红""绿"并进，实现社会革命与生态革命的统一，达到人的全面自由解放。

因为人与自然之间的不协调，实质上是人与人、人与社会的不和谐。人在劳动过程中，人的行为不仅要受到自然环境的制约，还要受到社会环境的制约，受到社会结构的制约，人都具有社会性。在马克思主义看来，生态危机的最终消解需要建立起一种生态友好型、绿色发展型的社会主义制度，即生态文明的实现。其除了需要人与自然的协调和保护自然生产力在内的综合生产力的支撑，更需要社会关系的和谐。所以，变革不合理的社会关系和生产方式，建立社会关系的"自由王国"比处理好人与自然的关系、调整人的行为更重要。要防止人类对自然环境的污染与破坏"仅仅有认识是不够的。为此需要对我们的直到目前为止的生产方式，以及同这种生产方式一起对我们的现今的整个社会制度实行完全的变革"①。因此说"依据马克思、恩格斯对资源与环境问题的阐述，人与自然对立状态的消

---

① 《马克思恩格斯选集》（第4卷），北京：人民出版社1995年版，第385页。

弭最终将取决于人与人的社会关系的重塑"①。

一、正确认识资本主义的现状

在经济发展和环境治理中，西方发达资本主义国家生态环境，表面上非常优美，甚至走在"治理"前列。于是有人妄想欧洲文明的人文智慧和美国科技的野蛮文化可以自身完成祛魅，战胜经济危机和生态危机。

的确，资产阶级在人类历史发展中曾起过非常革命的带动作用。在国民经济学的指引下，资产阶级通过"自由"与"竞争"的外衣，打破封建社会的"人的依赖"，全社会形成市场指挥下的货币拜物教。以"征服自然、掠夺自然"为核心内容的"征服型"生产力理论使"资产阶级在它的不到一百年的阶级统治中所创造的生产力，比过去一切时代创造的全部生产力还要多，还要大"②。如今进入 21 世纪，纵览世界，资本主义各国，虽然几经经济危机、城市病和流行病的侵扰，但总体上经济依然富裕，统治仍然稳定。特别是美国，在经历了 2020 年疫情和暴乱后，仍然丝毫未损。为什么？马克思主义系统论、关系理论明确地告诉我们，看待资本主义国家的起落，要有世界的眼光、联系的观点，不能被资本主义的世界生产和污染转移所蒙蔽。首先资本主义的辉煌是建立在殖民掠夺、经济侵略、技术控制、金融霸权的基础之上。其财富的积累是在世界大战和工业革命中发了横财。正如马克思所说，资产阶级通过劳动的异化控制了自然、通过人炮的野蛮掌握了世界市场，使世界一切国家的生产和消费都成为异化的世界性。"二战"后，新科技革命和经济全球化浪潮的疯狂席卷，进一步促使资本主义国家征服型生产力加速发展，其科技、军事生产力广泛开发，劳动生产率大幅提高，社会财富迅猛增长。在美国，通过美元体系的控制，已经不是 50 个州的美国，而是一个能奴役和管理地球的"霸美体系"，处在金字塔的顶端。同时，当代资本主义国家在垄断帝国主义之后，特别在逃避经济危机的方案寻求中，把目光投向了伟大的思想家马克思，在学习《资本论》中充分利用自我调节、改善和改良，实行政府宏

---

① 黄志斌、任雪萍：《马克思恩格斯生态思想及当代价值》，载《马克思主义研究》2008年第 7 期。

② 《马克思主义经典著作选读》，北京：人民出版社 1999 年版，第 40 页。

观调控、加大福利政策、改善劳资关系，运用比较成熟的政治制度、法治制度和资产阶级民主制度，极大促进了资本主义的起死回生。

最后在环境治理方面，西方发达资本主义国家普遍经历了先污染后治理的老路。特别在治理中，一方面通过技术的创新，实现了部分污染物的循环利用。另一方面，也是主要方面，通过产业转移实现污染的转嫁，实现资本主义当代的"富丽堂皇"。但在资本主义本土"富丽"的同时，因为资本主义的坚船利炮、技术垄断和金融霸权，资本家为攫取利润到世界各地抢占原料产地，全球资源都卷入资本逻辑的范围之列，毫不吝惜地挖掉了其他民族工业脚下的基础。造成全球范围内的经济与技术落后地区的劳动对象都被大量、廉价地开发出来，并在资产阶级的浪费方式下加以利用，造成经济与技术落后地区的森林、煤矿、铁矿枯竭和环境的恶化①。所以，从全球看，发达资本主义国家环境优美只是假象，其无视自然规律与生态阈值，无视其他民族和国家的生存环境，对世界自然资源进行掠夺开发才是资本的本性与黑幕。只要资本主义生产方式仍然存在，人类就无法达成与自然的真正和解，"在私有财产和金钱的统治下形成的自然观，是对自然界的真正蔑视和实际的贬低"②，世界范围内的环境污染就在所难免。

因此，"人人为自己，上帝为大家"的资本主义私有制没有变，这种制度安排不仅造成了人的异化，还造成了自然的异化和劳动的异化，造成人与自然的对立。所以，在资本主义国家，追求经济利益的货币拜物教和速度拜物教不可能因为自然的公共属性而做出让步。而且随着资本主义基本矛盾的全球化，污染产业的全球转移而唤醒其他国家的觉醒，就表明其"治污"的余地将达到极限。作为资本主义经济生命力的最后一根稻草经济全球化，其最终结局必将是资本主义在全球范围内的解体③。

二、苏联解体和东欧剧变不是科学社会主义的必然

或许有人说，资本主义带给世界自然的掠夺、经济的失范和人类生存

---

① 《马克思恩格斯文集》（第7卷），北京：人民出版社2009年版，第289页。
② 《马克思恩格斯文集》（第1卷），北京：人民出版社2009年版，第52页。
③ 钟玉海等：《科学社会主义理论与实践专题》，合肥：合肥工业大学出版社2007年版，第244页。

系统的恶化，就要消解资本主义？那苏联解体、东欧剧变是不是证明终结论、过时论、"早产儿"的正确？从事物发展的过程看，螺旋上升是趋势，一帆风顺是少数。苏联解体原因的讨论和再讨论告诉我们，社会主义发展需要在曲折中探索前行。苏联解体，究其直接原因，不是社会主义制度的缺陷，而是苏联共产党没有搞好自身建设，没有警惕西方的渗透和颠覆，致使在西方资本主义国家"和平演变"和国内利益集团、资产阶级"民主派"联合进攻下，最终导致苏联的解体。究其根本原因，也不是因为其是社会主义的早产儿。主要原因在于多年来苏联共产党未能突破斯大林模式的单一计划生产力，在人与自然关系没有处理好的情况下，过分强调经验主义的"重工业强国"战略，导致工农业比例失调和国家经济命脉过分依赖能源和军工产品，没有处理好人、自然与社会的关系，这违背了马克思主义、科学社会主义关于社会主义的建设规律，这才葬送了苏联社会主义。

从当前五大发展理念实施的决心和应对疫情的反应看，"生态文明的希望在中国"。中国建立了社会主义国家，其本质是"解放生产力，发展生产力，消灭剥削，消除两极分化，最终达到共同富裕"①。这与生态文明的内在要求是根本一致的。社会主义坚持人民至上的发展理念，把人民对美好生活的需求作为自己的奋斗目标，而不是单一的城镇化、城市化和工业化，更不是单纯的经济论。既尊重劳动创造价值，实现按劳分配，又尊重自然内在价值，实现绿水青山就是金山银山，把生态、生命、生活统一起来，构建人与自然命运共同体。

三、正视我国生态文明建设面临的挑战

沾沾自喜，必然招致麻痹大意的后果。社会主义建设要有斗争精神，居安思危，才能长治久安。一方面，现在一些发达资本主义国家，像瑞士、美国、日本等，年人均国民收入都比较高。而我国虽然在 2020 年如期摆脱了贫困，取得了载入人类史册的巨大成就，但发展不平衡不充分的矛盾仍然存在，人民对美好生活向往、美丽中国的建设还在路上，因此还需

---

① 《邓小平文选》（第 3 卷），北京：人民出版社 1993 年版，第 373 页。

要发展。另一方面，在发展中，特别是在乡村振兴与实体经济建设中，环境压力、资源压力越来越大。而掌握掐脖子的高科技和人口红利的空间越来越小。这就为我国"十四五"期间的生态文明建设带来一定的难度。

发展和生态，我们一个都不能少，一个也不能偏废，这是高质量绿色发展的基本内涵。新时代，需要在习近平新时代中国特色社会主义思想的指引下，坚持生物圈的共同进化理论，发挥系统思维、底线思维，坚持辩证唯物主义和历史唯物主义的世界观、方法论，坚持改革开放，坚持五大发展理念，实现高质量绿色发展。在社会主义建设和优越性的发挥中超越资本主义，实现制度自信。这就把为人民服务变成为该社会制度的轴心、人民群众变成社会的生产者、组织者和领导者，实现了广大人民群众的根本利益是"整个社会存在与发展的根本宗旨"，是"处理人与自然、人与人、人与社会之间关系的唯一尺度"①。保证制度优势，坚持和完善公有制为主体、多种所有制经济共同发展的社会主义基本经济制度，切实保证公有制为主体，引导非公有制经济健康发展坚持"两个毫不动摇"。扩大农村集体所有制，振兴农村经济②，支持生态补偿和绿色金融制度，扩大生态生产力比例，逐步实现共同富裕。

四、中国特色社会主义是生态文明建设的制度保障

2008 年 12 月 18 日在纪念十一届三中全会召开 30 周年大会上，胡锦涛同志总结我国改革开放和现代化建设十条经验时指出，中国特色社会主义取得伟大胜利并将继续阔步前行，就在于做到了"十个结合"③。一是马克思主义与中国化的结合，把坚持马克思主义基本原理同推进马克思主义中国化结合起来，解放思想、实事求是。在生态上就是，一方面坚持生物圈共同进化思想，推动人与自然的新陈代谢；另一方面结合中国实际的地理气候，推动特定的环境塑造合适的社会主义生产方式。二是四项基本原则与改革开放的结合。确保生态文明建设的制度与动力的统一。三是党与

---

① 张雄、范宝舟：《科学发展观精神实质初探》，载《哲学研究》2008 年第 11 期。
② 吴宣恭：《新发展格局及对构建中国特色社会主义政治经济学体系的启示》，载《经济纵横》2021 年第 2 期。
③ 《胡锦涛文选》（第 3 卷），北京：人民出版社 2016 年版，第 156 页。

人民的结合。既尊重人民的首创精神，突出人的改造自然能力以美化自然，又充分发挥党的领导核心作用，推动生态型社会建设。四是制度与经济的结合。一方面避免资本主义先污染后治理的模式，另一方面也避免生态文明与原始文明的混淆，引导唯物主义自然观战胜自然神学。五是经济基础与上层建筑的结合。突出自然史与人类史的统一性，形成人类与自然的守恒互换。六是物质文明与精神文明的结合。既重视"物"的发展，破解"极限论"，提升人通过劳动转化自然物质维系人的生活的能力，又重视"人"的发展，强化道德在场，通过生态文明教育等引导公民与自然为善。七是效率与公平的结合。在生态文明建设中，以推动文明进步和高质量绿色发展为重点，不断实现生态经济和生态正义，推动社会治理体系和治理能力现代化。八是独立自主与全球合作的结合。既看到社会发展方式的民族差异性，又尊重环境保护的公共自然属性，在新的地质年代构建平等、互惠和共赢的人类命运共同体。九是改革、发展与稳定的结合。既尊重自然史与人类史漫长的进化过程，又积极地发挥人的主观能动性，主动作为，推动自然技术与人类技术的一致，实现生态圈的整体性发展，避免经济社会转型中的衰退或震荡。十是社会建设与党的建设的统一。在人与自然交换中，人是活的因素，避免动物性就要在社会建设中实现短期与长期的结合，发挥党的战略思维，对客观世界的改造同主观世界的改造结合起来，遵守自然、尊重规律，构建自然生态和政治生态，为改革开放和现代化建设提供强有力的良好环境。

如今面对新矛盾、新征程，习近平新时代中国特色社会主义思想继承和发展马克思主义，提出了生态本体、生态生产力、生态民生等生态文明思想，不仅突破了自然中心主义"客观理性"视域下自然对人的压制，还突破了人类中心主义"主观理性"视域下人对自然的征服，打破了人与自然的二元对立，实现了人与自然的和谐共生和健康的新陈代谢。从而进一步证明了中国特色社会主义制度，既有坚守唯物主义自然史观等科学社会主义基本原则而具备社会主义制度的固有优势，又在体现新时代、新征程中生态建设自我完善性的"守正创新"的多重中国优势①。

---

① 朱海涛：《中国特色社会主义制度优势生成的理论逻辑探析》，载《理论导刊》2021 年第 2 期。

正如大多数生态主义者所呼吁的，资本家把对劳动者的剥削美化为"适者生存"，是对进化论的颠覆性曲解，资本主义国家具有所谓的顽强生命力绝不是货币拜物教和庸俗经济学家的成功，美苏争霸的战争迷恋和资本主义市场经济的速度拜物教不是生态生活的科学方法，他们最终都是把人类和自然推向痛苦的深渊。相反，有经历挫折的社会主义，在批判继承人类一切文化成果的基础上，既尊重自然的决定性，又看到劳动的改造性，在生物圈共同体中实现人民至上。因此，唯物主义自然史观认为，只有在劳动非异化的社会，才能实现人与自然合理、守恒的物质变换，实现自然主义和人道主义的统一，实现人的"自然存在方式"与"人的存在方式"的统一。社会主义是对资本主义的超越，代表了一种更为美好的社会制度，生态文明是对工业文明的超越，代表了一种更为正义的人类文明形态。在这种文明形态中，"作为完全了的自然主义，等于人道主义，而作为完成了的人道主义，等于自然主义，它是人和自然之间、人和人之间的矛盾的真正解决，是存在和本质、对象化和自我确证、自由和必然、个性和类之间的斗争的真正解决"①。在共产主义社会里，社会化的人联合起来的生产者，在生命共同体中将合理地调节他们和自然界之间的物质变换，靠消耗最小的力量，在最无愧于和最适合于他们的人类本性的条件下来进行这种物质变换②。坚定马克思主义的信仰，坚定中国特色社会主义理论自信、制度自信，"推动形成以国内大循环为主体、国内国际双循环相互促进的新发展格局"③，是构建生态文明的正确走向。

---

① 马克思：《1844年经济学哲学手稿》，北京：人民出版社2000年版，第81页。
② 《马克思恩格斯全集》（第25卷），北京：人民出版社1997年版，第960页。
③ 习近平：《在经济社会领域专家座谈会上的讲话》，载《人民日报》2020年8月25日。

第二篇

我国当代生态文明建设

马克思主义生态政治理论认为，未来的共产主义社会是人和自然之间、人和人之间的"真正和解"，那时的社会将是人同自然界完成了的本质的统一，是自然界的真正复活，是人的实现了的自然主义和自然界的实现了的人道主义和谐①，人真正成为自然的一部分，自然是人化的自然。因此，马克思、恩格斯在考察人类文明的历史进程、资本主义的发展方向和自然史时，综合性运用哲学、社会学和物理学、化学和地质学，坚持社会视角和自然视角的统一，既周密分析人与人之间的社会关系，又高度重视人与自然之间的生态关系，同时科学地揭示了这两种关系之间既相互制约又相互促进的辩证关系，形成了唯物主义自然史观。社会主义中国，坚持以人民为中心，发展为了人民，发展依靠人民，发展成果由人民共享，真正从根本上解决了生态危机的顽疾问题。中国革命和建设时期，以毛泽东同志为核心的党的第一代中央领导集体，没有效仿斯大林把环保主义说成是资产阶级的东西，在推动四个现代化的宏伟目标下，为改变因长期战争对生态环境造成的严重破坏，提出要把黄河治好等环境目标，开始采纳1963年竺可桢提出的建立自然保护区的建议。改革开放以来，伴随着工业化强国的推进，一些生态问题也日益突出并引起了很多环境哲学问题。以邓小平同志为核心的党的第二代中央领导集体，基于贫困不是社会主义的认识，逐渐从制度的强调发展到侧重于具体体制的改革。以江泽民同志为核心的党的第三代中央领导集体提出了建设生态文明，在党的十六大报告中把可持续发展能力不断增强、生态环境得到改善、资源利用效率显著提高、促进人与自然的和谐确定为全面建设小康社会的一项重要目标。胡锦涛同志在社会主义建设上，承前启后、继往开来，提出坚持以人为本，树立全面、协调、可持续的科学发展观。在党的十七大报告中，他明确提出要建设"生态文明"。党的十八大以来，以习近平同志为核心的党中央以前所未有的力度抓生态文明建设，大力推进生态文明理论创新、实践创新、制度创新和教育创新。把生态建设摆在全局工作的突出位置，站在坚持和发展中国特色社会主义、实现中华民族伟大复兴中国梦的战略高度，

---

① 《马克思恩格斯全集》（第42卷），北京：人民出版社1979年版，第122页。

深刻回答了为什么建设生态文明、建设什么样的生态文明、怎样建设生态文明等重大理论和实践问题，系统形成了习近平生态文明思想①，提出要大力推进生态文明建设，要更加自觉地珍爱自然、更加积极地保护生态，努力走向社会主义生态文明新时代。"五大发展理念"为核心的高质量绿色发展是习近平生态文明思想的生动实践。不但有当代的实践基础和问题的现实关照，而且还是马克思主义生产方式理论的继承和发展，是尊重人类文明发展规律的体现和应用，是中国传统生态思想在新时代的延续和光大。"五大发展理念""两条底线"、生态脱贫、和谐共生、"绿水青山也是生产力""人类命运共同体"等为关键词的"中国方案"是中国马克思主义者在中国和一带一路实践探索中的伟大理论创新，具有鲜明的中国特色和人类价值诉求……为促进世界和平发展、人类文明进步以及人类社会形态的更替提供了超越国界的世界意义②。

---

① 《让绿水青山造福人民泽被子孙——习近平总书记关于生态文明建设重要论述综述》，载《人民日报》2021年6月3日。

② 刘同舫：《马克思人类解放思想史》，北京：人民出版社2019年版，第330-331页。

如果对自然界没有认识，或者认识不清楚，就会碰钉子，自然界就会处罚我们，会抵抗。

——毛泽东

要提高煤、油的价格，促使使用单位节约，这实际是保护能源的政策。

——邓小平

第 四 章

马克思主义生态文明观在中国的发展

新中国自打建立起，我国人民就不断探索人与自然的和解。建国初期，毛泽东提出"一定要把淮河治理好"的伟大号召，倡导节约；并在社会主义初步探索中，积极改造自然、认识自然，把握自然规律；歌颂"风起绿洲吹浪去，雨从青野上山来"。邓小平在探索建设中国特色社会主义中，倡导市场和科学技术在当时生态文明建设中的应用，提出通过价格调控、技术创新、质量提升等策略，推动资源节约和环境保护。1981 年，在邓小平的倡导下，五届全国人大作出《关于开展全民义务植树的决定》，确立了"环境保护的基本国策"。江泽民提出"可持续发展战略"，号召"再造秀美山川"，到 2000 年，国家先后批准海南省、吉林省、黑龙江省为生态省建设试点；胡锦涛同志则明确提出以人为本，全面协调可持续的科学发展，建设和谐社会，在党的十七大报告中更进一步提出建设生态文明，走生产发展、生活富裕、生态良好的文明发展道路，建设"两型"社会，践行"科学发展观"。习近平总书记更把生态文明建设与建设生态文明提升到人类价值的高度，彻底突破了人类中心主义与生态中心主义中人与自然的"二元对立"，提出了"生命共同体"的价值哲学，创造性提出"绿水青山就是金山银山"的论断，形成了自然价值与劳动价值相统一的生态文明思想。目前人民至上的价值理念、五大发展的新发展思想已经深入人心。人民对生态文明的认识也由浅入深、由表及里，从生产到生活，从理论实践到政治措施，从治理到生态，自然生态、生产生态、生活生态正经历从无形到有形的伟大转变。

第一节　生态文明是人类的最高文明

纵向来说，根据历史唯物主义，人类文明史经历了原始文明、农业文明和工业文明，人与自然的关系和人与社会的关系本质上是生产关系，受生产力发展水平的决定。这里的"生产"是人把自然转化为生活资料的过程，包括个人生活的生产和他人生活的生产。而人一旦从事生产活动，就表现为双重关系：自然关系和社会关系。一方面人通过劳动从自然界获取生活资料，另一方面通过生产合作，实现社会化生产，这就是自然史与人类史的统一。无论是自然史还是人类史，文明的飞跃是经济的飞跃，同时也是社会关系的飞跃，是整个社会系统工程的变迁。同样，后工业文明是对工业文明的超越，以工业文明为基础的生态文明，其对应的社会关系是共产主义社会，实现共产主义社会是中国共产党的最高奋斗目标。

我们知道，生物与环境之间的关系叫作自然生态或生态；人的活动一旦干预了生物与环境的关系，生物与生物、生物与环境之间的关系的发生就不再是纯自然的了，人一方面要把自然纳入自己的活动范围，实现对自然的"交换"，另一方面要学会尊重自然，与自然和谐相处，做守纪的自然"良民"，从而产生了生态文明。从原始文明、农业文明、工业文明走向生态文明是人类文明发展的必然。

文明是与野蛮相对的，是人类走出野蛮时代以后的社会发展程度和社会进步的社会状态。原始文明，人类过着动物一样的生活，人整天为着吃而活，服从丛林法则，人不能作用于自然，只能本能地从自然界获取生存的食料。因而也无所谓生态危机，除了自然灾害和其他动物的威胁，人的生死听天由命。到了农业文明，人类出现了农业生产和定居生活，不过这时还是物的依赖关系，人类只是从原始文明的不知自然到农业文明的敬畏自然。随着生产力的发展，人彻底从自然中"解放"出来，人不但可以剥削人，更可以肆无忌惮的剥削自然，这就是工业文明时代。工业文明是资本主义的象征和产物。从原始文明到工业文明，一直是生产力，包括自然生产力和社会生产力，推动着文明的更新和社会关系的变革，同样随着资本主义矛盾的激化和生态危机的无可救药，工业文明必将被生态文明所代替。

从人类史和自然史的演进可以看出，生态文明是对工业文明的超越，它与工业文明有着根本的区别。在认识论上，工业文明认为自然是外在，人类是主宰，自然是人的附属品，主张人定胜天；在生产方式上，工业文明的生产是单向度的，自然流向人类，农村流向城市；在生活方式上，工业文明以利润为根本，倡导虚假消费、超期消费；在价值理念上，资本是价值的源泉，忽视自然价值和人的价值。因而工业文明具有天然的反生态性。工业文明生产向环境索取不仅太多，远远超出环境的承载限度，而且其索取的方式相当的"斩草除根"。更重要的其社会产品的生产需要太多的能源，生产方式和产品本身也产生超量的废物，有些甚至是地球需要经过万余年才能降解的废弃物，这严重危害着包括人类在内的所有物种的现实安全以及我们子孙后代的生存安全①。

而生态文明将基于并脱胎于工业文明，正像工业文明脱胎于农业文明一样，在工业文明和现代科学的基础上发展自己，并不断地在价值理念和人与自然的共生中完善自己，最后进入生态文明时代和人的自由解放②。根据马克思主义生态文明观，生态文明的基本内容包括：第一，人是自然的一部分，人与自然是平等的关系，不是主从关系，更不是征服与被征服的关系，人与自然和谐相处。第二，人类要像尊重自身一样尊重自然，承认自然物种有其自身天然生存的权利和价值，自然如画。第三，人类要告别物质主义，树立人本主义的生态主义思想意识形态。第四，生态文明是建立在工业文明的基础之上，人类要通过劳动改造自然，在自然规律所允

---

① 黄志斌、任雪萍：《马克思恩格斯生态思想及当代价值》，载《马克思主义研究》2008年第7期。

② 申曙光：《生态文明及其理论与现实基础》，载《北京大学学报》1994年第3期。

许的范围内与自然界进行物质能量的交换，实现经济物质极大丰富的社会状态。第五，人与人、人与社会关系和谐，社会关系生态化。这五个基本特征表明，所谓生态文明，是人与自然的合一，人的实现了的自然主义与自然界的实现了的人道主义的二者合一。是人们在认识和改造客观世界的同时，协调和优化人与自然、人与人、人与社会的关系，建设有序的生态、社会运行机制和良好的生态、社会环境所取得的物质、精神、制度、生态成果的总和。生态文明奉行两个主体：人的主体和自然主体的统一；两个价值，人的内在价值和自然的内在价值的统一，它以环境美化、生活富裕为前提，以生命共同体相关联为主旨，以可持续发展为着眼点，强调构建人类与自然的守恒新陈代谢，体现了人类尊重自然、保护自然、依靠自然，改造自然，与自然和谐相处的人的全面自由解放。生态文明的本质是人与自然、人与人、人与社会的和谐，生态文明的核心是人的全面自由发展。

人类生存与发展所依赖的外部环境，包括自然环境和社会环境，也就是自然界和人类社会。生态文明是人的生存环境非常友好、社会关系非常和谐的文明。在这种社会文明形态，人们可以充分地享受良好的生态环境、富裕的物质环境、民主的政治环境和幸福的精神环境。生态文明是物质文明、政治文明和精神文明的前提。作为对工业文明的超越，生态文明是社会主义和共产主义的，代表了一种更为高级的人类文明。

中国共产党和中华民族正是基于对人类文明的纵向认识，正确运用系统思维与整体思维，底线思维与发展思维，辩证思维与战略思维，科学地厘清了生态文明是人类的最高文明，是对工业文明的超越，而不是"修补"。21 世纪，中国人民从求温饱到求环保，从求生存到求生态[1]，在提出建设和谐社会和"两型"发展目标的基础上，有步骤地推进生态治理体系与治理能力现代化，创造性地发展了马克思主义生态观中的生态本体论、生态价值论、生态循环论、生态生产力论、生态方法论和生态治理论等，稳步迈向人与自然和谐共生的绿色经济社会[2]。

---

① 高帅、孙来斌：《习近平生态文明思想的创造性贡献——基于马克思主义生态观基本原理的分析》，载《江汉论坛》2021 年第 1 期。

② 方世南：《绿色发展：迈向人与自然和谐共生的绿色经济社会》，载《苏州大学学报》(哲学社会科学版) 2021 年第 1 期。

第二节 原始生态不是生态文明

自古以来，尤其在科技处女地，自然崇拜与自然神秘化一直伴随着人类的主流文明。19世纪40年代，以赫斯、格律恩、吕宁等为代表的"真正的社会主义"就投向"自然怀抱"，把大自然理想化、神秘化，认为大自然是无瑕的乐园，美好而没有冲突。极端生态中心主义甚至主张人在自然面前只能无所作为，否则就是破坏自然。马克思、恩格斯觉察到其中的错误：他们把自然界各种物体及其相互关系变成神秘的统一体，把他们自己的"某些思想强加于自然界，他想在人类社会中看到这些思想的实现"①。这样，他们就把这种想象中的世界当作人类社会的样式，进而鼓吹人类社会向自然界学习，于是否认了人对自然的劳动改造、否认人的主动性和创造性，当然也就否认了人类社会的进步。② 这种观点的实质是要使人类回到原始时代，把人降到一般动物的水平。因为他们只看到人与自然的一面，没有看到人与人的一面，更没有看到经济在文明更替中的决定性作用，把人类自然史和人类社会史割裂开来。不错，原始生态的确具有纯自然、无污染的诱惑力。但这是生态，不是文明，他没有人的参与和改造，即没有人的融入，天堂再好，与人无关。这与马克思主义的自然优先性是一致的，优先性不等于其具有超人类的文明。

"真正的社会主义"的自然理想化必然导致劳动的无用化，反对经济增长，反对生态文明的生活富裕。经济增长虽然不是改善生态环境的灵丹妙药，但贫困的、原始的自然环境绝不是生态文明，是生态。生态到生态文明是质的飞跃。所谓生态，就是自然界本身的和谐状态，如原始森林、原始草原等。而生态文明是与物质文明、精神文明、政治文明密不可分的，除了自然环境优美，更强调人与自然的和谐，还包含人类社会物质条件的发达、文化艺术的繁荣、社会结构的合理化和人群关系的完善化。

正是对原始生态与生态文明的本质的认识，特别是对人类文明的横向

---

① 《马克思恩格斯全集》（第3卷），北京：人民出版社1960年版，第561页。

② 刘增惠：《马克思主义生态思想及实践研究》，北京：北京师范大学出版社2010年版，第81页。

认识，中国共产党提出物质文明、精神文明、政治文明、社会文明和生态文明是和谐统一的，是社会主义社会、共产主义社会的本质内涵。为此，自十一届三中全会以来，我国一直坚持以经济建设为中心，解放生产力、发展生产力，认为贫穷不是社会主义；坚持党要始终代表中国先进生产力的发展要求，始终代表中国先进文化的前进方向，始终代表中国最广大人民的根本利益；把发展作为党执政兴国的第一要务，聚精会神搞建设、一心一意谋发展。党的十六大以来，在发展经济的同时，我国努力构建社会主义和谐社会，"全面推进社会主义经济建设、政治建设、文化建设、社会建设，促进人的全面发展，促进人与自然相和谐"[1]。实现物质文明、精神文明、政治文明、社会文明和生态文明共同发展。新时代在习近平新时代中国特色社会主义思想的指引下，坚定生态兴则民族兴，全面、完整、准确地贯彻"五大发展理念"，系统推进环境治理体系与治理能力的现代化。

第三节　温饱、环保到高质量

无论是自然中心主义，还是人类中心主义，"寂静的春天""绿色政治"都是在批判资本主义或力图寻找化解资本主义生态危机的出路。他们从环境恶化的原因和驱动力，环境恶化对自然界和人类社会的影响，资本主义国家对生态恶化的应对策略三个方面论战人类-环境的相互影响。我国在中国共产党的领导下，传承生态兴则文明兴，生态衰则文明衰的中华文化，继承和发展"天人合一""道法自然"的中国哲学和生态哲学，自觉担当建设生态文明社会的大国责任和创造人类文明新形态的时代工程，坚决落实中华民族可持续发展的战略部署，一代接着一代不断推进中华民族伟大复兴的应有使命。

随着美丽中国画卷的描绘和展现，生态文明是对工业文明的超越，这一点在我国已经妇孺皆知，其中最核心的一条就是经济的繁荣、生活的富

---

① 中共中央文献研究室：《十六大以来重要文献选编》（下），北京：中央文献出版社2008年版，第600页。

裕：实现生态经济。回望历史，我国从积贫积弱、千疮百孔的旧中国起家，为了实现生态文明的经济基础，进行了艰苦的探索。在人与自然的交换中，先后经历了从求温饱到求环保到高质量，从多快好省到又好又快到绿色高质量发展的历程。

"多快好省"是人与自然的劳动交换特有方式，是建国初期的经济发展理念。当时我国一穷二白，脱贫是最大的主题，温饱是最多的民生。所以"多""快"优先，"好""省"并进。中华民族在中国共产党的领导下，发扬艰苦奋斗、自力更生的精神，勤俭节约，励精图治，取得了辉煌成就。建立了独立和完整的国民经济体系，完成了大江大河的有效治理，建成了南京长江大桥、南水北调等世纪工程，逐步实现了从站起来到富起来的宏伟目标。十一届三中全会以后，在建设时期创造的良好经济基础之上，在中国特色社会主义理论体系的指导下，我国承前启后、继往开来，逐步从改造自然到美化自然的转变，从"多快好省"到可持续性发展，再到"又好又快"发展。

"又好又快"是实现生态经济的速度和质量的统一，是人改造自然、改造社会的最理想状态。"好"字优先，体现了人对环境的尊重：自然优先，生态优先；"快"字体现了人改造自然的速度和生态经济的发展程度。又好又快是质量与速度的统一，是贯彻落实科学发展观的生动表达。从"九五"计划起，立足新地质年代的生态要求，我国开始推动经济体制从传统的计划经济体制向社会主义市场经济体制转变，推动经济增长方式从粗放型向集约型转变，从体制机制上构建生命共同体。党的十七大报告中，我国经济发展开始主张走中国特色新型工业化道路，动力上使经济增长由原来的主要依靠投资、出口拉动，向依靠消费、投资、出口协调拉动的转变；产业选择上由主要依靠第二产业带动，到向依靠第一、第二、第三产业协同带动的转变；方法上由主要依靠增加物质资源消耗，向主要依靠科技进步、劳动者素质的提高和管理创新转变①。此后，我国经济建设工作的重点放到优化经济结构、提高经济增长的质量和效益上来，改变了原来的高投入、高消耗、高污染、低效率的增长方式，成功走出了一条科

---

① 中共中央文献研究室：《十七大以来重要文献选编》（上），北京：中央文献出版社2009年版，第17-18页。

技含量高、经济效益好、资源消耗低、环境污染少、人力资源优势得到发挥的新路子①。这里的"发展"涵盖"增长"的全部内涵，同时"发展"更体现了人与自然、人与社会的和谐。实行又好又快发展，更好地促进经济社会协调发展，形成更完善的分配关系和社会保障体系②是21世纪头十年的主要工作和主要变化，为美丽中国建设打下了坚实的理论和现实基础。

　　进入新时代，习近平总书记提出"人与自然和谐共生的现代化"目标，全面推进"美丽中国"和"美丽的社会主义现代化强国"建设。其"山水林田湖草的生命共同体""人与自然的生命共同体"和"人类命运共同体"的共同体概念，从理论和实践上实现了人与自然和人类本身的"两个和解"。生活方面，习近平总书记认为良好生态环境是最普惠的民生福祉，把环境纳入人民对美好生活的需要范围，使人民生活从经济需要和生存需要丰富到更全面的环境需要、健康需要、精神需要和发展需要等。进而在生产方面，提出了绿色生产概念，全社会加快了提供绿色优质生态产品供给。小智治事，大智治制。形成绿色GEP考核机制等相关绿色高质量发展制度，真正实现了绿水青山就是金山银山的价值理念。因此，习近平生态文明思想，不仅闪耀着辩证唯物主义和历史唯物主义的理论光辉，也蕴含着中华民族优秀传统文化的民族智慧，是当代生态文明建设的行动指南。

---

　　①　中共中央文献研究室：《十六大以来重要文献选编》（中），北京：中央文献出版社2006年版，第64页。
　　②　中共中央文献研究室：《十六大以来重要文献选编》（中），北京：中央文献出版社2006年版，第708页。

要促进人和自然的协调与和谐，使人在优美的生态环境中工作和生活。

——江泽民

坚持节约优先、保护优先、自然恢复为主的方针，着力推进绿色发展、循环发展、低碳发展，形成节约资源和保护环境的空间格局、产业结构、生产方式、生活方式。

——胡锦涛

第 五 章

马克思主义生态文明观的
当代社会实践

功在当代、利在千秋。在生态文明建设上，我们中华文明源远流长，沉淀了丰富的生态智慧。如今，在中国共产党的领导下，我国创造的人类文明新形态是顺应人类文明发展大趋势的正义之举，主动作为并率先实现了社会关系的"自由王国"，从而从政治、经济、文化、社会等各个方面进行马克思生态文明观的当代自觉。作为马克思主义中国化的最新理论成果科学发展观指出，为了促进人与自然的和谐，实现经济发展与人口、资源、环境相协调，我们必须走生产发展、生活富裕、生态良好的文明发展道路，使人民在良好生态环境中生产生活，实现经济社会永续发展。《中国科学发展报告2010》非常清晰地指出，中国将在科学发展观的指导下实现绿色发展，实现三大基本目标，即理论上所称的三个"非对称零增长"

的时间节点。一是到 2030 年，实现人口数量和规模的"零增长"，实现人口数量的持平，同时在对应方向上实现人口质量、人口素质的极大提高；二是到 2040 年，实现资源和能量消耗速率的"零增长"，实现经济社会发展真正向创新动能依靠，同时在对应方向上实现社会财富、人民生活水平的极大提高；三是到 2050 年，实现生态环境退化速率的"零增长"，建设美丽中国，同时在对应方向上实现环境质量和生态安全的极大提高。在科学发展观的指引下，围绕生态文明建设的生态人规范、生态经济发展和生态社会构建实现了文化制度先行、生态经济腾飞和社会科学发展，为美丽中国建设打下了良好基础。所以习近平总书记 2020 年宣布，作为全球生态文明建设的参与者、贡献者、引领者，我国二氧化碳排放力争于 2030 年前达到峰值，努力争取 2060 年前实现碳中和。

党的十八大以后，在习近平生态文明思想的指引下，我国按照"美丽的"社会主义现代化强国目标走上了高质量绿色发展之路。"十四五"期间，将在中华民族伟大复兴远景目标的框架下，拟立足新发展阶段，贯彻新发展理念，构建新发展格局。运用系统思维、底线思维和创新思维，协同推进经济高质量发展和生态环境高水平保护。建立地上地下、陆海统筹的生态环境治理制度和生态补偿制度；创新完善自然资源、绿色生态产品价值提升、污水垃圾处理等领域价格形成机制。结合资源环境承载能力，加大全国重点生态功能区、长江等重要水系源头地区、三江源等自然保护地转移支付力度，推动形成全国主体功能明显、各地优势互补、国土空间开发保护高质量发展的新格局。统筹城乡建设，建设宜居、绿色、创新、人文、智慧、韧性的现代城市；加大乡村振兴战略，大力发展农村绿色金融，建设现代美丽乡村。统筹安排城乡融合、产业发展、生态涵养、基础设施和公共服务。壮大绿色高质量发展的节能环保、清洁生产等绿色产业、大数据产业、大健康产业，实现绿色创新、绿色生产和绿色生活。

第一节　生态人的规范

生态人是相对于自然人、经济人提出来的，生态人是生态社会文化的产物。我们知道，文化是精神的层面，是上层建筑的东西，狭义文化指文化知识、知识文明，广义的文化包含政治文明、意识文明、法律文明、道德行为文明等。我国的文化具有为人民服务、为社会主义服务的"二为"方向，百花齐放、百家争鸣的"双百"方针，面向现代化、面向世界、面向未来的"三个面向"的民族的、科学的、大众的社会主义文化特征①。文化也是生产力，先进的文化能促进经济社会发展。中华民族文化博大精深，是我国四个现代化建设的精神动力和智力支持。当前我国正在从社会主义制度与体制、生态意识与法律、生态消费与生态文化三个方面表现出对生态人规范和生态文明建设的自觉。

一、社会主义制度和体制的建立与改革

建设生态文明，一方面要改善和优化人与自然的关系，另一方面，也是根本前提，要改革现存的不合理的社会关系，实现人与人关系的"自由王国"。马克思主义的人类发展史告诉我们，落后的生产关系和生产力都不能实现人与自然的和解，只有超越资本主义的共产主义社会是一个人与自然、人与人之间和谐相处的社会。

中国共产党和中国人民在毛泽东思想和中国特色社会主义理论体系的指引下，先后推翻半殖民地半封建社会，建立社会主义新中国；进行社会主义改造和社会主义体制改革。

首先，社会主义坚持党的领导，坚持马列主义、毛泽东思想和中国特色社会主义理论体系，这为生态文明建设提供了领导力量和思想行动指南。中国共产党"始终代表中国先进生产力的发展要求，代表中国先进文化的前进方向，代表中国最广大人民的根本利益"②。显然，这里的先进生产力、先进文化和广大人民的根本利益都是生态文明建设的决定性参数。更重要的，党的最高奋斗目标是实现共产主义，社会主义、共产主义制度为马克思主义生态文明观从理论走向实践提供了广阔的制度前提。中国特色社会理论体系不仅是马克思主义生态文明观的继续和发展，更是当代中国生态文明建设的指导思想，其精神动力和智力支持的重大作用必将得到

①　汪青松：《马克思主义中国化与中国化的马克思主义》，北京：中国社会科学出版社2004年版，第149-151页。

②　《江泽民文选》（第3卷），北京：人民出版社2006年版，第272页。

充分发挥。

其次，社会主义的本质是"解放生产力，发展生产力，消灭剥削，消除两极分化，最终达到共同富裕"①。而根据马克思主义生态文明观，生态文明的显著状态是经济富裕、人人平等，从这个意义上说，社会主义本质与马克思主义生态文明建设的基本要求是根本一致的。

最后，社会主义体制的各项改革，保障了生态文明建设的有序进行。科学执政方面，提出立党为公、执政为民的执政理念，这与生态文明具有内在的联系，科学执政的目标是要实现科学发展，而生态文明建设正是科学发展的内容之一。科学执政必然引起政绩观的思考，推动"经济发展要上，环保要适当让一让"的唯GDP理念到经济环保一样重要的绿色GDP理念的转变。经济体制改革方面，逐步实现了以计划经济为主到以市场经济为主的发展格局。社会主义市场经济与国家宏观调控不可分割，这就把效率与公平有机统一起来。市场经济有它效率的一面，宏观调控则有它公平的本质。效率与公平不仅涉及生产力与生产关系、经济基础与上层建筑，还包含消费公平、制度公平、法律公平、道德公平等，使社会主义市场经济和社会主义基本经济、政治制度和社会主义精神文明建设融合在一起，打造了经济增长和社会公平的统一。

社会主义制度具有决策高效、组织有力；其宏观调控则以出手快、出拳重、措施准、见效快而著称，相信不久的将来，在中华大地，"人终于成为自己的社会结合的主人，从而也就成为自然界的主人，成为自身的主人——自由的人"②。共产主义并不遥远，生态文明就在眼前。

二、生态意识和法律的自觉与规范

同属于文化方面的制度、体制不同于意识、法律，前者是宏观方面的方针、方向，国家引领公民为共产主义奋斗，后者则是面对个体及其行为，个体自觉作为自然人为生态文明做榜样。

"生态意识是从根据社会和自然的具体可能性、最优解决社会和自然

---

① 《邓小平文选》（第3卷），北京：人民出版社1993年版，第373页。
② 《马克思恩格斯选集》（第3卷），北京：人民出版社1995年版，第760页。

关系问题方面，反映社会和自然相互关系问题的诸观点、理论和情感的总和。"① 资本主义的经济人，或是自然的主人，或是挣钱的工具，其生态意识就是剥削自然、剥削人。思想决定行动，有什么样的世界观，就有什么样的方法论，可以说，有科技能力应对全球变暖的是国家，因为私利不一定愿意引领全世界走向生态文明。社会主义在马克思主义的指引下，不是以追求剩余价值为社会总目的，而是追求发展的自然规律与社会规律的辩证统一、追求人的解放。因而在社会主义人的现代化国家，全体公民都是自然人，形成生态公民。在这个生态社会里，社会公德已经成为人的生活习惯和生活需要。这种习惯和需要又反过来促进人的生态参与，包括行动参与、意识参与和民主参与。"生态文明建设的基础是公民的民主参与。"② 制度再好，法律再全，没有生态公民的参与，都是形神分离。"只有一个其成员把自身理解为自然的一部分的社会，才会终结人类一直以来对自然的滥用和虐待。"③ 所以生态意识直接影响生态文明建设的方向、速度和程度。中国一直愿同世界各国、国际组织携手合作，共同推进全球生态环境治理④。

生态意识与生态法律是相辅相成的，意识是基础，法律是保障。我国是世界上第一个把建设生态文明作为主要目标的国家，颁布了生态文明建设方面的一系列法律规章。如 2007 年修改通过《节约能源法》，2008 年分别修改通过《水污染防治法》《循环经济促进法》《防震减灾法》，2009 年修改通过《可再生能源法》，还有《单位 GDP 能耗统计指标体系实施方案》《单位 GDP 能耗考核体系实施方案》《节能减排统计监测及考核实施方案和办法》《主要污染物总量减排考核办法》《主要污染物总量减排监测办法》《海洋环境保护法》《大气污染防治法》《环境保护法》等一系列可操作性规章制度。这些生态法律，充分反映了社会主义国家生态人的生态人权和自然物质的环境权。

生态人权是人类在生存需求、发展需求之后的生态需求，是生态人

---

① 广州市环境保护宣教中心编：《马克思恩格斯论环境》，北京：中国环境科学出版社 2003 年版，第 229 页。

② 郭道辉：《科学发展观与生态文明》，载《广州大学学报》（社会科学版）2008 年第 1 期。

③ 李惠斌、薛晓源、王治河：《生态文明与马克思主义》，北京：中央编译出版社 2008 年版，第 12 页。

④ 《让绿水青山造福人民泽被子孙——习近平总书记关于生态文明建设重要论述综述》，载《人民日报》2021 年 6 月 3 日。

享受生态文明成果的权利。环境权是人化的自然不受破坏而可持续发展的权利。按照马克思主义生态文明观，生态文明从内涵上看，包括生态意识文明、生态法制文明、生态行为文明；从外延上看，生态文明是与政治文明、物质文明、社会文明交织在一起，因此，生态意识、生态法律是生态文明的题中应有之义，生态人权、环境权是生态人的基本权利。

我国生态法律正形成科学立法、严格执法、公正司法、全民守法的法治体系，有力保障了我国生态文明的各项建设措施的落实和文明成果的共享。

三、生态消费和生态道德的校正与建设

鸦片战争前后，中国人民一直倍受贫困、挨饿的痛苦，精神上长期受封建思想的束缚，新中国成立后这种想"彻底改变"的心理非常强烈，尤其是转型期，表现在消费上，不以需要为标准，超前消费、虚荣消费的现象空前泛滥；表现在道德上，物质主义盛行，道德严重滑坡。如十年前发生的"毒奶粉""瘦肉精""地沟油""染色馒头"等恶性的食品安全事件。消费决定生产，道德决定行为。消费的异化、道德的滑坡，必然导致人与自然、人与社会的冲突。这也就是我国按生态要求搞社会发展，提倡绿色消费、进行道德文化建设的直接原因。

终于，2001年被中国消费者协会确定为"绿色消费年"，有力地推动和校正了我国的绿色消费观，为"两型社会"建设提供了条件。绿色消费就是根据自己的实际需要，消费那些在生产、使用的过程中对环境和人没有伤害的绿色产品。首先它倡导适度消费，坚持健康的消费生活方式。其次，绿色消费是物质生活消费、精神生活消费的统一，反对物质至上，强调健康的精神追求。最后就是消费产品无污染、能循环。

生态道德与绿色消费是分不开的。纵观生态主义流派，特别是生态哲学认为，一方面，除了要弘扬马克思主义生态文明观，从生产方式上发力，消除劳动的异化，还要从生态道德的视角培养生态人，弘扬道德的力量；另一方面，生产的另一头就是生活与消费。超前消费、虚假消费的盛行，道德的缺失，尤其是对自然的善的遮蔽也是原因之一。目前我国坚定地把生态环境看作关系党的使命宗旨的重大政治问题，看作关系人民群众

民生的重大社会问题来抓，这就把生态道德提升到大德和法治的高度，为创建文明新形态提供了可能。目前中国社会把加强同命运共同体、民主法治、绿色消费建设相适应的生态道德文化建设放到了更加突出、更加重要的位置，全社会讲绿色、讲诚信、讲责任、讲良心的共识形成，这从理性上维护了正常生产生活和社会秩序，也从根本上铲除了滋生唯利是图、坑蒙拐骗、贪赃枉法等丑恶和腐败行为的土壤，为生态文明、和谐社会建设打通了航道。

第二节　生态经济的发展

生态文明是建立在工业文明的经济基础之上的，经济繁荣是生态文明的重要内容和基础，我国的生态文明建设也不例外。由于我国的生产关系是跨越资本主义"卡夫丁峡谷"而建立的社会主义，为生态文明的"自由王国"提供了政治舞台，但经济不发达的社会主义初级阶段仍然是我国的基本国情，人民日益增长的物质文化需要同落后的社会生产力之间的矛盾仍然长期存在，这就要求我们必须补工业文明的经济腾飞这一课。幸运的是，社会主义的本质就是解放生产力，发展生产力，十一届三中全会以后，我国也始终以经济建设为中心，进行四个现代化建设，提出了"贫穷不是社会主义"的科学论断。

经济问题，说到底就是生产力问题，生产力包括社会生产力和自然生产力，我国已经实现了社会主义制度，生产关系得到了彻底解放，为我国自然生产力的发展提供了无比的制度优越性。自然生产力就是人改造自然的能力，社会主义自然生产力就是突破资本主义"先污染、后治理"的怪圈，发展绿色经济。一般说来，经济发展会经历要素驱动、资源驱动、创新驱动和财富驱动四个阶段，我国正致力于变资源优势为资本优势、变粗放增长为包容增长、变人口大国为人口强国的创新驱动阶段，实现了绿色经济的持续快速增长。

新时代，为适应我国经济由高速增长向高质量发展转变，习近平总书记强调，"我们要建设的现代化是人与自然和谐共生的现代化"①，强调努力推动新时代经济发展质量变革、效率变革和动力变革，全面、准确、整体贯彻创新、协调、绿色、开放、共享的发展理念。特别是习近平生态文明思想，提出了生态生产力理论，不仅丰富和发展了马克思主义自然观与发展观，更解决了人与自然的"二元对立"，创造性地提出了"宁要绿水青山，不要金山银山""既要绿水青山，也要金山银山""绿水青山就是金山银山""保护生态环境就是保护生产力，改善生态环境就是发展生产力"② 的绿色辩证法。更准确地将生态文明建设纳入经济社会发展的范畴，全面推进我国新时代发展模式的绿色转型，不断将生态环境的保护与治理、人与自然的和谐，融入经济、政治、文化和社会建设的全过程，构建实现人与自然和谐共生现代化建设的新格局③。

一、变资源优势为资本优势

农业文明依靠土地资源，工业文明依靠自然资源，那生态文明依靠什么？中华大地，地大物博，资源丰富多样、文化闻名遐迩，我国的经济增长是否继续照搬以前，基本上可以"建立在资源、环境、劳动力'低廉'的比较优势上"？④ "合理使用、节约和保护资源，提高资源利用率和综合利用水平"⑤ 是我们经济社会建设的基本要求和方法。因为资源的丰富，特别是生产周期长和不可再生资源，都是相对的。我们必须"充分考虑资源和环境的承受力，统筹考虑当前发展和未来发展的需要"⑥，走依靠自身智慧资源，变资源优势为资本优势，形成生态经济别具一格的"三结合"协调发展路径，实现信息增值的社会主义生态文明。所谓"三结合"，指

---

① 《习近平谈治国理政》（第三卷），北京：外文出版社 2020 年版，第 39 页。

② 中共中央文献研究室：《习近平关于社会主义生态文明建设论述摘编》，北京：中央文献出版社 2017 年版，第 21、4 页。

③ 王青：《新时代人与自然和谐共生观的哲学意蕴》，载《山东社会科学》2021 年第 1 期。

④ 汪青松：《两个转变的互动与经济社会发展转型的实现》，载《当代世界与社会主义》2010 年第 6 期。

⑤ 新华月报：《十六大以来党和国家重要文献选编》（上），北京：人民出版社 2005 年版，第 1105 页。

⑥ 中共中央文献研究室：《科学发展观重要论述摘编》，北京：中央文献出版社、党建读物出版社 2008 年版，第 38 页。

发挥群众主体、企业主体、政府主体作用的结合，加强红色文化、生态文化、民族文化建设的结合，抓好文化开发、人才开发、市场开发的结合，三者构成绿色经济发展路径的简称①。第一，发挥群众主体、企业主体、政府主体作用的结合，就是综合调动三者的智力和动力，避免三大主体资源的"踢皮球"，充分发挥他们的积极性、主体性和创造性；第二，加强红色文化、生态文化、民族文化建设的结合，就是综合开发精神文化和物质文化，发展文化经济，增大绿色经济的智力作用。目前，我国有许多被闲置或单一开发的红色文化资源、生态文化资源和民族文化资源现在得到了综合利用，形成了规模效益。有些地方紧紧围绕红色文化，统筹生态文化和民族文化，开发三大旅游资源，实现了红色旅游、生态旅游、民俗旅游三结合，形成了旅游大品牌的整体效应，真正实现了旅游资源开发"拉动一产、促进二产、带动三产"的贫困山区"石头变黄金"的绿色经济发展新路。第三，抓好文化开发、人才开发、市场开发的结合，在人才的带领下，立足地方资源优势，首先开发地方特色文化资源，从而形成地方三大特色文化，进而建立和壮大地方工业、农业和第三产业三大市场，保证地方绿色经济持续、协调发展，实现生态与发展"双赢"。如我们安庆：黄梅香飘千万里，青山绿水带笑颜。

二、变粗放型增长为包容性增长

社会主义、共产主义制度为马克思主义生态文明观从理论走向实践提供了前提条件，但经济发展与环境保护之间永远是一个问题的两个方面，需要长时间的探索和磨合。

新中国是在一穷二白的基础上起家的，如今从一个积贫积弱的农业大国在不到 70 年就发展成为一个工业大国，成为世界工厂，并拿到经济总量"世界银牌"称号，这是工业文明带来的奇迹，但由于急于摆脱贫困，生产粗放，造成我国的环境污染和生态破坏非常严重。大气污染十分严重，能源消耗和二氧化碳排放量世界第二，温室效应十分明显，我国已经成为

---

① 汪谦慎、黄江：《开发岳西红色文化资源促进县域经济发展的路径》，载《安庆师范学院学报》（社会科学版）2010 年第 2 期。

继欧洲、北美之后的世界第三大酸雨区；水污染更令人触目惊心，污水排放量世界第一，工厂废水、生活污水，没有很好处理就大量排放，如2005年11月13日，中石油吉林石化公司双苯厂苯胺车间发生爆炸事故，导致约100吨苯、苯胺和硝基苯等有机污染物流入松花江；农村生态环境问题同样日益蔓延和加重，主要表现为自然灾害、企业污染、土壤退化、植被破坏等。

痛定思痛社会主义建设过程中的方法性错误："大跃进"和"文化大革命"时期，有些措施因为违背社会主义建设规律，造成对我国原有的生态自然以致命的打击。在工业生产上，根本没有充分研究选择科学合理的发展模式，大多采用低水平、低效率的粗放型经营方式，忽视了生态效益，引发了一系列环境问题，严重影响了人民生活质量的提高和社会主义生态文明建设的进程。

就此，党的几代领导人，根据实际情况，完成了与时俱进的改革。毛泽东曾号召"一定要把淮河治理好""要把黄河的事情办好"；邓小平号召全国人民植树造林，把每年的3月12日定为植树节，开展全民植树活动；江泽民提出经济发展要走科技含量高、经济效益好、资源消耗低、环境污染少、人力资源优势得到充分发挥的新型工业化路子；胡锦涛更是明确提出科学发展观和"两型"社会建设的目标，强调要促进人与自然的和谐，实现经济发展与人口、资源、环境相协调，走生产发展、生活富裕、生态良好的文明发展道路。

1995年9月，党的十四届五中全会审时度势，通过了《关于制定国民经济和社会发展"九五"和2010年远景目标的建议》指出，实现经济增长方式从粗放型向集约型转变。而且中央后来一再强调要调整经济结构，转变经济增长方式，建设资源节约型、环境友好型社会，增强自主创新能力，建设创新型国家。在党中央的号召下，各级各地政府也开始转变观念，落实"节能减排"，拒绝污染项目，淘汰落后产能，推动产业升级，发展绿色经济。新时代，习近平总书记更是从中华民族永续发展的高度出发，把绿色发展提升到生态文明建设的高度，创造了习近平生态文明思想。

前文说过，生态文明是对工业文明的超越，是信息时代的范型，是实现人口、资源、环境、生态相互协调的新的社会结构，那种低水平、低效率的粗放型经营方式显然不是社会主义的本性，需要在改革中变粗放型增长为包容性增长。所谓包容性增长，就是以人和自然为根本价值，实现人和自然在人的劳动创造与交换中实现经济富裕、社会发展、人的解放、自然生态，以资源的高效利用和循环利用为核心，形成低投入、高产出，低消耗、少排放，能循环、可持续的集约型经济增长方式①。因而包容性增长也叫创新型增长、生态型增长或集约型增长，它与粗放型增长是水火不容的，与科学发展观是根本一致的，科学发展观精神实质是为转变发展方式，即从又快又好的发展转向又好又快的发展②。"又好又快"是包容性增长的形象描述。

变粗放型增长为包容性增长，对生态经济、和谐社会发展而言，就是在人类在加工自然产物时，在创造第二自然时，既要着眼当下的生活资料，还要着眼未来的子孙后代，在填饱自己身体的同时，不能伤害自然的身体。在人类-自然交换中更加注重改造自然和社会劳动的质量和效益。"快"是对改造自然技术创新的强调，"好"是对经济发展质量和效益的要求。"又好又快"要求快以好为前提，把握发展的节奏和步伐，使自然-人类生命共同体长期保持下去。粗放型增长单纯追求快速增长，忽视质量、效益、结构和发展的可持续性，导致经济大起大落。因此，只有变粗放型增长为包容性增长，在好的前提下，才能实现经济社会的长期持续快速增长。从"又快又好"到"又好又快"，表明科学发展观更加重视经济发展的质量和效益，是对新阶段经济发展规律认识的深化，是对科学发展观的精神实质的更深层次的把握和理解③。

包容性增长与生态保护的内在联系就在于经济效益和生态效益的统一、当前发展和长远发展的统一。包容性增长是实现我国经济可持续发展的条件，"持续发展的实质在于维护经济增长的生态潜力，维护自然生态系统对经济社会发展持久的支撑能力"④。

---

① 郭道辉：《科学发展观与生态文明》，载《广州大学学报》（社会科学版）2008年第1期。
② 汪青松：《发展理念转变与安徽"十二五"规划的制定》，载《安庆师范学院学报》（社会科学版）2010年第10期。
③ 张雄、范宝舟：《科学发展观精神实质初探》，载《哲学研究》2008年第11期。
④ 任暟：《科学发展观：中国环境伦理学的理论基点》，载《马克思主义研究》2009年第7期。

三、变人口大国为人口强国

人口生产力是马克思主义生产力理论的重要内容①。人创造了历史，人是社会进步的推动力量。在自然史中，人是自然界活的因素，人的生态意识、生态文化、生态道德、生态民主、生态行为的高低、对错，直接影响生态文明的实现与否和建设的速度、广度和深度。我国人口众多，能否做到人多力量大，还要看我国能否变人口大国为人口强国。

首先，人的数量与生态文明程度不成正比。文明离不开人，但人的多少与生态文明无关，相反，若这些都是"经济人"，那就是成事不足，败事有余。

其次，生态人的数量也不是越多越好。因为我们人类只有一个地球，自然的承受能力是一定的，因而，生态人的数量理论上也是一定的。

最后，自然和人的数量在短期内都无法改变的时候，变人口大国为人口强国就显得尤为重要了。

我国在变人口大国为人口强国时，做了两件大事，一是把控制人口增长当作全党全国人民必须长期坚持的基本国策。二是全面提高人口素质，优先发展教育事业。这两件大事的开展有效促进了我国"人口增长与社会生产力发展相适应，使经济建设与资源环境相协调"②。初步实现了自然人、经济人到生态人的慢慢转变。

第三节　生态社会的构建

发展是时代的主题，发展也是马克思主义生态文明观实践的必然结果。马克思主义生态文明观在当代中国能否发展、怎么发展、为谁发展，从而建设什么样的生态社会，这就涉及生态文明建设的定向、定位、定性问题。

---

① 黄江：《马克思人口理论的当代价值》，载《黑河学院学报》2020 年第 12 期。
② 《十四大以来重要文献选编》（中卷），北京：人民出版社 1997 年版，第 1460 页。

科学发展观是立足 21 世纪初的地质和环境面貌提出的环境方法论，为我们破解了社会主义市场经济条件下的环境问题。它以人与自然和谐相处为要求，以可持续发展为目标，以两型社会为平台，以绿色经济为支撑，坚定不移地建设生态文明和实现人的全面自由解放。实践证明，在科学发展观指引下，强调以人为本，发展依靠人民、发展为了人民、发展成果由人民共享，富含自然主义的人本主义理念，深刻体现了马克思主义生态文明观的发展要素，是马克思主义生态文明观的中国阶段的实践。

一、为了人与自然发展

科学发展尤为追求"合理的发展"，关注"发展的意义"，引领人们树立全面、公平、文明的发展理念，遵循人与自然、人与社会、代内和代际之间的公平性、共同性和持续性。从发展目的、意义方面来说，马克思主义生态文明观的当代自觉就是，一方面，为了实现人的全面自由和解放，实现人的自然化，另一方面，是尊重自然，改造自然，实现自然的人化。这与科学发展观和和谐社会建设是根本一致的，构建社会主义和谐社会实际上就是追求人与社会、人与人、人与自然的和谐的过程，这种和谐具有自然有机性、环境适应性和价值合理性的特质。

二、依靠人才与科技发展

科学发展，离不开人才与科技。我国建设的生态文明，不是在高度发达的工业文明基础上，而是要走一条西方人不曾走过的跨越式生态文明建设之路，这就更需要生态性人才与科技，提高效率，争取速度。优先发展教育，建立人力资源强国，实施科教兴国和可持续发展战略，这是科学的选择和问题的解决，"全球面临的资源、环境、生态、人口等重大问题的解决，都离不开科学技术的进步"[①]。当然，有人反对科技，认为正是科技才带来了核战争、温室效应等，其实人才与科技都是一把"双刃剑"，就看你怎么使，在马克思主义生态文明观中，人才、科技跟经济富裕是一个

---

① 江泽民：《论科学技术》北京：中央文献出版社 2001 年版，第 2 页。

理，都是生态文明的应有内涵。只是在我们社会主义国家，需要最大化规避技术发展中"恶"的环境的生成，引导技术走向有利于人类社会的生态文明的"善"途。厚植人民至上价值的生态文明和绿色发展，不能有悲观的极限论，也不能有技术和战争决定一切的罪恶理论，尊重自然，尊重创新，厚爱人才，才是康庄大道。

三、为了世界和平与生态发展

环境问题、生态危机问题是世界面临的共同问题。资本主义国家是生态危机的温床，但他们可以通过经济危机转嫁生态危机，从而从实际结果来看，环境问题最为严重的是在经济落后的、欠发达的国家和地区。

作为率先建设生态文明的国家，就应该从环境正义的立场出发，反对各种形式的环境利己主义和区域中心主义，积极倡导各国人民从人类全球利益和长远利益的高度担负起保护环境的责任和义务，遏制发达国家的污染转嫁和"生态殖民"。为了世界的生态与和平，是利人利己的伟大事业，一方面通过加强和各国人民的通力合作，解决世界范围内的人口、资源和环境问题，另一方面我们还可以充分利用国际资源和市场，借鉴科学的管理方法、吸收先进的科学技术、引进重要的短缺资源，增强我国持续的发展能力。

历来，战争是构成人类生存的重大威胁，也是环境破坏最显著的罪恶。修身、齐家、治国、平天下，是我中华民族的崇高美德。我国历来爱好和平，反对战争，热爱生命，保护人权。

"采菊东篱下，悠然见南山。"在马克思主义生态文明观的自觉下，在习近平生态文明思想指引下，美丽中国和人民命运共同体建设必将成为21世纪的人类文明。

生态文明建设是关系中华民族永续发展的根本大计。

——习近平

我国已成为全球生态文明建设的重要参与者、贡献者、引领者，主张加快构筑尊崇自然、绿色发展的生态体系，共建清洁美丽的世界。

——习近平

第 六 章

习近平生态文明思想

习近平生态文明思想内容非常丰富，大家耳熟能详的有："生态兴则文明兴，生态衰则文明衰"的生态价值思想；"绿水青山就是金山银山"的自然价值思想；"改善生态环境就是发展生产力，保护生态环境就是保护生产力"的生态生产力思想；要"像保护眼睛一样保护生态环境，像对待生命一样对待生态环境"的生态本位思想；"生态环境是最普惠的民生福祉"的生态民生思想；"转变发展方式，推进绿色发展"的生态生产思想；"以系统思路抓生态建设，以最严格的制度保护生态环境"的绿色思辨思想①；等等。既继承和发展了马克思主义生态文明观，又结合中国地理和气候实际，凝结和升华了中华民族优秀文明成果，是人类文明的结晶。

习近平生态文明思想是他从梁家河、正定、宁德、浙江、上海、中央

---

① 韩卉：《习近平生态文明思想的贵州实践研究》，载《贵州社会科学》2020 年第 11 期。

的亲身经历中不断实践、不断认识、不断检验而获得的科学认识；是回应当代世界与中国的发展问题和解决当代社会发展生态难题提出的新战略、新思路；也是中国共产党在新时代创新社会发展理论的最新理论成果；是对马克思主义生态文明观的继承和发展。坚持党对生态文明建设的领导，坚持生态兴则文明兴，坚持人与自然和谐共生，坚持绿水青山就是金山银山，坚持"五大发展理念"，坚持良好生态环境是最普惠的民生福祉，坚持"两条底线"，坚持山水林田湖草是生命共同体，坚持用最严格的制度最严密的法治保护生态环境，坚持把"碳达峰""碳中和"纳入生态文明建设，坚持建设美丽中国全民行动，坚持共谋全球生态文明建设，是习近平生态文明思想的核心要义。为中国乃至世界的"智慧发展""绿色发展""数字发展"提供了全新方案，为地方如何在发展与生态中保持平衡，如何推动高质量发展、如何加快产业升级提供了全新理念。在习近平生态文明思想指引下，我们的生态环境保护、气候变化和能源问题的研究，绿色经济发展，决心之大、力度之大、成效之大前所未有。人与自然和谐共生的现代化和美丽中国的宏伟蓝图指日可待。

第一节　领导核心

中国共产党自成立伊始就肩负着领导中国革命、推动国家现代化转型的双重使命。在实现中华民族伟大复兴的历史进程中，党的领导核心是作为整个政党组织内部的现实统合力量出场的，受到了全体人民的拥护和爱戴。中国共产党是中国特色社会主义事业的领导核心，是国家、民族与人民的领导核心。作为"五位一体"总布局的一部分，生态文明建设同样要坚持党的领导。"一个国家、一个政党，领导核心至关重要。"[①] 党的十八大后，以习近平同志为核心的党中央审时度势、顺时应势提出了"党的全面领导"的重大命题，从理论和实践上推动了党和国家事业不断向前发展。

《中共中央关于党的百年奋斗重大成就和历史经验的决议》指出，中国人民和中华民族之所以能够扭转近代以后的历史命运、取得今天的伟大

---

① 《十八大以来重要文献选编》（下），北京：中央文献出版社 2018 年版，第 424 页。

成就，中华大地之所以能从千疮百孔的旧中国变成今天的风华正茂，最根本的是有中国共产党的坚强领导。在生态文明和绿色发展上，在国家建设和人民福祉争取上，中国共产党无论在价值引领、制度建设、经济发展、文化构建上，还是在科技创新、现代化建设上，无不体现了中国共产党是生态文明建设的领导核心，是人民根本利益的保护者。

一、生态建设与党的实践

中国共产党不仅是中国工人阶级的先锋队，而且还是中华民族的先锋队，全心全意为人民服务是其不变的宗旨。自成立的那天起，中国共产党就以为中国人民谋幸福，为中华民族谋复兴为自己的初心和使命。

在革命时期，以毛泽东同志为核心的中国共产党人，为了推翻三座大山，实现民族的独立和解放，摆脱愚昧和落后，构建生态文明的制度架构，开展了轰轰烈烈的土地革命、新民主主义革命和社会主义革命，建立了新中国，使中国人民从此站起来了，为建设生态文明打下了良好的国际国内环境。在社会主义革命和建设时期，中国共产党人戒骄戒躁、砥砺前行，不仅确立了社会主义制度，还通过工业化的道路构建起了完整的国民经济体系，为我国生态文明建设打下了良好的制度前提和经济基础。在改革开放和中国特色社会主义建设时期，中国共产党带领全国人民不仅富了起来，更走上了可持续发展的和谐之路。2002 年 11 月，党的十六大将"促进人与自然和谐"纳入党代会报告、作为全面建设小康社会的目标之一。

党的十八大以来，在以习近平同志为核心的党中央的坚强领导下，承前继后、继往开来，坚持人与自然一体化发展，把生态文明建设纳入中国特色社会主义事业总体布局，逐步构建起中国特色社会主义建设的"五位一体"和"四个全面"，开展大河治理、大山保护、城市绿化、农村美化和产业优化组合拳，在推进生态文明建设的实践中，形成了习近平生态文明思想。党的十九大报告指出，人与自然是生命共同体，我们中国要建设的现代化就是人与自然和谐共生的现代化。

可见，党的实践从来没有偏离社会主义生态文明建设。人民对美好生活的向往，就是中国共产党人奋斗的目标。一直以来，中国共产党都把良好的生态环境作为最普惠的民生福祉来抓，以人为本，人民至上，忠贞不渝的努力建设美丽中国，实现中华民族的永续发展。

二、生态文明离不开党的领导

综上分析，在中国共产党人的语境中，生态环境与绿色发展从来都不是一个小问题，而是关系到党的初心和使命，关系到党的宗旨和任务，关系到人民的生命与健康，关系到民族的未来与永续等重大政治问题和民族问题。因此，在实现中华民族伟大复兴的道路上，生态文明离不开中国共产党的领导，体现在制度建设、经济发展、文化构建、科技创新和现代化建设等方方面面。

早在中华苏维埃政府时期，针对环境问题，我们就成立了山林水利局。1971年，针对工业"三废"污染问题，我们设立了新中国第一个环境保护机构："三废"利用领导小组。同年10月，国家一级的环境保护行政机构正式成立。1988年7月，国务院第二次机构改革将环保工作从城乡建设部分离出来，成立了独立的国家环境保护局。如今的自然资源部和生态环境部于2018年挂牌成立，从此，我国的生态文明建设和绿色发展进入了新时代。

除了机构和组织支持，生态文明建设还离不开党的方针、政策和法律法规的呵护。1931年，中华苏维埃政府颁布了《中华苏维埃共和国土地法》。1973年，我国召开了第一次全国环境保护会议，通过了第一个环境保护综合性法规《关于保护和改善环境的若干规定（试行草案）》。1979年颁布了我国第一部与环境保护相关的专门法律，叫《中华人民共和国环境保护法（试行）》，标志着我国生态环境保护正式步入法制轨道。1987年5月，国务院环境保护委员会发布《中国自然保护纲要》。后来还陆续制定、修订和完成了《大气污染防治法》《环境影响评价法》《环境监测管理办法》《环境保护税法》《水污染防治法》《核安全法》《环境监察办法》等100多部法律法规。2015年1月1日则施行了"史上最严的"新《环境保护法》。

党的领导是我们中国特色社会主义的最本质特征和最大优势。可以说，没有党的先进理念，没有党的高瞻远瞩，没有党坚持初心和使命，就没有今天的美丽中国和绿水青山。如 2013 年 11 月党的十八届三中全会提出的要"紧紧围绕建设美丽中国深化生态文明体制改革",2015 年发布了《关于加快推进生态文明建设的意见》和《生态文明体制改革总体方案》,2020 年印发了《关于构建现代环境治理体系的指导意见》等,实现绿色发展从理念到实践的具体转化和落实,无不彰显了党对生态环境保护的重视,无不彰显了生态文明建设离不开中国共产党的领导。

三、党领导生态文明的实现

生态文明建设是关乎中华民族永续发展的根本大计,经过长期的实践探索,我国已经形成了较为完整、系统、科学的党领导生态文明建设的体制。

理论上,中国共产党之所以能够领导人民在一次次求索、一次次挫折、一次次开拓中创造一个又一个胜利,根本在于坚持解放思想、实事求是、与时俱进、求真务实,坚持把马克思主义基本原理同中国具体实际相结合、同中华优秀传统文化相结合,以新时代中国地质和自然现状为依据谋篇布局;坚持把节约资源和保护环境确立为基本国策,尊重自然在经济社会发展中的永续作用,坚持把可持续发展确立为国家战略,既为现在,又为未来,以人民为中心,服务人民对美好生活的需要,破解现代生态难题,更好地满足人民群众美好生活需要,服务人类命运共同体的发展,形成习近平生态文明思想。

实践上,中国共产党以习近平生态文明思想为指引,从战略定力和执行力上坚定把握新发展阶段,贯彻新发展理念,推动高质量发展。一是以促进实现人与自然和谐共生为主旨,把自然看作人的无机身体和生命的一部分,像保护眼睛一样保护生态环境,像对待生命一样对待生态环境,打造山水林田湖草生命共同体,构建最严格的制度、最完备的机构、最全面的考核和最严密的法治保护自然保护环境,打造公园城市和美丽乡村;二是以推进供给侧结构性改革为主线,果断淘汰落后产能和污染企业,推进绿色发展、循环发展、低碳发展,坚持走生产发展、生活富裕、生态良好的文明发展道路。淘汰落后产能,倡导生态生活,优化和培育传统产业和新兴产业,大力发展数字经济、绿色经济;三是以提升人民群众最普惠的民生福祉为主题，坚持党的群众路线，坚持社会主义公有制，开展厕所革命，不断战胜自然和地质灾害，提升抵御风险和流行性疾病能力。同时引导地方上下和区域联动，国内和国际双循环等整体观，构建我国人与自然和谐共生的现代化。

第二节　生态理念

习近平生态文明思想博大精深，为人类新时代勾勒出了"人民至上"的发展观和"人类解放"的历史观。消解了人与自然的"二元对立"，实现了生态的民生价值和共同体价值。

第一，"人民至上"的发展观。21 世纪以来，随着工业污染的加重，使人民对"财富"有了更高层次的认识，使社会主要矛盾发生了根本变化。习近平总书记审时度势，在党的十九大报告上庄严提出，"人民对美好生活的向往就是我们的奋斗目标"。之后开展的如"不让一个人掉队"的精准扶贫，"在任何时候都把群众利益放在第一位"的抗疫斗争，"人民有所呼、改革有所应"的全面深化改革，"人水和谐的"的南水北调，"必须把为民造福作为最重要的政绩"的选人用人，"给子孙后代留下天蓝、地绿、水净的美好家园"的生态文明建设，"共产党就是给人民办事的"百年经验……将生态文明理念和生态文明建设写入《中华人民共和国宪法》，纳入中国特色社会主义建设的总体布局……无不体现了生态文明建设的人民至上的发展观，达到在绿色转型过程中努力实现社会最广泛的公平正义。

心系民众对美好生活的向往，就是习近平总书记的治国情怀。实践中形成的习近平生态文明思想就是推行牢记使命、艰苦创业、绿色发展的塞罕坝精神，把生态文明建设的出发点和落脚点放在改善人民生活环境质量和提升人民生活品质水平的目标上，建设美丽中国，切实提升人民群众的幸福感和获得感。

第二，"人类解放"的历史观。人类一直以来，虽然摆脱了"原始"和"野蛮"，产生了农业文明、工业文明，出现了四大文明古国和"日不落"帝国，但是总迷茫于从人的依赖到物的依赖、从货币拜物教到速度拜物教。人类生活没有"解放"的前途，只有"信仰"的宗教；没有理想的城邦，只有"文明的冲突"。特别是近代以来，资本主义国家的发展史、崛起史好像都是在"人吃人"，昨日是海湾战争，今日是"阿拉伯之春"，明日是"寂静的春天"，造成世界对人类、对和平发展半信半疑，人类的生存价值日益虚无化。难道真的要出现"自然之死""历史的终结"和"流浪地球"？

马克思主义、中华文明和中国共产党实践给中国特色社会主义创造人类文明新形态提供了理论、历史和实践来源。习近平生态文明思想为中国和平发展、和平崛起找到了清晰的实现路径，为人类和平崛起提供了中国方案。习近平指出，人类和自然要和谐共生，人类社会也是一个命运共同体，自然共同体、社会共同体要求我们走生态集体主义。作为全球生态文明建设的参与者、贡献者、引领者，中国正努力推动构建公平合理、合作共赢的全球环境治理体系。人类的"自由解放"有了春天的故事、希望的田野、塞罕坝精神和梵净山之星。

第三，"绿水青山就是金山银山"的自然观。在马克思主义那里，自然是人类存在的条件，其生态价值不是自然本身所固有的某种属性，而是通过劳动构成人与自然之间的内在关系，从而形成了马克思主义的多重自然意蕴。资本主义看重"自然"在于其资本增值，形成了资产阶级的自然与人的价值关系。习近平结合人类共同体理念、关系理论，发展了马克思主义生态文明观，把生态建设放在了党和国家事业全局中的基础性地位，突出绿水青山的民生意蕴，认为自然也是生产力，保护自然就是保护生产力，从而构建了"两山"理论。引导中国坚定不移走生态优先、绿色发展的现代化道路。

第四，"共同构建地球生命共同体"的世界观。何为世界，何为地球家园？人类如何避免战争、应对气候和自然灾害？特别是像汤加火山、新冠肺炎等气候变化和疾病流行，是大自然给人类敲响的警钟，是人类必须思考的存在问题。当然，"上帝死了"之后，无论是科学还是政党都曾努力过。不过无论是英国打下的"日不落"帝国、日本宣战的"共荣圈"，还是西方推行的"普世价值"，不过都是"美国优先"这种"霸权"思想的生动写照。技术在资本的运行下，同样不过是系列封锁和"打压华为"的历史闹剧。

习近平总书记站在为子孙后代负责的高度，把碳达峰、碳中和纳入我国生态文明建设整体布局，将生态文明领域合作作为共建"一带一路"重点内容，发起了系列绿色行动倡议，支持召开生态文明贵阳国际论坛，率先出资 15 亿元人民币，成立昆明生物多样性基金，提出只要是对全人类有益的事情，中国就应该义不容辞地做，并且做好。这种打造人类生命共同体、共谋全球生态文明建设的理念，真正引领着国际社会维护全球生态安全、推动全球生态文明建设和人类共同发展，创造了人类文明新形态。

第三节　生态构建

习近平生态文明思想，是理念，也是实践。它有别于原始生态，有别于先污染后治理的资本主义法治方式，也有别于单纯的保护环境或者经济优先，它是"小桥流水人家"的空间生态：环境生活、经济生态、发展生态和产品生态的统一，是生态优先、绿色发展、开发生态产品和构建生态经济体系的整体生态观。

第一，树立生态优先思想。

习近平总书记指出："生态兴则文明兴，生态衰则文明衰。生态环境是人类生存和发展的根基，生态环境变化直接影响文明兴衰演替。"[①] 可见，习近平总书记充分认识到环境如果被破坏，将会给人类和文明带来怎样的灾难和后果。所以，人类今后的文明史，将不再唯经济论英雄，人类需要工业文明，更需要生态文明，需要"诗意栖居""小桥流水人家"的美丽生活。

正如党的十九大指出，我国的主要矛盾已经从人民日益增长的物质文化需要同落后的社会生产之间的矛盾发展为人民日益增长的美好生活需要和不平衡不充分的发展之间的矛盾[②]。因此，新时代的经济社会发展要以人们对美好生活的向往来开展，切实以人民为中心，从人类命运共同体和人类生死存亡的高度，树立生态优先理念，坚持底线思维，实现人与自然

---

① 习近平：《推动我国生态文明建设迈上新台阶》，载《求是》2019 年第 3 期。

② 习近平：《决胜全面建成小康社会 夺取新时代中国特色社会主义伟大胜利——在中国共产党第十九次全国代表大会上的报告》，北京：人民出版社 2017 年版，第 11 页。

和谐共生。优先解决好环境安全和民生安全，如引导变梵净山申遗成功的荣誉为责任，解决垃圾、污水、厕所等问题，为铜仁留住鸟语花香的桃源风光、诗情画意的乌江走廊。

第二，绿色发展要落到发展方式。

在习近平总书记看来，绿色发展不是标签，不是口号，而是一种新的发展理念和实实在在的发展方式。他指出，把生态文明建设上升到中国特色社会主义总体布局之中，"这是重大理论和实践创新，更带来了发展理念和发展方式的深刻转变"①。因为"生态环境问题归根结底是发展方式和生活方式问题"②，加快形成绿色发展方式，是解决污染问题的根本之策。要从根本上解决生态环境问题，必须从产业结构、生产方式等空间生态上着力。

因此，在高质量绿色发展先行示范区建设中，地方政府必须从根本上引导企业和居民改变落后的、粗放的、污染的，不适应新时代发展要求的生产方式、生活方式、消费方式，产业结构和产业布局，严守生态红线、质量底线和资源上线，在"三线"范围内实现绿色经济高质量发展。发展方式从"有没有"转向"好不好"，推动治理变革、效率变革、动力变革，加快建设高质量发展的指标体系、政策体系、标准体系、统计体系、绩效评价和政绩考核③。

这里有的地方可能在犯愁了，经济发展的同时保持生态良好的发展方式有吗？企业赚钱的同时保证产品高质量可能吗？不向自然要资源社会还能运行吗？

其实，他们为什么会产生这样的疑惑和迷茫，也有一定的原因和土壤。由于受西方思潮和资本主义市场经济的影响，他们把经济与自然对立起来，否认马克思主义人的劳动价值，认为一切财富的创造者是资本家和自然禀赋。所以，在他们看来，脱离资本家，脱离自然资源，经济发展将寸步难行。同时，他们认为发展经济的目的不是为了人的生活需要，而是为了利润，从而把生产与消费、经济与人对立起来。认为生产地沟油、瘦肉精、毒奶粉，在景区盖别墅等，虽然不是最佳的生活方式，却是最赚钱

---

① 习近平：《推动我国生态文明建设迈上新台阶》，载《求是》2019年第3期。
② 《习近平谈治国理政》（第三卷），北京：外文出版社2020年版，第361页。
③ 《习近平谈治国理政》（第三卷），北京：外文出版社2020年版，第239页。

的生产方式。这就是他们思维的症结，也是经济发展与环境保护的"矛盾"根源。

第三，开发生态产品。

正如上文所述，绿色发展是一种发展理念，是一种生产方式。所以绿色发展不能简单地理解为建几个垃圾处理厂、关闭几个污染企业等狭隘的环境保护问题，更不是政府、企业在经济方面不能有所作为，只能做一下环境治理或修复问题。人与自然和谐共生，不是不发展，而是要高质量发展。习近平总书记指出："绿水青山既是自然财富、生态财富，又是社会财富、经济财富。保护生态环境就是保护自然价值和增值自然资本，就是保护经济社会发展潜力和后劲，使绿水青山持续发挥生态效益和经济社会效益。"①作为地方政府，大力推进生态文明建设，做好绿色发展，就是要引导企业"提供更多优质生态产品，不断满足人民日益增长的优美生态环境需要"②，"培育壮大节能环保产业、清洁生产产业、清洁能源产业，发展高效农业、先进制造业、现代服务业"③，努力实现社会公平正义。

第四，构建生态经济体系。

一方面，要"坚持和完善生态文明制度体系，促进人与自然和谐共生……实行最严格的生态环境保护制度，全面建立资源高效利用制度，健全生态保护和修复制度，严明生态环境保护责任制度"④。配套建立健全环保信用评价、信息强制性披露、严惩重罚等制度。另一方面，要千方百计打造"以产业生态化和生态产业化为主体的生态经济体系，以改善生态环境质量为核心的目标责任体系，以治理体系和治理能力现代化为保障的生态文明制度体系，以生态系统良性循环和环境风险有效防控为重点的生态安全体系"⑤。在农业方面，必须调整农业投入结构，严格控制化肥农药使用量，增加有机肥使用比重，引导农民发展生态农业。在工业和第三产业方面，要"加快建设实体经济、科技创新、现代金融、人力资源协同发展的产业体系，构建市场机制有效、微观主体有活力、宏观调控有度的经济

---

① 习近平：《推动我国生态文明建设迈上新台阶》，载《求是》2019年第3期。

② 习近平：《推动我国生态文明建设迈上新台阶》，载《求是》2019年第3期。

③ 习近平：《推动我国生态文明建设迈上新台阶》，载《求是》2019年第3期。

④ 《中国共产党第十九届中央委员会第四次全体会议公报》，载《人民日报》2019年11月1日。

⑤ 习近平：《推动我国生态文明建设迈上新台阶》，载《求是》2019年第3期。

体制"①。

总之，高质量绿色发展，是一项系统的伟大工程，是"五位一体"总体布局的重要组成部分，是供给侧结构性改革的方向标，是构建现代化经济体系的重要内容。做好高质量绿色发展，需要在全社会构建生态文化体系、生态制度体系、生态经济体系、生态评价体系、生态考核体系和生态惩罚与补偿体系，实现治理体系和治理能力现代化。因此要综合施策，运用系统思维、创新思维、辩证思维和底线思维，把创新、协调、绿色、开放、共享五个方面统筹起来，协同推进，通过制度建设、法治建设和政府主导、企业主体、人民参与的生态文明建设实现经济高质量绿色发展。

第四节　生态思维

从地球和人的演进过程不难看出，地球表面的生物活动对地球气候、环境有显著的影响。因此，要想我们的生存环境朝着生态文明的方向发展，必须从具有文化传承的生物，即人的思维方式开始。"实事求是"的方法论。实事求是是马克思主义的精髓，也是习近平生态文明思想的实践方法。过去有些地方为了单纯的 GDP 快速增长，而忽视了生态环境的保护，造成了人民群众生活方式由过去的"盼温饱"转化为现在的"盼环保"。习近平总书记根据新时代主要矛盾的变化，考察黄河，调研长江，提出了"五位一体""五大发展理念"的"绿水青山就是金山银山"的实事求是的生态文明建设中国方案，实现了环境保护与经济发展的和谐与统一。

为了准确、全面的贯彻"五大发展理念"实践，2021 年 2 月 19 日，习近平总书记在中央全面深化改革委员会第十八次会议上指出，推动绿色转型的深化改革和推进生态文明建设的体制改革，一要有系统思维，强化全局视野；二要有辩证思维，坚持两点论和重点论相统一；三要有创新思维，积极率先突破、率先成势；四要有钉钉子精神，不断解决目标路上的实际问题。2021 年春节前夕，针对贵州省的实际发展情况，习近平总书记

---

① 习近平：《在深入推动长江经济带发展座谈会上的讲话》，载《求是》2019 年第 17 期。

特别关心地嘱托：要牢固树立绿水青山就是金山银山的理念，守住发展和生态两条底线，努力走出一条生态优先、绿色发展的新路子，在生态文明建设上出新绩。综合习近平总书记最近的系列讲话，其实现生态文明的生态方法跃然纸上。如何践行"底线"思维，科学运用系统思维、辩证思维、创新思维和目标思维，特别在贵州，如何在亮丽名片上锦上添花、在金黔绿色发展"黄金十年"后再出新绩，指明了生态辩证法。

一、运用"人为"和"自发"的辩证思维，激发绿色生产新动能

历史唯物主义认为，世界的发展是由客观的经济条件决定的，但同时，也不是机械的进化论，还有人的主观能动性的发挥而产生的历史推动作用。贵州生态文明建设为什么好，生态文明国际论坛为什么花落贵阳，除了得益于贵州优越的地理位置和地理环境，更得益于"人不负青山"。数年来，贵州人在习近平生态文明思想的指引下，一代接着一代干，一年接着一年种，坚持年初开展义务植树活动达7年之久，并把每年的6月18日确定为"贵州生态日"。2021年开工第一天的2月18日，贵州省委书记谌贻琴就带领全省干部群众践行"生态优先"植树活动。功夫不负有心人，贵州的森林覆盖率从2011年的41.5%，已经提高到2020年的60%。

发挥人的能动作用，是贵州生态文明建设的重要力量和基本经验。从马克思主义辩证思维和生态实践的主体看，人类生态活动的主体一般包括政府驱动的"人为"主体和经济驱动的"自发"主体。在资本主义社会，资本的逐利性决定了其生态的自发性、麻木性和目光短浅性。社会主义生态文明建设早期更多地发挥其"计划"优势，体现在"人为秩序"的顶层设计。所以中国共产党人历来重视环境保护与生态建设，以地方为例，早在担任铜仁地委副书记、行署专员时，谌贻琴就坚持抓经济发展的同时抓环境保护，努力实现可持续发展，坚决反对以牺牲环境和资源来换取一时经济利益的做法[①]。针对当前中国特色社会主义进入新时代，生态文明建

[①]　谌贻琴：《发展是执政兴国的第一要务》，载《铜仁地委党校铜仁行政学院学报》2003年第3期。

设进入"两条底线"的攻坚克难期、绿色价值实现的"瓶颈期",迫切需要在政府驱动"人为"主体的同时激发绿色生产新动能,准确运用习近平总书记的生态辩证法。一方面要继续做好顶层设计,建立健全绿色低碳循环发展的经济体系和生态金融体系,健全自然资源资产法律法规和产权制度,完善资源价格形成机制等系列制度①;另一方面,充分发挥社会主义市场经济的决定作用,吸收更多社会力量和民间力量参与到生态文明建设实践,让人人在绿色发展中享受生态民生和生态产品,实现顶层设计到社会实践的有机衔接。

二、贯彻"新发展理念"的系统思维,破除经济社会发展的"四个单一"

回望工业文明时代,人类不仅战胜了封建贵族,还"战胜"了自然。可惜不到一个世纪,人类还没有享受好工业化、机械化和城市化带来的喜悦与便利,一系列的危机、灾难、疾病、战争、断供接踵而至,让人类突然发现,昔日随处可见的新鲜空气、清澈河流、茂密的森林成了人人向往的"著名景点",小桥流水人家已经成为"消失的美学"。

问题出在哪儿?习近平总书记的生态系统思维告诉我们,资本主义工业文明因逃脱不了资本的魔咒,千方百计地追求利润是资本存在的唯一价值,所以其核心思维方式就是马克思在《资本论》中指出的剩余价值中心主义。生态马克思主义话语体系下的人类中心主义、生态中心主义,其实也是工业文明"中心主义"思维方式的批判性表达。

我国是社会主义国家,遵循人民至上的发展理念,所以新中国成立以来,在社会主义革命、建设和改革的任何时期,都坚持马克思主义历史唯物主义观和唯物辩证法,不断探索和遵循共产党执政规律、社会主义建设规律和人类社会发展规律。但由于历史的、自然的和方法的原因,我国也出现了生产方式的粗放、生态系统的退化,能源资源的约束等生态和环境问题。造成这些问题的原因不是中国特色社会主义消解了社会主义生态文

---

① 习近平:《完整准确全面贯彻新发展理念发挥改革在构建新发展格局中关键作用》,载《人民日报》2021年2月20日。

明的本质属性，而是有些地方出现了"四个单一"的"探索性"方法论错误：建设指向上出现了单一城市化思维、单一城镇化思维；实现路径上出现了单一生产力论思维、单一经济论思维。

习近平生态文明思想，把发展问题置于党和国家事业的核心地位的同时，创造性提出创新、协调、绿色、开放、共享的"五大发展理念"。这一发展理念不仅是马克思主义唯物辩证法在经济高质量发展中的运用，也坚持了习近平总书记倡导的系统论思维、创新思维和目标思维的工作方法。

三、守住"发展"和"生态"的底线思维，在绿色发展上出新绩

以贵州省为例，在"五大发展理念"的指引下，已经走出了一条"两个有别"的绿色发展之路。面向"十四五"，贵州会继续毫不动摇地高举习近平生态文明思想，毫不动摇地贯彻新发展理念，毫不动摇地建设社会主义生态文明，坚守"发展"和"生态"两条底线，在生态文明建设上争上游、做样板、"出新绩"。

"新绩"是相对"旧绩"来说的。"旧绩"是贵州的生态文明建设已经走在全国前列，绿水青山已经成为贵州的亮丽名片。根据事物的发展规律，"新绩"是对"旧绩"的继承和超越，而不是"否定"或停止不前。所以，"十四五"期间，贵州省在生态文明建设上"出新绩"就是要争上游，做绿色发展的排头兵，特别要在"两线"上闯出习近平生态文明思想的贵州样板、贵州实践。

一要发展出新绩。系统实施乡村振兴、大数据、大生态三大战略行动，协调推动新型工业化、新型城镇化、农业现代化和旅游产业化，打造"黔货出山"的生态产业、生态产品和生态经济的国际优势。严格按照习近平总书记春节前夕赴贵州看望慰问各族干部群众时提出的"闯新路""开新局""抢新机"的要求，千方百计抢抓西部大开发、乡村振兴和数字

革命的机遇①,打造贵州绿色经济和数字经济的东西交流、国际循环的新格局。

二要生态出新绩。严格落实谌贻琴在全省县以上党政主要领导干部研讨班上指出的,牢固树立生态优先、绿色发展的思维导向,持之以恒地推进生态文明建设;统筹山水林田湖草系统治理,深入打好污染防治攻坚战;继续创新方式,办好生态文明贵阳国际论坛②,打造贵州"两线"思维样板,传播中国生态文明和实践经验,为人类命运共同体作出贵州贡献。

---

① 《习近平春节前夕赴贵州看望慰问各族干部群众向全国各族人民致以美好的新春祝福祝各族人民幸福吉祥祝伟大祖国繁荣富强》,载《人民日报》2021 年 2 月 6 日。

② 谌贻琴:《传达学习贯彻习近平总书记视察贵州重要讲话精神》,载《贵州日报》2021 年 2 月 8 日。

要牢固树立绿水青山就是金山银山的理念，守住发展和生态两条底线，努力走出一条生态优先、绿色发展的新路子。

——习近平

第 七 章

绿色发展的个案

新时代，习近平生态文明思想是全方位、全地域、全过程开展生态文明建设的行动指南。生态文明建设与建设生态文明已经成为美丽的社会主义现代化强国的基本内容。21 世纪，绿色高质量发展将是地方乃至整个社会的公共诉求。像绿水青山变金山银山的重点任务和实现路径研究，乡村振兴背景下农村生态文明建设的多元协同治理机制研究，加快建设绿色产业体系路径及保障政策研究等将成为新时期马克思主义生态文明观研究的热点和走向。

第一节　地方绿色发展的典型

他山之石，可以攻玉。为了更好地贯彻马克思主义生态文明观和习近平生态文明思想，先来比较研究福建、江西、丽水等绿色发展地高地。

一、"自我革新式"福建的绿色发展

福建地处沿海，森林覆盖率高。改革开放程度比较深，经济相对发

达。而且福建是民营经济大省，其民营经济占全省经济总量和广东、浙江一样，都超过 70%。正是因为这些代表性特征，福建省是全国第一个生态文明先行示范区。

自从 2014 年批复建设以来，福建省依靠自身的区位特点、经济实力和人才优势，首先深入实施创新驱动。围绕产业链部署创新链，最大限度地激发创新动能，创建光电信息、能源材料、化学工程、能源器件等高科技实验室，占领技术高地实现绿色领先。其次，围绕产业链，实施百亿龙头成长计划、千亿集群培育计划和新兴产业倍增工程、现代服务业提速提质工程等措施，壮大产业集群。最后，依托互联网、大数据和人工智能，发展海洋经济和数字经济，实现数字与实体的深度融合。正是通过这种"自我革新式"高质量绿色发展落实赶超，目前，其数字经济总量占 GDP 近40%，高技术产业增加值增长 13.9%，森林覆盖率保持了 40 年连续第一，达 66.8%，主要河流优良水质比例是 97.2%，设区市空气达标天数比例达 98.6%[①]。

福建的绿色发展获得成功并称得上"自我革新式"，就在于其在绿色发展过程中，准确定位，认准根源，做到了"在绿色发展理念指导下，推动传统粗放的工业生产方式向技术先进、集约高效、低碳环保的现代工业生产方式转变，推动传统的封闭落后的农业生产方式向开放的、绿色、低碳、循环的现代农业生产方式的转变"[②]。从根本上解决了经济与环境的"对立"问题。

另外，虽然福建省民营经济发达，但是在高质量绿色发展中，政府发挥了核心作用，及时正确处理了生产与生态、生活的关系，通过打响蓝天、碧水、净土保卫战，实现了从污染福建到清新福建的变革。

二、"华丽转身式"江西的生态文明建设

江西省是全国著名的革命老区，也是我国著名的"鱼米之乡"，是农业大省，拥有中国最大的淡水湖：鄱阳湖，自然保护区数量多。但传统意

---

① 唐登杰：《福建在推动高质量发展中实现新突破》，载《求是》2019 年第 19 期。

② 林默彪：《中国特色社会主义生态文明何以可能》，载《中共福建省委党校学报》2017年第 7 期。

义上的工业化和城镇化落后，矿山破坏土地达 71072 公顷[1]，是典型中部省份的代表。

2014 年被确立为生态文明先行示范区后，江西省因地制宜、扬长避短，通过实施新型工业化与城镇化，发展生态农林业和生态观光旅游业，推行森林生态、湿地生态和矿产资源开发生态等补偿机制[2]，建立建成了中部地区绿色崛起的先行区，实现了"绿色崛起"和"华丽转身"。并在"江西制造"，新型工业化，湖流域生态保护与科学开发，绿色循环低碳发展，生态补偿机制，绿色文化创建等方面取得了重大进展。成功创建 6 个国家生态文明建设示范县，2 个"绿水青山就是金山银山"实践创新基地，5 个国家生态县、228 个国家级生态乡镇。典型的传统农业山区井冈山于 2017 年 2 月在全国率先实现脱贫摘帽[3]。

江西"华丽转身式"高质量绿色发展留下的启示是：第一，内生驱动，激发创新潜力。江西通过南昌大学、江西财经大学、南昌航空大学等人才聚集优势和"海智计划"广纳国际人才，为"江西制造"打下了坚实的科技基础和人才支撑。使江西在飞机制造、冶金技术等走在全国前列。第二，利用自然，充分发展绿色经济。在习近平生态文明思想的指引下，江西省不等不靠，充分利用井冈山、鄱阳湖等山水资源，发展智慧旅游和旅游工艺品，实现绿水青山就是金山银山。第三，产业升级与产业扶贫相结合。江西结合自身农业大省和贫困人口较多的实际，通过绿色金融 PPP 项目和农业现代化工程，促成农业和工业的产业衔接，实现农业的现代化转型。

三、"外部支援式"丽水的"两山"实践

曾两次获得习近平总书记点赞的浙江丽水与贵州铜仁相比，有许多类似的地方。土地面积相近，铜仁为 18003 平方公里，丽水为 17298 平方公

---

[1]　刘亦晴、张建玲：《比较视角下江西生态文明试验区建设研究》，载《生态经济》2018 年第 10 期。

[2]　郇庆治：《生态文明创建的绿色发展路径：以江西为例》，载《鄱阳湖学刊》2017 年第 1 期。

[3]　刘奇：《推动井冈山高质量发展的调查思考》，载《求是》2019 年第 20 期。

里；生态资源都比较丰富，森林覆盖率高；距离省会都比较远；经济发展在所在省份存在感都不高。丽水 2018 年生产总值 1394.67 亿元，2021 年总量达到 2500 亿元，人均 GDP 高达 10 万元。铜仁 2018 年生产总值为1066.52 亿元，2021 年在疫情防控巨大压力下仍然增长到 1480 亿元①，增速跃至全省第二方阵。能和沿海发达地区的年生产总值相比不分上下，作为地处武陵连片贫困区的铜仁实属不易，这是铜仁近几年苦干实干的结果。

不过，铜仁和丽水相比，也有不同。一是人均经济水平不同，2018 年丽水人均 GDP 为 63611 元，铜仁只有 33720 元；二是三产比例不同，2018年丽水为 6.8∶41.4∶51.8，铜仁农业总产值为 404.15 亿元、工业增加值为 204.81 亿元、第三产业总产值为 457.56 亿元；绿色发展动力不同，铜仁过去习惯于增加硬实力：招商引资，而丽水现在更多的是在探索软实力：在"两山"理论的指导下，建章立制，2019 年还成立了中国（丽水）两山学院。

从这些不同可以分析出，第一，铜仁户籍人口多，而实际常住人口少，大量具有劳动能力的人口流失到外地贡献价值。丽水则相反②。第二，丽水工业基础比铜仁好。而根据马克思主义生态文明观，生态文明是建立在工业文明的基础之上，没有一定的工业，没有一定的经济基础和经济发展水平，单纯地靠农业和初级农产品发展比较难。第三，单纯的招商引资没有吸引力。要想高质量发展，必须认识到绿色发展是一个系统工作，除了进行环境保护、发展绿色经济外，还要营造绿色文化等价值氛围筑巢引凤。特别要通过制定和完善绿色制度、绿色标准，吸引更多外来人才、资金和项目，实现广泛的"外部支援式"绿色发展。

如今的丽水，不仅得到了上到中央政府下到普通百姓的点赞，还获得了理论界和商界的广泛关注和支持。2019 年，在新一届市委市政府的领导下，高举"两山"理论，从绿色产品的价值转化着手，掀起高质量发展的新高潮。其打造的中国（丽水）两山学院平台聚集了如欧阳志云等大批研

---

① 数据来源：两市 2018—2021 年国民经济和社会发展统计公报和实地调研。
② 根据两市 2018 年国民经济和社会发展统计公报和实地调研统计，铜仁户籍人口 443.86 万人，而实际常住人口少得多，约为 316.88 万人；丽水户籍人口只有 270.19 万人，常住人口实际多得多。

究型人才，并且不定期聘请如中国工商银行党委委员王林等专家作专题辅导和培训，从根本上解决了丽水"两山"实践的智力不足问题。同时从理论、品牌和标准的高度，提升了丽水绿色发展的影响力和方向感，避免走弯路。

另外，和杭州长期建立山海协作工程，通过杭州的外力支援，聚力产业合作、项目合作，共建"飞地经济"发展。

第二节　红色文化促进县域特色经济发展路径

——以安徽岳西为例①

经济之危，文化之机。胡锦涛同志在党的十七大报告中适时提出文化生产力的概念，为我们摆脱经济危机指明了方向。"一定的文化（当作观念形态的文化）是一定社会的政治和经济的反映，又给予伟大影响和作用于一定社会的政治和经济。"② 这里，以岳西红色文化为例来探讨弘扬老区特色文化以发展地方特色经济之路径。

一、我国地方红色文化带动县域特色经济发展存在的问题

目前我国地方经济发展不平衡已经是一个不争的事实，纵览那些经济发展不足的地方，发现其造成的原因各不相同。但令人费解的是分布在各地的红色革命老区经济发展也参差不齐，其原因值得我们深思和反省。

第一，群众思想观念较封闭，不能把自身文化优势与经济联系起来建设家园。据调查，一提起文化，有些人把它狭义地理解为知识文化、娱乐文化或者是古董文化。一提起红色文化，一些人就想起革命或唱唱红歌，这样就从内心深处把经济与文化完全割裂开来。他们认为社会主义现代化就是城市化、城镇化，就是趋同化：只要有现代化的高楼大厦、有纳税大

---

① 汪谦慎、黄江：《开发岳西红色文化资源促进县域经济发展的路径》，载《安庆师范学院学报》（社会科学版）2010 年第 2 期。

② 《毛泽东选集》（第 2 卷）北京：人民出版社 1991 年版，第 663 页。

户的大公司就是革命老区的新家园和老区人民的奋斗目标。有的过分重视房地产开发、招商引资等经济工作，热衷推进老街变"大道"、田地变"小区"、山林变"工厂"，没有真正领会"转变经济增长方式，以循环经济、生态经济模式代替传统的线性经济增长模式"①。结果红色文化被束之高阁，自身的优势没有得到彰显。

第二，在趋利思想的影响下，不少企业过分追求利益最大化，不能保护甚至破坏地方特色文化，包括红色文化。有的地方为了解决经济危机所带来的困难，"头痛医头，脚痛医脚"，看不出问题的症结，埋头招商引资，只要是有人投资，不管他是什么项目，即使是与自身优势无关的，甚至是污染的，一律来者不拒。虽然经济一时能上去，但环境受到破坏，资源大量浪费，文化资源被闲置，生态经济裹足不前。另外，有些企业打着文化品牌的旗帜，高喊红色主调，但不去深挖文化内涵，不研究文化与产品如何结合，不注重技术创新，甚至违法制造伪劣产品，这样不仅没有依托文化提升产品档次，还玷污了文化的形象，砸了自己的牌子，丢了"老祖宗"。

第三，由于政府组织不力等因素，文化只是民间零星利用。通览我国革命老区，不少地方文化资源仍然是处女地，尚未构建区域特色文化经济。究其原因：红色文化没有与其他文化结合开发，其配套人才、市场等要素构建不够完善，造成整体经济没有上规模，没有形成大市场和产业集群，没有产生规模效应。

二、岳西红色文化的内涵及其社会价值

文化是一个民族赖以存在和发展的内在根基和重要标志，是民族凝聚力和创造力的重要源泉。中华民族在几千年的历史长河中，创造了灿烂的中华文明。源远流长的中华文明，是中华民族生生不息、薪火相传的精神纽带。其中"红色文化"是植根于中华民族深厚的文化沃土的先进文化，是中华文明不可缺少的一个重要组成部分，反映了中国人民在中国共产党

---

① 薛晓源、李惠斌：《生态文明研究前沿报告》，上海：华东师范大学出版社2007年版，第216页。

的领导下所进行的反帝反封建和争取民主、自由、独立和解放的斗争历史以及社会主义建设的历史，由此而形成的一种特定物质文化和非物质文化的统一①。物质文化一般包括革命战争遗址、纪念地等实物，如岳西大别山烈士陵园、中央独立二师司令部旧址、王步文故居、红二十八军军政旧址等。非物质文化主要指历史中形成的革命精神、革命道德传统、传统手工艺、戏曲等，如英勇无畏、艰苦奋斗的革命精神，克难攻坚、战贫求富的拼搏精神，及岳西高腔、桑皮纸制作技艺等。

岳西县是安徽首任省委书记王步文的出生地，红二十八军的重建地，刘邓大军的前沿阵地，有近四万岳西人为革命献出了宝贵生命，深厚的革命史为生态岳西渗入了浓浓的"红色"。如今，红色文化是岳西具有代表性的特色文化。在岳西，"红色文化"蕴含一个信念、两种品质、三大精神：坚定的社会主义和共产主义的信念；不甘落后敢闯新路的品质、舍己为人艰苦朴素的品质；爱国主义精神、集体主义精神、全心全意为人民服务的精神。

信念是一个国家和民族奋勇前进的精神动力。一个国家，一个民族，如果失去了理想信念，就会失去前进的动力，就会失去凝聚力。坚定的社会主义和共产主义的信念是岳西"红色文化"的重要内容，也是党和国家宝贵的精神财富。充分挖掘地方"红色文化"中蕴含的崇高理想信念的内容，在全社会进行广泛的社会主义、共产主义理想信念教育，无论是对共产党员和先进分子，还是对普通老百姓，都是非常有益的，也是群众愿意接受的。

不甘落后、敢闯新路，舍己为人、艰苦朴素、敦厚憨实是岳西人最具特色的精神品质。这种品质是经过血与火的洗礼、苦与乐的升华而凝结的精华，是一种特殊的思想资源、文化资源。三十年改革开放使岳西发生了翻天覆地的变化，国内生产总值增长了44倍，财政收入增长了70倍，农民人均纯收入增长了37倍，城乡居民存款余额增长了150倍。但是，"致富思源，富而思进，吃水不忘挖井人"的信念永存岳西人心中，岳西人始终把继承优良传统、光大红色精神作为重要任务，致力打造"风清气正、

---

① 卢丽刚、时玉柱：《弘扬红色文化与建设社会主义核心价值体系》，载《西安邮电学院学报》2009年第3期。

敢于争先、战贫求富、开放创新、诚信亲商"的新形象，充分发挥传统优秀文化在推动经济社会发展中的重要作用。

爱国主义精神、集体主义精神、全心全意为人民服务的精神，是建设社会主义和谐文化、构建社会主义核心价值体系的重要渊源。新中国的诞生，是无数先烈用鲜血和生命换来的，今天的幸福来之不易，蕴含着丰富的爱国主义精神和爱国主义的红色典型人物的"红色文化"能使人们，尤其是未成年人从内心深处产生对祖国深厚的感情，树立民族自尊心、自信心和自豪感，进而树立为祖国奋斗的决心。做到"时刻心系民族命运、心系国家发展、心系人民福祉，使爱国主义精神在新的时代条件下发扬光大"①。在社会主义市场经济条件下，随着改革开放的深入，我国公民的集体主义观念有了很大提高。但我们不能否认，有些地方和领域，个人主义、拜金主义、享乐主义还存在，甚至在少数地方还很严重，必须下决心抵制和防范。弘扬红色文化，感悟红色历史、接受红色文化，树立"全心全意为人民服务"的思想意识，是我们中华儿女的时代心声。江泽民指出，"如果只讲物质利益，只讲金钱不讲理想，不讲道德，人们就会失去共同的奋斗目标，失去行为的正确规范"②。这种代表社会主义现代文明主要内容的红色文化，是有其大力弘扬的社会价值。

三、岳西红色文化促进县域特色经济发展"三结合"的路径

事实上，红色文化的社会价值不仅包含精神价值，还包含延伸的经济价值，即在市场经济条件下衍生的价值形态。红色资源作为稀缺的精神文化产品具有良好的知名度和品牌效应，为大众所熟知，具有较大的经济价值和广阔的开发前景。一些革命老区凭借已有的知名度，转变观念，加强对红色资源的研究和宣传，开展形式多样的文化活动，搭建展现红色文化内涵的平台，由单一的政治教育模式向市场经营模式转变，逐渐将红色资源推向市场，从而产生了红色资源的新型文化经济。原国家旅游局（2018年并入中华人民共和国文化和旅游部）自2004年起正式启动建设10个

① 秋石：《中国特色社会主义旗帜是社会主义与爱国主义相统一的旗帜》，载《求是》2009年第18期。

② 《江泽民文选》（第3卷），北京：人民出版社2006年版，第278页。

"红色旅游名城"、100 个 "红色旅游经典景区" 为主体的 "红色旅游" 工程。据全国红色旅游工作协调小组统计，2007 年全国红色旅游人数超过 2.3 亿人次，同比增长 16.96%；红色旅游综合收入达 917 亿元，同比增长 22.83%；红色旅游直接就业人数 37.17 万人，间接就业人数 143.72 万人。

弘扬地方特色文化，发展地方特色经济，是当代岳西人义不容辞的责任。十七大以来，岳西县委、县政府深入贯彻科学发展观，依托地方红色文化优势，发展地方特色经济，取得了良好效果，正逐步走上 "生产发展、生活富裕、生态良好的文明发展道路"[①]，形成了别具一格的地方经济发展新路径，我们把它总结为 "三结合" 的红色文化与县域经济协调发展路径。

所谓 "三结合" 指以 "三结合" 的主体（群众主体、企业主体、政府主体 "三结合"）、"三结合" 的文化（红色文化、生态文化、民俗文化 "三结合"）和 "三结合" 的开发（文化开发、人才开发、市场开发 "三结合"）构成的县域经济发展路径的简称。其基本构架如下：

（一）群众主体、企业主体、政府主体 "三结合"

红色文化一直被当作阳春白雪被束之高阁，根本原因就是三个主体没有发挥好主体作用。岳西县看到了问题的症结，首先，通过宣传、引导和教育，帮助群众解放思想、解决群众的思想认识问题。使普通老百姓 "破除等待观望、瞻前顾后的思想" "破除就文化论文化、文化部门是非生产单位的思想，树立文化经济一体化的观念" "破除面向市场会导致意识形态失控的思想"[②]，实现群众思想的大解放、观念的新突破。进而引导老百姓主动探索文化经济，创新文化产业，分享发展成果，使人民群众真正成为县域特色经济的主人。其次，调动县内企业发挥其 "火车头" 和主力军的作用，带动文化经济实现跨越发展。帮助企业深入挖掘红色文化，研发新产品，彰显文化内涵，做到经济效益与社会效益的统一，文化继承与文化创新的结合。引导企业保持特色文化的真实性，防止红色文化粗滥化、

①　新华月报：《十六大以来党和国家重要文献选编》上（一），北京：人民出版社 2005 年版，第 17 页。

②　《文化产业：滚滚春潮涌江淮——省委宣传部常务副部长叶文成谈我省文化产业发展》，载《江淮》2009 年第 8 期。

低俗化①。监督企业道德建设，防止企业见利忘义，损害公众利益，丧失道德底线。最后，发挥党委统领、政府负责的作用，坚持以邓小平理论和"三个代表"重要思想为指导，深入贯彻落实科学发展观，牢牢把握社会主义先进文化的前进方向，紧紧围绕实现全面建设小康社会宏伟目标和构建社会主义和谐社会的需要，落实党的十七大关于"文化要大繁荣和大发展"的精神及《国家"十一五"时期文化发展规划纲要》的要求，坚持高举红色旗帜、发展生态经济，将红色文化资源开发作为岳西文化产业发展的重要突破点与增长点，加速岳西生态化建设，明确"红色岳西、绿色海洋"的定位，重点抓好"一圈一带一园"建设，积极打入皖西南生态旅游圈，做好县内红色旅游、生态旅游和民俗旅游；主动融入安庆生态产业带，发展红色经济、生态经济和民俗经济；加快特色工业园区的建设力度，努力开拓红色文化的衍生产品和服务项目。努力做好"市场守夜人"，坚决履行法制建设、产权保护、市场秩序和基础设施等四大职责②。

（二）红色文化、生态文化、民俗文化"三结合"

发展社会主义文化，必须继承和发扬一切优秀的文化，必须充分体现时代精神和创新精神。岳西围绕红色文化，做强生态文化和民俗文化，实现红色文化、生态文化和民俗文化的有效结合，使无形的文化资源成为他们的精神财富、传家的法宝和致富的源泉。

红色岳西除了"红"，它还是国家级生态示范区，大别山区唯一的纯山区县，境内山清水秀，森林覆盖率达 74.1%；县内景点众多，有国家级森林公园妙道山、国家级自然保护区鹞落坪、全国四座方塔之一的千佛塔、华东"第一漂"天仙河、国家举重训练基地——石关涓水湾避暑山庄等著名旅游景点 20 多处，构成别具一格的生态文化。另外，红色岳西地处吴头楚尾，新石器时期就有人类活动的足迹，文化历史十分悠久，文化资源十分丰富，岳西司空山二祖寺是中华佛教禅宗二祖祖庭，是中华禅宗文化的发祥地，赵朴初亲自为司空山题名为"中华禅宗第一山"，禅宗文化

---

① 姚伟钧、任晓飞：《中国文化资源禀赋的多维构成与开发思路》，载《江西社会科学》2009 年第 6 期。

② 王琳：《面对金融危机的中国文化创意产业创新》，载《国家行政学院学报》2009 年第 3 期。

在这里影响深远。

深厚的红色资源，丰富的绿色资源，博大的禅宗文化，使岳西成为文化资源大县。岳西县委、县政府因地制宜，提出实施"生态立县、特色强县、文化活县、民生和县、开放兴县"发展战略，明确把"做活旅游"作为一项重大举措，依托红色文化、生态文化和民俗文化，实行红色旅游、生态旅游、民俗旅游相结合，综合开发度假旅游、农业旅游、休闲旅游、康体旅游等，致力推动旅游业成为新的经济增长点。

首先，岳西县本着弘扬革命传统和革命精神的宗旨，采取多予少取的方针，利用丰富的红色资源，开发红色旅游。力求展现给游客学习性和知识性的和谐统一，故事性和教育性的有效结合，时代性和政治性的双重体现，吸引众多游客身临其境般地感受岳西曾经的烽火岁月，重温岳西的革命辉煌。不少游客，尤其是大、中、小学生，有种亲临战争烽火、聆听老祖宗细语的感觉，自己的信仰和精神依托更加坚定。红色旅游对他们来说，就是一次精神的洗礼、思想的升华和马克思主义的坚定。调查发现，约有60%的被访者认为红色旅游的主要目的是教育，并有吸引游客的作用，约有11%的游客认为红色旅游场所就是马克思主义者的最佳"学堂"。

发展红色旅游的同时，岳西县依托生态资源，挖掘生态文化，积极开发生态旅游，按照"从红色中走来，向绿色中走去"的旅游发展思路，积极打造"红色岳西、绿色海洋"的旅游品牌，努力把岳西红色旅游景区建设成为国家级红色旅游与生态旅游相结合的综合性旅游胜地。岳西县作为国家级生态示范区，境内山清水秀，被誉为一座"生态保存发育完好的天然大花园"。岳西县发挥生态资源丰富的优势，建成了一批高标准自然保护区、风景名胜区：妙道山国家森林公园内苍松参天、绿云迷蒙、瀑泉淙淙、鸟音悠悠，令人心旷神怡。鹞落坪国家自然保护区里茫茫林海、珍奇异兽、溪潭飞瀑，让人流连忘返。"安徽第一漂流"天仙河上游人乘上古老的竹排漂流其间，划竹筏、冲激流、过险滩，其乐无穷；观两岸，青山依依，田园阡陌，风光无限。这些景观融自然性与优美性、欣赏性与娱乐性、浪漫性与刺激性为一体，因而成为人们观光游览、休闲度假的理想乐园。岳西县通过发展生态旅游造就了生态资源有形化、景观化、产业化，推动了县域经济协调发展。可以说，生态旅游是岳西旅游收入的重要来源，2009年"生态游"收入近亿元，约占旅游综合收入的30%。

红色旅游，陶冶情操，生态旅游，愉悦身心，民俗旅游能给人亲自参与、亲身体验的快感。岳西县正是以此为着眼点，发展以禅宗文化游、农耕文化游为主体的民俗旅游。享有"中华禅宗第一山"美誉的岳西司空山是中华佛教禅宗的发祥地，禅宗二祖慧可就曾在此开宗传法。自南北朝以来，司空山就是名僧开悟说法和文人雅士寻幽探胜之地，正如古诗云："司空斜插一支峰，压倒群山千万重。欲问仙家何处？佛道司空白云中。"为开发司空山禅宗文化游，岳西开通了从天堂镇到司空山的旅游线路，每年有许多游客来此登高参禅，拜佛祖、访仙踪、题诗刻。禅宗文化游让游客惊叹佛学之玄妙，而农耕文化游则让游客感受农家生活的乐趣。使来岳西的游客可以采摘茶叶、桑果，种植高山蔬菜，学唱采茶民歌、学说岳西方言，吃农家饭，过农家生活。可见，民俗旅游独具特色，趣味盎然，它的发展又能带动相关土特产品和手工艺品的兴起，促进地方农业经济的快速发展。

各种文化的碰撞和融合产生了巨大的创造力和发展力。岳西县紧紧围绕红色文化，统筹生态文化和民俗文化，开发三大旅游资源，实现了红色旅游、生态旅游、民俗旅游"三结合"，形成了旅游大品牌的整体效应，真正实现了旅游资源开发"拉动一产、促进二产、带动三产"的老区经济发展新路径。

（三）文化开发、人才开发、市场开发"三结合"

因地制宜，利用优势，抓好开发，是发展地方经济的必然选择。作为地方县市，要想实现经济的持续、快速、健康发展，最佳办法就是充分开发、利用自身的红色等地方文化，尽快把地方文化转化为地方资本，把文化优势转化为资本优势。近年来，岳西从抓基础、抓调研、抓规划做起，坚持积极引导，稳步发展的方针，组织开展地方特色文化普查活动，设立了文化发展专项资金，重点加强对文物保护、生态保护、景区基础设施建设的投入，加强对红色文化等三大文化资源的深层次开发，加强文化宣传力度，推动地方文化快速健康发展。

人是文化经济的关键要素。发展好文化、经济事业，最根本的途径还是要培养好、选用好人才。人才的培养和应用如何，将直接关系到未来地方特色文化经济开拓的大小和强弱。岳西坚持以人为本，实施人才引进和人才兴县战略，培养复合型文化、经济人才。同时，加强宣传和教育，提高当地老百姓的文化经济开发意识和服务意识，帮助解开普通老百姓的红色文化不能带动经济发展这个结，为地方经济发展创造良好的技术环境和人文环境。

有了文化和人才，岳西县还积极融入和开拓国内外大市场，发展衍生经济。不惜放长线，通过网络、电视等媒体、举办文化节等活动来宣传岳西，做大做强岳西特色经济的知名度。目前已成功开辟了四条红色旅游线：合肥—六安—金寨—霍山—岳西—安庆、（湖北）英山陶家河—岳西凉亭坳、岳西县城—岳西谈判会址（青天汪氏宗祠）—红色鹞落坪和岳西县城—妙道山—凉亭坳—司空山等，三大红色旅游区：红色鹞落坪景区、红色凉亭坳—上坊田景区和红色天堂景区等，形成了红色旅游、生态旅游、民俗旅游同步发展的良好态势。在此基础上，岳西县正积极筹办纪念品生产企业和特色产品一条街大市场，帮助当地农民就业，从根本上解决旅游收益问题；另外在服务业方面积极规划在天堂镇建立主题公园、主题饭店，在某些景区建立休闲度假村等。

可见，文化开发、人才开发和市场开发"三结合"，就是在人才的带领下，立足地方优势，首先开发地方特色文化资源，从而形成地方三大特色文化，进而建立和壮大地方工业、农业和第三产业三大市场，保证了县域经济持续、协调发展。岳西县的"三开发"，不仅实现了红色文化带动县域经济发展的佳话，更纠正了历史文化无用论的观点。

综上可见，三个"结合"为岳西经济发展架起桥梁，不仅各"结合"发挥出了合力效益，而且它们之间在统筹红色文化与特色经济发展方面，成为相辅相成、不可分割的整体，三大主体是核心，没有核心，就没有分工，就会乱了方寸；三大文化是支柱，没有支柱，特色经济发展就失去了主心骨；三大开发是动力，直接推动县域经济的腾飞；三者缺一不可，共同构成县域经济的发展路径。

四、红色文化带动县域特色经济发展的战略意义

文化与经济历来被看作两个互不相干的社会因素，认为文化是纯精神的东西，亚当·斯密在《国富论》中说：表演艺术家的劳动"在其生产的

瞬间即逝"来抹杀文化的作用。后来人们虽然也要求进行文化建设，但主要是停留在"文化是思想统治的工具"的层面上，文化成了纯粹的上层建筑。

到20世纪，情况有了发展，出现了文化产业，即与文化相关的新型经济产业群。如广播电视服务、电影服务、文艺表演服务，印刷设备、文具等生产经营活动，工艺美术、设计服务等。这种新型产业是第三产业的主力，为人类进步和世界经济的发展做出了巨大贡献。

到了21世纪，关于文化与经济的理论初出茅庐。如张保权提出文化经济与经济文化的概念①、祁家能发表《从"文化"到"文化生产力"》②的论文、程汪红谈《文化的经济化和经济的文化化》③。早在2004年7月1日参加中山大学"七一"活动时，张德江同志首次提出"必须繁荣文化，增强后劲。繁荣文化事业，发展文化产业，做好'文化经济'这篇文章，以全面提高人的素质为核心推进文化建设"。

到了党的十七大，胡锦涛在报告中正式作出"提高国家的文化软实力"的英明决策，并对"解放和发展文化生产力""大力发展文化产业"做出了一系列重大的战略部署。

"当今世界，文化与经济和政治相互交融，在综合国力竞争中的地位和作用越来越突出。文化的力量，深深熔铸在民族的生命力、创造力和凝聚力之中。"④ 利用传统文化、红色文化，推动文化资源向文化资本转化是改革中国文化体制与调整文化产业结构的内在要求，她为我国解放和发展文化生产力、实现文化产业的可持续发展开辟了现实道路，是增强中国文化产业的国际竞争力，提升中国文化软实力的必然选择。因为文化不仅是现代社会发展的精神动力、智力支持和思想保证，更是民族凝聚力、创造力的重要源泉⑤，是国强民富的重要因素，更是地方县域特色经济的精神魅力和价值内涵之所在。杰里米·里夫金在他的《路径时代》中提出：文

---

① 张保权：《文化经济与经济文化》，载《重庆社会科学》2006年第5期。
② 祁家能：《从"文化"到"文化生产力"》，载《安徽工业大学学报》（社会科学版）2006年第2期。
③ 程汪红：《文化的经济化和经济的文化化》，载《企业文明》2003年第9期。
④ 《江泽民文选》（第3卷），北京：人民出版社2006年版，第558页。
⑤ 汪青松、钟玉海：《中国特色社会主义理论体系百问》，合肥：合肥工业大学出版社2008年版，第133页。

化生产将成为 21 世纪高端全球贸易的主战场，它将在信息、服务、加工业和农业之上，构成经济生活的第一阵线。

什么是地方县域特色经济？就是以地方特色文化为依托的区域和谐经济。这里我们要弄清两个"不同"：第一，地方特色经济不同于文化产业经济，文化产业一般仅指与文化相关的行业，即为社会公众提供文化、娱乐产品和服务的活动，以及与这些活动有关联的活动的集合①，如生产粉笔。第二，地方特色经济不同于纯自然地方特产，因为自然特产不一定含有地方文化，如桐城的水芹菜②。地方特色经济具有人化因素，富含文化内涵，用特色文化打造的特色经济。如美国西部牛仔文化的牛仔经济、法国时装展览文化的服装经济等。正因为如此，地方特色经济具有如下特点、优势和战略意义：

地方特色经济是以地方特色文化为依托，其产品富含一定的文化内涵，具有独特性，从而构成市场的相对垄断性，也就是我们讲的"品牌"，具有很强的市场竞争力，至于富含"红色"的产品更会受到人们的青睐。首先，地方特色经济依托地方，必然能造福地方人民，帮助当地人民就地就业，提高当地人民的收入水平。如山东的曲阜，当地人民对孔子文化充分继承、利用和开发乃至发扬光大。如今的曲阜已聚集了 7 个"山东名牌"，形成了经济与文化的双丰收。其次，地方特色经济虽然以发展地方经济为目的，但他同时也能弘扬地方历史文化，传承地方特色。如桐城文庙内的状元桥，不知吸引了多少望子成龙的父母和积极上进的中小学生。他们纷至沓来，无不驻足于前，缅怀名臣硕儒的历史功德，求索古皖文化之渊源，心享桐城文化之魅力，进而传承地方先进文化。也就是人们常说的"旅游活动不仅是一种经济现象，更是一种文化交流"③。如果是企业文化，我们还可以在同一商标下开发更多产品，形成规模经济，这样就形成了经济到文化、文化到经济再到文化的良性和谐、循环发展。最后，地方特色经济是因地制宜的经济现象，是经济与文化的和谐、经济与生态的和

---

① 李儒忠：《论文化产业》，载《新疆财经大学学报》2008 年第 2 期。
② 操鹏：《文都揽胜》，呼伦贝尔：内蒙古文化出版社 2000 年版，第 225 页。
③ 刘芳、李昕：《民族音乐文化与旅游开发的互动性》，载《大连民族学院学报》2009 年第 7 期。

谐。我们知道地方特色经济这个"特"字，除特在地域和文化上，更特在"和谐"这个层面上。他与大宗产品相比，除了具有成本低、污染少、就业广之优点外，因为他更依赖历史文化遗产，因而自然而然的具有延续历史、继承历史之功效，具有经济可持续发展的属性，是一种生态经济，能促进经济结构调整和发展方式的转变。

文化是第二自然，是财富产生的源泉！文化作为一种软实力，是县域经济发展的动力，是综合国力的重要组成部分。在经济全球化的时代，国际竞争日趋激烈，文化与经济相互交融，经济发展与文化进步相辅相成是必然趋势。在这种国际大环境下，谁占领了文化发展的制高点，谁就拥有了强大的文化软实力，谁就能在激烈的国际竞争中赢得主动、占得先机。岳西的红色文化经济发展状况告诉我们，弘扬地方特色文化，发展地方特色经济既是可能的，也是重要的，是实现生态经济的重要内容。三个"三结合"的发展路径是未来革命老区保护文化、发展经济的重要途径，也是实现经济可持续发展的重要保证。

第三节　生态化引领欠发达地区后发赶超

——以贵州省为例

《关于进一步促进贵州经济社会又好又快发展的若干意见》出台和启动实施武陵山片区区域发展与扶贫攻坚计划后，贵州上下基本形成了快、转共识：只有加快，才能小康；只有转型，才能跨越。并重点实施工业强省和城镇化带动"两大战略"，统筹推进工业化、城镇化、农业现代化"三化同步"。铜仁市根据十八大提出的"坚持走中国特色新型工业化、信息化、城镇化、农业现代化道路"精神，还加了一项信息化，形成"四化同步"，坚持以发展新兴工业为突破口，以产城一体化为抓手，实现从农业主导型向工业主导型经济转型。自 2012 年年初以来，全省上下、黔东黔西，倍感文件的喜悦，全体贵州人满怀信心加速发展、加快转型，科学发展、后发赶超，给全国人民同步迈入小康社会吃了一颗定心丸。但随着时间的推移，笔者在调查中发现，许多欠发达地区老百姓产生了一种"文件后的担忧"：后发赶超是不是"大跃进"？同步实现小康是不是"拉美陷阱"？

一、"文件后的担忧"的实质

从目前的 GDP 和人均 GDP 分析，像贵州省这样的欠发达地区，与中东部地区相比，差距确实很大，在不到 7 年的时间里后发赶超其实就是"大跃进"。

但如果我们换个思维，把"赶"和"超"分开，比如经济上我们赶，生态上我们超，那就没有"大跃进"的嫌疑了。所以，我们不难分析"文件后的担忧""'大跃进'的担忧"，其实质是担心发展的质量问题，习惯性把"后发赶超"问题简单化、单一化，把经济考量当作小康社会的唯一指标。

其实，这种思维在某些地方领导人身上也有体现，如有的地方在发展过程中一味强调工业化，简单地认为工业化是后发赶超，城镇化、信息化是加快转型，农业现代化是科学发展，不能分清主要矛盾和次要矛盾。还有的地方，工业化心有余而力不足，于是拿着《关于进一步促进贵州经济社会又好又快发展的若干意见》这个尚方宝剑，等国家给支持，靠部门给项目，要资源给创收。

也正因为如此，普通老百姓才产生了"拉美陷阱"的担忧。所谓拉美陷阱，就是 20 世纪六七十年代，拉美等国家经济高速增长，创造了被人们普遍赞誉的"拉美奇迹"。但在发展过程中，由于没有把城镇化、工业化、农业现代化、市场化、信息化、国际化和生态化协调好，造成了城市的畸形发展，到 80 年代出现了有增长、无发展，一边是现代化，一边是现代化的边缘化的现象，从而导致社会动荡不安和经济急速下滑。从"拉美陷阱"现象可以看出，对"拉美陷阱"的担忧，其实是人们担心全面小康社会建成后的欠发达地区的持续发展问题，也就是"三化同步"的生态化问题。

二、解决担忧的良方

如何解决普通老百姓"文件后的担忧"，是贵州省当前必须深刻研究和正面回答的问题。要解决这个问题，我们不妨综合分析"'大跃进'的担忧"和"拉美陷阱"的担忧两个问题的共同实质。从上面的单体逐一解析，我们看出，这两个问题虽然一个是"担忧"2020年前如何实现的问题，另一个是"担忧"2020年后如何持续的问题，其实质最终可以归结一个：欠发达地区如何科学发展、后发赶超，也就是在实际发展过程中，工业化、信息化、城镇化和农业现代化，如何协调，哪个优先。

我们认为，"三化同步"或者"四化同步"从理论上讲是符合贵州省情和后发赶超需要的。但在实际操作层面，我们必须弄清一个引领问题，否则地方在实际发展中容易偏重工业化，难以三条腿或四条腿走路，无法形成"四轮驱动"或"三轮驱动"。

（一）后发赶超的过程

关于欠发达地区后发赶超的内涵和实质，理论界还没有专门的研究。但通过学习领会栗战书同志《在中国共产党贵州省第十一次代表大会上的报告》①和赵克志同志的《如何走后发赶超路》②等讲话和论述，我们可以得出后发赶超概念的基本轮廓："我们要开创的后发赶超之路，是一条追赶全国'三化'步伐，同步推进工业化、城镇化和农业现代化，广泛汇聚发展要素，充分运用一切先进发展成果，促进经济加速跨越和社会全面进步的道路；是一条面对更加强化的市场约束和更加刚性的环境约束，面临既要'赶'又要'转'的双重压力、双重任务，破解资源环境制约、实现循环利用，做到既提速又转型，经济效益、社会效益、生态效益同步提升的道路；是一条充分调动人民群众的积极性、主动性、创造性，让人民群众充分享受发展成果，不断提升幸福指数的道路。一句话，是一条从贵州实际出发，全面、协调、可持续、惠民生、促和谐的科学发展之路！"③关于怎么走后发赶超，刘奇凡同志在《探索铜仁后发赶超之路》中从思想、人才和民生三个方面进行了阐述④。夏庆丰同志还提出了后发赶超的

---

① 栗战书：《在中国共产党贵州省第十一次代表大会上的报告》，载《当代贵州》2012年第4期（下）。

② 赵克志：《如何走后发赶超路》，载《求是》2013年第4期。

③ 栗战书：《在中国共产党贵州省第十一次代表大会上的报告》，载《当代贵州》2012年第4期（下）。

④ 刘奇凡：《探索铜仁后发赶超之路》，载《当代贵州》2012年第10期（下）。

乘法效应①。纵观以上专家论述，我们认为，从个体价值来说：后发赶超就是欠发达地区和人民脱离贫困，过上小康生活，实现人与自然的解放与和谐。从社会价值来说，后发赶超就是欠发达地区与中东部地区消除区域差距，同步实现小康社会，最终达到邓小平同志提出的共同富裕。从实践价值来说，后发赶超就是不走弯路，在工业、农业、城市建设、民生、市场、信息等方面的可持续发展。从目标价值来说，后发赶超就是欠发达地区实现跨越，在经济、政治、文化、社会和生态方面"转"和"赶"，从农业文明提速到工业文明，最终实现生态文明的跨越。

（二）后发赶超的实现

基于后发赶超的四个价值分析，结合贵州省情，在十八大关于"大力推进生态文明建设"的号召下，我们不难画出后发赶超、推动跨越可操作性的实现路径，那就是以生态化为引领，以城镇化为载体，实现工业化的补课、农业现代化的转赶和市场化、信息化、国际化的普遍跟进，达到欠发达地区同步实现小康社会和可持续发展，最终实现现代化。

1. 以生态化为引领

一般来说，欠发达地区都有一个共性，那就是经济落后、资源优越、原始生态较好。如何把资源优势转化为资本优势，历来是专家学者研究的课题。21 世纪初，许多地方打出了"经济搭台、文化唱戏"的策略，通过文化节等形式招商引资、开发市场。还有许多地方提出了"要致富、先修路"的发展思想，认为欠发达地区普遍存在发展的交通瓶颈问题。对于贵州这个欠发达地区，工作在贵州的赵克志同志曾在《求是》上撰文指出，要"把生态文明建设融入经济、政治、文化、社会建设全过程，保护中开发、开发中保护，增强发展的可持续能力，实现绿色发展、低碳发展、循环发展"②。可见，贵州的"三化同步"不是孤立的三条腿走路，而是把生态文明建设贯穿其中，以科学发展观为指导，以生态化为引领，在城镇化、工业化、农业现代化、市场化、信息化、国际化中推动跨越，后发赶超。

---

① 夏庆丰：《后发赶超需要乘法效应先行先试》，载《当代贵州》2012 年第 11 期（上）。
② 赵克志：《如何走后发赶超路》，载《求是》2013 年第 4 期。

为什么贵州这个欠发达地区需要后发赶超，需要生态化的引领？首先，多彩贵州，拥有中国乃至世界上独一无二的自然资源、红色资源和民俗资源，这种资源是贵州区别于其他地方实现后发赶超、同步实现小康社会的前提和基础，更是最大的优势。特别一个"超"字，在短短的7年时间，要想实现"超"，也只有依赖这种"多彩贵州"，而不是简单化的在工业上超"中"、超"东"，没有生态上的引领和跨越，就没有城镇化、工业化、农业现代化的"赶"和"超"。这就是发挥自己的长处，补缺自己的短处。

其次，生态文明建设能够引领工业化、城镇化和农业现代化。

胡锦涛同志在十八大报告中提出了建设美丽中国的概念。2013年，陈华洲等在《人民日报》上撰文指出"美丽中国"有三个层次的"美"，一是自然环境之美，二是文化、制度、心灵、行为之美，三是人与自然、人与社会的和谐之美①。这三个"美"其实代表了农业文明、工业文明和生态文明的三个不同层次的文明形态，当然在农业文明之前，还有一个原始文明。对贵州来说，其正处于第一层次到第二层次的跨越，并最终迈向与全国同步的生态文明。

马克思主义认为，在农业文明，社会出现了农业生产和定居生活，不过这时还是物的依赖关系，人类只是从原始文明的不知自然到农业文明的敬畏自然。而工业文明时代，随着生产力的发展，人彻底从自然中"解放"出来，便肆无忌惮的剥削自然，进而出现了生态危机的无可救药。生态文明一方面脱胎于工业文明，同时是对工业文明的超越。欠发达地区的跨越和后发赶超，其实就是跨越生态危机，少走先污染后治理的工业文明的弯路。但我们必须清楚，生态文明奉行两个价值取向，人的内在价值和自然的内在价值的统一，它以经济发展、生活富裕为前提，尊重和维护生态环境为主旨，以可持续发展为着眼点，强调人的自觉自律和自由以及人与自然的友好关系，体现了人类尊重自然、利用自然、保护自然、与自然和谐相处的人的全面自由解放。也就是说生态文明的本质是人与自然、人与人、人与社会的和谐，生态文明的核心是人的全面自由发展。从这个意义上讲，生态化其实与工业化、城镇化、农业现代化不矛盾，而且指引着

---

① 陈华洲、徐杨巧：《美丽中国三个层次的美》，载《人民日报》2013年5月7日。

欠发达地区工业化、城镇化、农业现代化的发展。因为生态文明的经济发展、生活富裕的这种前提，又依靠工业化、城镇化、农业现代化来实现。

2. 以城镇化为载体

以生态化为引领，建设生态文明，实现新跨越，多彩贵州已经有了先天的资源优势，但工业化、城镇化、农业现代化、市场化、信息化、国际化不能没有、也不能不走，这是无法跨越的，否则就是"大跃进"。那么生态化怎么引领，工业化、城镇化、农业现代化、市场化、信息化和国际化怎么协调？那就是以城镇化为载体，以农业现代化、市场化、信息化、国际化为手段，在城镇化建设中实现"三化同步"。"城镇化"一词首次来源于中共第十五届四中全会上通过的《关于制定国民经济和社会发展第十个五年计划的建议》。党的十六大报告中又第一次明确提出了"要逐步提高城镇化水平，坚持大中小城市和小城镇协调发展，走中国特色的城镇化道路"。

城镇化是"三化同步"的载体。首先看城镇化的内涵和过程。我们研究发现，城镇化就是越来越多的农村人口转化为城镇人口，越来越多的农民由第一产业转入城镇第二、第三产业就业，与此相适应扩大城镇规模，增加城镇数量、提高城镇质量。可见，城镇化有三个方面的内容或过程：第一，在人口上，城镇化是农村人口和劳动力向城镇转移的过程；第二，在经济上，城镇化是第二、三产业向城镇聚集的过程；第三，在文化上，城镇化包括城市文明、城市意识在内的城市生活方式的扩散和传播过程。再看城镇化的意义和功能。从中东部地区发展的实践出发，城镇化其实是走向现代化的必经之路，是工业化的必然结果，是全面建成小康社会的必由之路。第一，城镇化是经济加速发展的动因，城镇的集聚效应可以使生产效率大幅度提高。如铜仁市推出的川硐教育园区，是"产城一体"的结晶，更是城镇化的具体表现。第二，城镇化是解决"三农"问题或者说贫困山区农民脱贫的根本之路。近年来，贵州省地方各级政府在党中央国务院和省委省政府的坚强领导下，通过加快农村产业结构调整，改革传统的农业经营方式，促进农业增效、农民增收、农村发展。但不可回避的是，由于交通不便和农业人口过多，目前贵州仍然有生产能力过剩现象，如商业化需求不足，人均占有资源过少，产业化进程缓慢，农业科技含量过低，政府财政压力大等问题比较突出。解决这些问题的核心在于加快推进城镇化进程，发挥城镇经济特有的"聚集效应"和"规模效应"，以此带动农产品的商品需求，促进产业结构调整，党的十六大提出的走中国特色城镇化道路就是抓住了农村经济发展问题的核心。第三，城镇化与工业化互为因果。工业化发展过程中，伴随着市场经济规律机制的作用，必然要求各种资源在一定区域范围内实现集聚形成城镇，即工业化催生了城镇化。城镇又源于经济、政治、文化等各种因素，资源集聚效应又反过来推动工业的发展，从而形成工业化。第四，城镇化的工业化，能够促成区域层面上的中循环①，从而能构建宜居宜业绿色生态体系，推动生态化。

从城镇化的内涵和过程，城镇化的意义和功能的循环过程分析，我们看出，生态化引领城镇化，城镇化助推工业化和农业现代化。在这种相互促进、和谐发展过程中，当然不可或缺市场化、信息化和国际化，它们是后发赶超的手段和方法，也是"三化同步"的必然途径和必然选择。

3. 城镇化的生态化

生态化与城镇化，他们之间的关系到底怎么样？我们说生态化是引领，城镇化是载体，实现工业化的"三化同步"。从线性上讲，生态化包含了城镇化，在城镇化建设中，逐步实现生态化，即城镇化是过程，生态化是目标。从非线性上讲，城镇化与生态化是同心不同半径的圆，圆心就是实践的人，城镇化是小圆，代表经济富裕、政治文明、农业发达、市场化、信息化、国际化程度高的区域文明发展这种动态过程。生态化则是大圆，象征着区域面向市场、面向未来，融入社会大环境中，逐步向人类最高文明形态的生态文明迈进的过程。所以说欠发达地区，科学发展，后发赶超，实现跨越，以生态化为指向，不但与工业化、农业现代化、城镇化不矛盾，相反，它以城镇化的载体，驱动"三化同步"，起到火车头的带动作用。

第四节　铜仁高质量绿色发展的经验与启示②

铜仁创建绿色发展先行示范区三年来，在高质量绿色发展道路上，通

---

① 张文台：《生态文明十论》，北京：中国环境科学出版社 2012 年版，第 162 页。

② 黄江：《先行示范区建设贯彻绿色发展理念的思考》，载《理论与当代》2020 年第 8 期。

过生态工作"五个两手"，取得了生态成就"四个突破"。新形势下对照绿色发展的基本内涵及其指标系统，打造绿色发展升级版，铜仁需要紧扣绿色主题，围绕发展核心，坚守两条底线，做到生态实现"三个提升"。

一、生态工作"五个两手"

2016 年 10 月 31 日，贵州省委常委会专题听取铜仁工作汇报，为铜仁精准把脉、精准定位、指明方向。铜仁市根据省委要求和铜仁发展实际，正式提出把铜仁打造为绿色发展高地、内陆开放要地、文化旅游胜地、安居乐业福地、风清气正净地。围绕"一区五地"，2017 年以来，铜仁高质量绿色发展先行示范区建设，从环境、补偿、扶贫、社会和产业五个方面为抓手，推动绿色发展从方案到规范，从治理到保护，从环境到生态，从生活到生产的进路拓展。

（一）环境治理标本兼治

相对其他地方，铜仁工业污染少，环境问题主要来自生活方式。基于此，铜仁环境保护从生活开始，在垃圾治理与垃圾处理中实行标本兼治，对环境屏障、环境治理、环境保护、资源节约和生活方式开展综合治理、同步施策。2016 年 11 月，铜仁历史性改变垃圾处置方式，由传统卫生填埋转向垃圾焚烧，建立生活垃圾焚烧发电及综合利用，实现全市生活垃圾"无害化、减量化、资源化"处理，变垃圾为资源。从城市到农村，2016 年 12 月，铜仁根据《贵州省农村生活垃圾治理实施方案》，制定了《铜仁市农村生活垃圾治理实施方案》，开展农村生活垃圾治理，在农村全面推行源头减量和垃圾分类收集，全面提高农村垃圾资源化利用率，彻底改变农村"脏乱差"的面貌。从实施到监管，2019 年 2 月，铜仁市城镇生活垃圾无害化处理设施建设三年行动推行，城镇生活垃圾无害化处理监管体系建立。

（二）生态补偿区域统筹

作为武陵片区的腹地和贵州生态文明建设的黔东门户，在生态补偿工作中，铜仁坚持在整体中推进、在区域中统筹的方式方法，充分利用和争取国家、省以及周边地区的生态文明建设的大好机遇，在环境保护中有效推进生态补偿，实现环境治理点面结合。颁发了如《林业生态补偿脱贫实施方案（2018—2020年)》等，加大生态建设保护和修复力度，不断提高人民群众保护环境、守护自然的自觉性和主动性。

（三）生态扶贫搬帮共进

铜仁"十三五"初期，全市有10个贫困区县，125个贫困乡镇，1565个贫困村，建档立卡贫困人口19.1万户58.32万人。在艰巨的决战脱贫攻坚工作中，铜仁探索出了"区域协作合力、住房安置合意、完善服务合心、产业扶贫合利、文化认同合群"的"五合"模式。通过搬、帮，一方面实现了精准脱贫，使原本贫困地区的人口实现了户均1人以上的就业目标。另一方面实现了生态修复，使土地贫瘠、人地矛盾突出、水资源匮乏和生态环境脆弱的地区成了新的绿地。有效实现贫困人口在生态建设、保护修复中增收致富和稳定脱贫，达到百姓富和生态美。

（四）生态社会城乡一体

环境问题，也是社会问题。铜仁在绿色发展中，从社会治理的视角，一手抓城市绿化，一手抓农村美化，实现生态生活与生态社会的绿色嬗变。2018年4月，铜仁实施"绿城"两年行动计划。以"显山露水、因地制宜、科学布局、统筹推进"为原则，在尊重顺应自然的前提下，打造一个个"山中有城、城中有水、山环水绕、山水相依"的山水园林城市。同年12月，铜仁创建国家森林城市2018—2020年实施方案出台。要求紧紧围绕"创建新时代绿色发展先行示范区，全力打造绿色发展高地"的目标，按照"生态产业化、产业生态化、林旅一体化"的思路，进一步改善城市生态环境。在农村，绿色生活、绿色种养、绿色建筑和绿色消费全面施行，燃放烟花爆竹、红白喜事铺张浪费等不良习俗令行禁止。

（五）生态产业产城融合

2016年后的三年，铜仁通过品牌建设带动产业建设，通过产业建设带动城市建设，实现产城融合。2017年3月，启动品牌引领推动供需结构升级工程，大力培育拥有核心竞争力的自主品牌和特色产品生产供给体系。

2019 年 1 月，启动创建"梵净山珍·健康养生"绿色农产品品牌三年行动，打造具有铜仁地域特色、在省内外市场具有较强影响力和竞争力的"梵净山珍·健康养生"绿色农产品。目前，以碧江区为代表和重点的产城融合示范区建设，在品牌意识作用下，其循环经济工业园区培育发展了以民族制药、装备制造、新能源、新材料为主的产业集群，形成一批新产业、新业态支撑城镇发展。以产兴城、以城带产、产城融合日新月异。

二、生态成就"四个突破"

在"五个两手"工作推进下，铜仁不仅坚守了习近平总书记对贵州提出的生态和发展两条底线，更探索出了一条增收与增绿同频、绿起来与富起来同步的绿色发展新路，实现了地方治理、地方生态、地方生活、地方生产"四个突破"，为生态资源丰富、工业相对不发达地区实现绿色发展提供了山地经济"铜仁方案"。

（一）地方治理机制化突破

先行示范区建设中，铜仁通过自我革命，打造"效能政府"和"法治政府"，实现生态治理主体多元化、管理法治化和载体数字化，突破传统生态治理模式无法有效应对现代化日益复杂多样化的生态环境问题。绿色机制方面，在全省率先实施生态文明建设规划，印发《铜仁市生态文明建设规划》等文件，生态主体责任到人、赏罚分明。全市生态文明建设工作督促、检查和调度有力有效，横到边、纵到底、全覆盖的工作机制已经形成。绿色法治方面，《铜仁市锦江流域保护条例》《铜仁市梵净山保护条例》等地方性法律法规相继出台。重要生态保护区红线管理、重点生态功能县产业准入负面清单等有的放矢，筑牢了生态文明建设法律底线。绿色载体方面，深入推进"六绿"攻坚和大数据战略行动，实现绿色发展智慧化、数字化。"民心党建+河长制"做法获李邑飞同志肯定。

（二）地方生态科学化突破

通过 2017—2019 年的三年奋进，铜仁实现了地方生态资源在发展中得到保护，在保护中得到发展，突破了生态与发展对立的困境。生态屏障建设、环境治理、资源节约和生活方式、生产方式走上科学化技术水平。如石漠化治理，铜仁采取"绿色发展+生态修复"的方法，在科学的道路上探索出了一条绿色崛起"石漠绿洲"的嬗变之路。通过生态科学化推进，梵净山成功列入世界自然遗产名录；碧江区入围全国绿色发展百强县。完成全域绿化112.32万亩（1亩≈666.67平方米）。森林覆盖率达到65.19%。

（三）地方生活绿色化突破

生态文明建设离不开生活生态。铜仁通过倡导低碳生态、适度消费理念，创建绿色生活。目前"智慧环卫"全覆盖。全市空气质量优良率保持在97%以上，饮用水源地水质100%达标。人民群众安全幸福指数达99.04%。温泉之乡、箫声笛韵，梵天净土、养心天堂的生活景象基本形成。

（四）地方生产生态化突破

绿色发展，绿色是主题，核心是发展。铜仁通过改造传统工业、培养新产业和新业态三种方式，进行供给侧结构性改革，实现绿色GEP新突破。全市57个省级现代高效农业示范园区，建成高标准种植业基地161.21万亩，实现产值226.78亿元、销售收入达182.06亿元。全市工业固废综合利用率达到60%以上。一村一品一特已经形成。

三、生态实现"三个提升"

近年来，铜仁在绿色屏障、绿色生活、绿色生产、绿色产业和低碳经济方面，拼搏创新、苦干实干，取得了弥足珍贵的经验和启示，为今后铜仁高质量绿色发现积累了基础与财富，为进一步完成"铜仁方案"、打造"铜仁样板"提供了前提与方向。

（一）提升政策落实水平

坚决执行党的方针政策，坚决贯彻习近平生态文明思想，坚决落实以人民为中心的发展理念，是铜仁干部群众的优良传统。正如陈昌旭要求，要"以铁一般的信仰、铁一般的信念、铁一般的纪律、铁一般的担当谋划好铜仁的发展，办好铜仁的事情，让省委放心、让人民满意"。

打造生态体制机制从被动到主动。在经济社会发展的道路上，铜仁走过污染弯路。但后来，铜仁在实践中逐步总结出因地制宜的重要性，在生态体制机制建设的道路上，实现了由被动到主动的转变。谌贻琴提出，"我们在抓经济发展的同时，必须注意保护资源，保护环境，努力实现可持续发展。要坚决纠正以牺牲环境和资源来换取一时经济利益的做法"。党的十八大后，在习近平新时代中国特色社会主义思想指引下，"一区五地"的建设目标，考量了铜仁生态承载力的边界，既坚持了"绿水青山就是金山银山"的理念，又推动了民生福祉的生态经济发展。

完善生态法治从弱到强。与生态体制机制建设同频共振，铜仁的生态法治建设也经历了从弱到强的发展历程。到了 2018 年，法治建设取得了实实在在的效果。特别是在市级层面有关规章和规范下，区县级层面奋力作为。如德江县开展的"民心党建+河库管护村规民约"，极大地调动了基层党组织和广大党员干部群众的积极性，推动了河长制的贯彻执行。《松桃苗族自治县生态修复实施方案》等，均为高质量绿色先行示范区建设提供法治保障和法治环境。

做好环境治理从数量到质量。在"一区五地"建设思路的指引下，铜仁生态文明规划要求逐步实现从环境治理到绿色发展的跨越。在统计绿色发展成绩时，不再仅仅以栽了多少树、提高了多少 GDP 为荣。功夫不负有心人，目前铜仁被立项为国家循环经济产业示范城市；印江等立项为全国生态保护建设示范县和生态功能区；江口等被确立为大健康产业示范区；玉屏等作为国家新型城镇化综合试点地区立项；碧江区列为国家产城融合示范区等硬核，实现了质的飞跃。

（二）提升资源利用水平

粗放式生产方式带来的是人与自然的对立，造成自然的破坏和资源的枯竭。铜仁在绿色发展中逐步尝到了点绿成金的收获，主动在生产、生态和生活上下功夫，利用资源，立足当下，着眼未来。

梵净山等是铜仁得天独厚的生态资源，是发展现代旅游不可复制的生态资本。铜仁抓住这一资源，"加快建设环梵净山'金三角'文化旅游创新区，把旅游业打造成全市开放型经济的'窗口产业'"，2018 年实现旅游收入

743.97亿元。同时，铜仁充分实行生态文化、民俗文化和红色文化的"三个结合"，发展康养经济，实现文化旅游业"一业振兴"和生态产品价值增值。

（三）提升特色做优水平

在防范化解重大风险、精准脱贫、污染防治等攻坚战中，铜仁立足自我和自身优势，在做优做强中实现经济争位、产业脱贫和环境改善。

利用区位特色强化民族优势。铜仁地属黔东门户，是苗族、土家族、侗族等少数民族聚居地，民族文化、民俗文化和红色文化资源丰富。铜仁积极变地方文化为地方资本，变地方资源为地方产业，大力发展民族中药、民族工艺品和民族旅游，实现了少数民族同步小康。玉屏竹笛、苗族刺绣等强势发展。

利用山地特色强化产业优势。山地经济是铜仁特有的经济形态。各区县因地制宜发展主导产业和主体产业，成功造就了山地旅游、产城融合、山地种植等特色产业和优势产业。有力推进了高端制造、生物制药、电解锰、黄桃、茶叶、食用菌、油茶，生猪养殖等产业优势发展。

绿色，是铜仁的底色和原色，"黔中各郡邑，独美于铜仁"。创建高质量绿色发展先行示范区，铜仁只要紧扣绿色发展主题，坚守生态和发展两条底线，必将推动铜仁绿色发展和生态文明建设的体制机制创新，形成有效的铜仁方案；必将推动生态产业化、产业生态化，促进铜仁绿色崛起，形成可推广的山地经济形态；必将系统解决与贫困交织的生态问题，形成生态脱贫的铜仁模式；必将抢占生态文明建设制高点，助推铜仁实现后发赶超，走出一条生产发展、生活富裕、生态良好的文明发展之路。

第五节　乡村振兴一体化规划

——以碧江区漾头镇农旅一体化观光园建设为例①

地质地貌、气候人文等是选择什么样的绿色发展之路必须要考量的关键因素。碧江区漾头镇位于铜仁市东部，镇政府距铜仁城区28公里。地处

---

① 本文是作者执笔、被采用的规划书部分。规划书在撰写过程中得到了漾头镇人民政府和著名企业铜仁行走闻道研学旅行有限公司、腾大农业公司的鼎力相助和技术支持。

武陵山脉中段，地势起伏较大，为中低山峡谷丘陵侵蚀地貌，土壤较薄，肥力流失性大，属锦江河下游。全镇最高海拔 970 米，最低海拔 205 米，年平均气温 17℃，年平均日照数 1127.5 小时，年降雨量 1317 毫米，全年无霜期达 280 天。全镇土地总面积 81.2 平方公里，总人口 7425 人，境内居住侗、土家、苗、汉等 8 个民族，少数民族占 95% 以上。

一、园区绿色发展的独特优势

园区绿色发展的现有优势与基础

（一）区位优势

漾头镇境内水利、电力、旅游等资源十分丰富。经过镇内的有锦江、瓦屋河两条河流，水资源占全市的 70% 以上。境内有九龙洞、察院山徐氏文化庄园、察山十景等独具特色的旅游资源，铜怀高速公路、渝怀铁路、305省道穿镇而过，镇内有铜怀高速出口1个，渝怀铁路停靠站台1个，交通十分便利，为碧江区漾头镇漾头社区的绿色高质量发展"农旅一体化观光园建设"提供了得天独厚的自然禀赋和区位优势。

漾头镇农旅一体化观光园区地处铜仁与怀化之间，铜怀高速、渝怀铁路、305省道穿园而过，交通优势、地理优势非常明显。紧邻九龙洞景区，可以实现园区与景区协同发展。而且园区地处高山，园区建设主要利用荒山、荒田土，种植经果林、高山葡萄、观赏林和药材林，既可以提高土地的经济价值，又可以美化生态，这符合守住发展和生态两条底线的要求，又是绿色贵州发展的又一实践。园区建设方式为"高矮错落、长短结合"。既发展莲藕种植，又发展藕田养鱼，实现立体种养，既培植出作物的经济价值，又体现作物的观赏价值，实现了土地投入与产出的效益最大化。

漾头作为碧江区的重镇，拥有铜仁学院、铜仁职院等长期合作对象，有果树、养殖等农业专家资源作为技术支撑，为创建一个具有带动性、示范性的现代农业示范园，有充分科技支撑和人力准备。

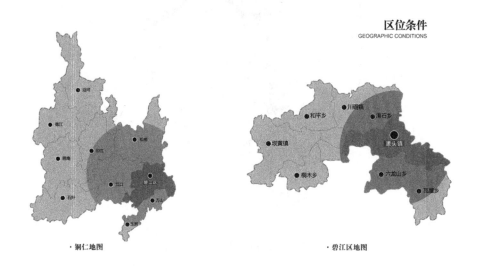

区位条件
GEOGRAPHIC CONDITIONS

· 铜仁地图   · 碧江区地图

（二）产业优势

在生态文明建设下，漾头镇通过全体干部和群众的共同努力，为乡村振兴和绿色发展打下了良好的产业基础。特别在前期的生态脱贫中，一是实现了生态模式创新。漾头镇大力实施产业带动工程，采取"企业+农户""合作社+农户""致富能手+农户"等模式，以产业扶持、乡村旅游、技术培训为抓手，积极向上争取项目支撑，全面带动农业产业发展和农业服务体系提升。加快了农业技术创新和体制创新，加大了信贷扶持力度，为广大农户提供及时、可靠的市场信息，积极发展网上交易和数字经济，高质量完成脱贫工作。到 2020 年，提前进入乡村振兴的新发展阶段。镇内园区经济社会发展呈现稳中有进、稳中向好的良好局面。产业发展实力强，教育、医疗、卫生事业发展迅猛，群众人均收入达到 10535 元。二是实现了生态产品升级。作为连接铜仁和怀化的漾头，早些时候却没有任何"人气"。境内虽有美丽的滩岛和河流，因为没有好的产业，群众主要靠打鱼或者外出打工勉强为生，造成到处是荒山无人问津。新时代，漾头在上级党委的坚强领导下，变荒山为果园，发展精品水果种植和水果加工业，打造滩岛旅游，实现漾头农旅一体化。目前种植有葡萄 3000 余亩、黄桃 1200 亩。2018 年 8 月获无公害产品精品水果产地认证 1.2 万亩，获得"三品一标产品"认定 0.12 万亩。区内精品水果品质好，生产的产品供不应求，深受市民的青睐。漾头的独特土壤及高山气候条件为葡萄、黄桃等精品水果的栽培与生长提供了适宜的条件。同时发展中药材种植产业，其中油茶 400 亩，牡丹、赤芍、太子参等中药材共 400 亩。随着人们对健康水平要求的提高，油茶越来越受市场的欢迎，其全身是宝，市场前景好。因此，漾头的油茶发展前景广阔。养殖业方面，有牛规模养殖 1800 头，生猪规模养殖 500 头，鱼 120 万尾，加上散养及鸡鸭鹅家禽，年效益 1900 万元。同时，优质的锦江水资源孕育了丰富的野生鱼类资源，主要有鲤鱼、青鱼、草鱼、角角鱼等品种，漾头鱼火锅已成为当地旅游名菜。而且全镇在"四小经济"的基础上，采取"企业+农户""龙头企业+合作社+农户"等模式，以绿色产业为抓手，"乡村旅游+高山葡萄"发展迅猛，打造了碧江区本土葡萄酒品牌"龙涎香"。

（三）环境优势

漾头在环境治理和生态保护方面，通过实施小城镇生态移民工程，瓦屋河（漾头段）汞污染治理工程等，全面完成了旅游环线硬化工作，基础设施不断完善。曾投入资金对 18 个村民组进行污水管网和污水处理池建设，已完成 16 个村民组污水管网和污水处理池建设。建设旅游公厕 4 所，全面完成"五改一化一维"项目。完成 50.3 公里通组路改扩建、52.2 公里联户路新建任务，全镇通村、通组、联户路实现全覆盖。完成农村安全饮水巩固提升工程 35 个、水利工程项目 6 个，全镇人畜饮水安全、便利。空气质量优良天数比率为 100%。

（四）管理优势

管理理念上，漾头镇农旅一体化观光园区依托现有农村资源，特别是统筹运用好漾头农业综合开发、美丽乡村等建设成果，做到以保护耕地为前提，以村民自治为基础，提升农业综合生产能力，加快实现乡村振兴步伐，突出农业特色，发展现代山地农业，促进产业融合，提高农业综合效益和现代化三农建设水平。保持漾头少数民族农村田园风光，留住乡愁，保护好青山绿水，实现生态可持续发展。

治理上有一批好队伍。在脱贫攻坚工作中，在市委、市政府的坚强领导下，碧江区给漾头镇培养了一大批基层优秀党员干部、优秀共产党员和优秀带头人。他们与群众感情深，能主动为群众谋利益，能调动和充分发挥农村集体组织在乡村建设和园区治理中的主体作用，通过农村集体组织、农民合作社、党员干部一对一帮扶等渠道让农民参与田园综合体建设进程，提高区域内公共服务的质量和治理水平，逐步实现农村社区网格化、精准化管理。能苦干实干，能积极探索发展漾头集体经济作为产业发展的重要途径，积极盘活农村集体资产，发展多种形式的股份合作，增强和壮大集体经济发展活力和实力，真正让农民分享集体经济发展成果。

发展上有一批好主体。在政府的积极组织下，推动漾头采取"企业+农户""合作社+农户""致富能手+农户"等模式，培养了一大批生态产业主体。他们按照政府引导、企业参与、市场化运作的要求，创新建设模式、管理方式和服务手段，全面激活市场、激活要素、激活主体，调动多元化主体共同推动田园综合体建设的积极性，提高漾头农业和农产品市场竞争力。

二、农旅一体化观光园区建设的必要性

总体来看，漾头绿色发展和生态文明建设距离绿色现代化、距离铜仁

绿色先行示范区和碧江产城一体化建设还有差距。尤其在乡村振兴的新发展阶段，存在绿色高质量发展急需解决的问题。一是园区精品水果、中药材种植初具规模，吸引了如铜仁精荟农业有限公司等企业的投资发展。但种养业还存在规模小，生产加工水平不高，产业带动和辐射能力不强等问题。二是园区通过土地流转，发展了葡萄等大户种植。专业合作组织的服务功能日趋增强，在高山葡萄种植技术、黄桃栽培技术、山羊养殖技术、创业就业技能等专题培训、提供市场信息、统一品牌标准等方面发挥了积极的作用。但"四小经济"还是主体，小养殖小种植高达354户，小作坊有24户之多，绿色产业集群效益不突出。

面向十四五，绿色发展与乡村振兴如何有效衔接，漾头镇怎样在农旅一体化观光园建设中实现高质量绿色发展？

第一，漾头镇作为连接贵州与湖南的后花园，无论是其所在区位，还是在农业、乡村与旅游的融合，实施旅游振兴，推进旅游增收富民方面，其发展农业和旅游业，既是实现乡村振兴的选择，也是对后脱贫时代如何持续发展出路的探索。因此整个园区建设都是围绕乡村振兴这个目标，聚焦十四五，通过农旅结合，发展数字旅游、数字农业和数字产业，对全市乃至全省都具有重要的战略意义和示范效应。因此建设一体化观光园区是促进漾头乡村振兴的需要。第二，一体化观光园区建设是推动农业健康发展的需要。根据生态建设的整体性思维方法，通过设立产业投资基金等方式，依托漾头绿水青山、小河风光、乡土文化等资源，大力发展半岛生态休闲农业。这样不仅可以带给漾头社会生活生态设施的改善，还可以通过建设魅力村庄和施滩景区，实现对农业文化遗产发掘、保护、传承和利用，强化文化名村漾头社区历史风貌的保护，传播少数民族乡土文化。所以，一体化观光园区建设，是新时代乡村振兴和绿色发展的重要途径之一。第三，一体化观光园区建设可以有效带动漾头农业生态产品走向集约化、规模化、产业化经营之路，从根本上推动漾头经济社会健康发展。第四，一体化观光园区建设可以推动科技、人文等元素融入农业，发展田园艺术景观、高山农艺等创意农业，发展众筹农业、数字农业等新型农业新业态，提高漾头农业附加值。第五，一体化观光园区建设是实现农业与旅游、健康和教育的融合发展，推动产学研相结合的需要。园区可以与铜仁职业技术学院等大专院校、科研院所紧密合作，开展适当规模的应用技术研究和成果转化，有利于推动科研与生产相结合，推进农业、林业与旅游、教育、文化、康养等产业深度融合。特别是可以将农耕文化作为青少年教育的重要载体，开展农耕文化、水文化、生态文化等专题研学旅行，培养学生的社会责任感、创新精神和实践能力。

三、规划范围与期限

碧江区漾头镇农旅一体化观光园位于漾头镇漾头社区施滩组境内，紧靠锦江河，距离碧江区主城区30公里，园区规划面积1.55万亩，主要发展以高山葡萄种植、黄桃种植、柑橘种植、中药材种植、水产养殖为主的农旅一体化产业示范园。该园区以农业结构改革为导向，紧紧围绕"大旅游、大生态"发展战略，发展以种植、采摘、观光、休闲、体验于一体的农旅一体化产业示范园区。

（一）规划范围

漾头镇，全域土地总面积81.2平方公里。规划区集中在漾头社区内，农、林面积1.55万亩。核心区位于施滩组，漾头镇漾头社区东北面，与麻阳县郭公平乡岩大村接壤，总地域面积1.05万亩，共100户387人。其中规划林地500亩，农田500亩。拓展区是漾头社区，位于漾头东面，南靠瓦屋乡丁家溪村，西与九龙村相连。覆盖洋坳、塘吉冲、花园、绿竹坪、洋沟边、枫木坪等组。总地域面积5.019万亩，有16个村民组，945户3420人。规划林地和耕地面积1.4万亩。辐射区涵盖漾头镇及周边。其中漾头镇位于铜仁市东部，东与湖南省郭公坪乡接壤，南靠本市瓦屋乡，西接灯塔办事处，北与云场坪镇交界。辖2个村，2个社区，36个村民组。

（二）规划期限

规划以2020年为基准年，规划期限为2020—2023年。

四、园区建设的原则、目标

现代高效农业示范园区建设，必须做到规划设计科学、产业特色鲜明、基础设施配套、生产要素集聚、科技含量较高、经营机制完善、产品商品率高、综合效益显著，成为做大产业规模、提升产业水平、促进农民增收、推动经济发展的"推进器"和"发动机"。因此，漾头镇农旅一体化观光园区，要在突出主体和主导、优势和特色的前提下，认真做好一个规划，构建一套现代农业管理机制，配套建设一批农旅基础设施，培育一个主导产业，打造一个数字经济市场平台，联姻一批专家和科研院所，带动一批人在园区就业和创业的要求，实现园区高质量绿色发展。

（一）基本原则

生态优先，绿色发展。严守锦江源头生态保护红线，统筹农旅发展和生态环境保护关系，加强资源保护和综合治理，构建漾头镇农旅一体化观光园区绿色发展机制。多业联动，创新发展。充分发挥"旅游+"和"农业+"优势，创新旅游新业态，构建现代山地旅游产业体系，推动旅游业与漾头镇山地农业深度融合。拓展农业功能，优化产业结构，着力推进优势特色产业由点状向带状、块状发展。积极发展绿色农业、生态农业、循环农业，促进产业上档升级，提高生态农产品质量，实现生态农产品价值提升。全域统筹，协调发展。立足铜仁高质量绿色发展先行示范区全局，统筹园区与九龙洞景区协同发展、与瓦屋及周边地区协同发展，坚持"走出去"与"请进来"相结合，形成内外联动、相互促进的开放格局。保障民生，共享发展。充分释放山地农业和旅游业综合效能，带动当地就业创业，实现旅游业发展成果主客共享，提升施滩本地居民的获得感、幸福感和安全感。

（二）建设目标

漾头镇农旅一体化观光园区应严格按照"政府引导、市场运作"和"一次性规划、分阶段实施、多类型并存、滚动式发展"的模式，对照《贵州省现代高效农业示范园区建设标准》，高质量完成建设目标和实现乡村振兴。

到 2023 年，漾头镇农旅一体化观光园区形成多样化旅游产品体系，形成山地经济的高质量绿色发展，农旅业在促进漾头镇乡村振兴和生态功能区建设中的作用更加突出。以农业结构改革为导向，紧紧围绕"大旅游、大生态"发展战略，形成以种植、采摘、观光、休闲、体念于一体的农旅一体化产业示范园区。园区建成高标准现代滩涂农业 7 个；搭建蔬菜、草莓、苗圃和蓝莓种植面积达 800 亩，现代化农耕农业 200 亩；规模化种植油茶、黄桃、葡萄、中草药，主导品种覆盖率为 90.32%；引进龙头企业 10 家以上，建设学生农耕文化体检与生态教育基地 1 个；小江河两岸美化 7 公里。引导农民参加合作组织农户比率达 100%、带动农户比率达 100%，带动乡村振兴达 100%，农产品加工率达 40%。实现旅游和农业发展协同进步。旅游产品体系和旅游产业体系不断健全，生态农业产品一二三产业高度融合，使农旅成为漾头镇最主要的生态产业、富民产业和幸福产业。到 2023 年，力争实现旅游总收入年均增长 10% 以上，生态农产品深加工增值 20% 以上。

五、园区布局和主要建设内容

（一）园区布局

以铜仁市先行示范区建设和碧江区产城融合发展为契机，对照现代农业园区建设标准，围绕铜仁"一区五地"建设，根据漾头镇产业发展和资源条件，确定园区内形成"四个三"：打造油茶产业、葡萄产业、中药材产业三大主导产业；培育旅游业、精品水果业和康养业三个附加产业；延伸休闲农业、绿色食品产业和数字经济三个新兴产业；打造铜仁农耕文化研学基地、高山农业科普基地、桃源铜仁绿色发展展示基地和水上娱乐亲子基地。

（二）产业布局

产业发展整体布局以漾头社区为核心区，农旅结合。以锦江和小江河为轴线，打造漾头镇农旅一体化观光园 S 字形产业布局。

总区域图
GENERAL AREA MAP

· 漾头区域范围

园区入口农耕文化体验基地（A 区）：从黄家寨到瓦屋河，建立农耕文化体验基地、农耕研学实训基地、绿色蔬菜乡村食堂，吸引大中小学生学习体验农村文化、农业劳作，其中农业种植 200 亩。同时在高速入口建立生态农产品集散基地和深加工基地。

半岛地带水上娱乐亲子基地（B 区）：水域长度 7 公里，滩涂合计面积 300 亩。从漾头到黄家寨，小江河连接了 6 个滩涂，建设水上娱乐亲子基地，种植蔬菜、苗圃等生态农产品和观光园。

城镇管理服务区（C 区）：建立景区管理委员会，健全医疗、管理服务。

高山经济农作物种植区（D区）：山地面积14000亩，发展高山葡萄、中草药和油茶区，其中油茶7300亩，葡萄3000亩，黄桃1200亩，中药材2500亩。

施滩休闲采摘中心区（E区）：耕地面积500亩，从垂钓中心到施滩组，以目前的亩地为依托，种植蓝莓、草莓、圣女果，建立特色农业基地：农业观光园、无公害精品水果采摘体验园。

桃源铜仁绿色发展展示基地（F区）：山地面积500亩。在原鹏杨生态养殖场位置建设桃源铜仁绿色发展展示基地，发展树上木屋养生体验。垂钓中心区：水域面积10亩，从锦江到原鹏杨生态养殖场，建立休闲垂钓中心。

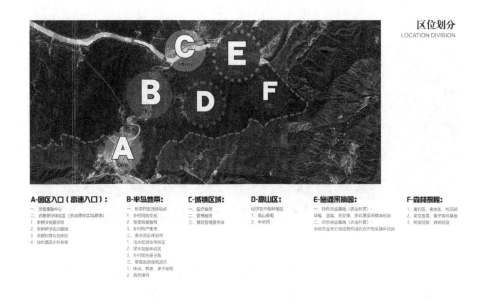

（三）主要建设内容

1. 基础设施建设

通过整合财政、国土、扶贫、交通、农业、电力、水利、发改建设等部门资金，全面完成园区基础设施配套。道路、水利硬件设施建设。园区从漾头到施滩道路加宽4公里，新建或改造引水渠15公里（其中新增10公里），支渠30公里（其中新增15公里），储水池150个（其中新增144个）。施滩小溪治理5公里。新建林业主干道50公里（其中新增32公里)，辅助道 150 公里 (其中新增 137 公里)，田间道 40 公里 (其中新增 25 公里)。冷藏库达到 3 个 (现有 1 个)，加工车间 4 个。塑料大棚 6 个，农业功能用房 4 所，新增农机设备 20 台 (现有 5 台)。在园区内新架高压线路 10 公里、低压线路 10 公里，配备变压器 2 台。

2. 扶持产业发展

在园区新建高标准高山林地 14000 亩 (其中改造葡萄园 3000 亩、黄桃 1200 亩，中药材 400 亩，油茶 400 亩)，高标准采摘园 800 亩，农业研学 200 亩。按照世界水准、国际一流、国内领先的要求，完善提升旅游景区公共服务设施、旅游服务环境和智慧旅游管理体系。改造施滩溪流和建设施滩步道 5 公里，建设铜仁桃源林 500 亩。建立施滩树上小屋 100 个。鼓励和引导社会资本开发施滩精品民宿和度假酒店等山地度假旅游产品，积极引入医疗、康养、保健等新业态。

实施乡村旅游振兴行动，围绕农旅，鼓励农民积极开发"食、住、行、游、购、娱"配套产品，大力推动旅游与农业、健康、养老等多产业融合发展，培育乡村旅游、山地避暑、施滩康养等多类型旅游产品新业态。

3. 技术推广应用

树立绿色发展理念，实施绿色旅游开发，推动绿色技术开发应用，建立完善旅游产品标准、服务标准和管理标准，构建生态旅游产品产业体系。加快山地经济，特别是山地葡萄、山地药材、山地花卉的种植和养护技术，引入循环农业、生态农业发展理念，加快技术支撑单位的科技成果转化力度，集成创新出施滩生态种植、加工技术体系，形成施滩绿色技术标准体系，并通过该标准体系的制定、执行，培训园区内从业人员，加快科技普及率，进而辐射到全镇，提高产品科技含量。

4. 市场主体培育

通过发展数据经济、旅游经济，把顾客吸引过来，对现有种植、贮藏、加工企业进行挖潜改造，新建、培育和壮大带动能力强的龙头企业，特别对具备规模外销型企业和组织给予大力扶持，使其进一步发展壮大。以龙头企业和合作社为主体，建设一批有机、绿色基地，提高示范园区产业知名度和市场竞争力。鼓励龙头企业创建施滩品牌。推广"互联网+"旅游服务，培育一批智慧景区、智慧酒店、智慧旅行社、智慧交通。

5. 品牌农业建设

实施"大景区"提升计划。以打造施滩旅游景区为重点，推进"景区+特色村落""景区+特色城镇""景区+生态农业"，实现景区与周边地区的联动发展，提升景区辐射带动能力和自身品牌建设，实现景区主导产业集聚。

6. 服务体系建设

积极构建园区科技特色创新体系、农业信息化服务体系、农业标准化体系、农产品质量检测体系、动植物疫情防控体系、农产品市场流通体系、农业专业合作经济组织体系和新型农民培训体系建设，保障园区又好又快、更好更快发展。

（四）重点建设项目

1. 游客集散中心

通过整合财政、国土、交通、水利等部门资金，加速园区基础设施建设。内容包括新建接待中心 3000 平方米，停车场 5000 平方米，广场 3000平方米，绿化 1000 平方米。

2. 农耕研学体验区

通过业主投资等方式，新建农耕文化展示馆 1 座、农耕研学实训基地1 个；用于农业知识交流及科普等用的农耕科普互动体验馆 1 座；绿色蔬菜乡村食堂 1 个。

3. 半岛建设工程

把黄家寨到漾头的 6 个滩涂打造成 300 亩的生态农田，凸显农田景观的形态、肌理、色彩和文化，打造绿色经济的典范和人与自然和谐相处的样板。

4. 城镇区域功能建设

为了更好地服务农旅一体化发展和保证当地人民生活的高质量，完善旅客服务和园区管理，改扩建医疗服务，增强人民在绿色发展中的幸福感。

5. 高山风貌果林建设

把漾头周边的高山葡萄林、施滩小溪等进行改造，丰富空间层次，完善配套设施，针对果林现状功能及经济收入单一、景观品质较差的问题，加强果林的游览体验。在果林中营造休憩、活动场所，丰富果林内停留、穿行、活动等不同空间类型，并根据需求完善配套设施，加强果林游览体验的同时，提升果林的经济效益。改良和新建林业14000亩，其中中草药2500亩、葡萄3000亩、黄桃1200亩、油茶7300亩，打造山地绿色经济漾头模式。

6. 施滩采摘园

按照保护美丽锦江的要求，紧挨锦江的施滩农田，面积500亩，规划发展施滩采摘园，建立特色农业基地和综合农业基地，发展大棚设施农业，实现人、水一体化。

六、效益分析

根据生态文明建设和绿色发展的标准打造碧江区漾头镇农旅一体化观光园，不仅能实现绿水青山就是金山银山和保护环境就是保护生产力的经济效益，实现当地乡村振兴和共同富裕，还能完成漾头社会效益和生态效益的提升。

（一）社会效益

碧江区漾头镇农旅一体化观光园不仅对促进漾头农业产业化，快速转化农业科研成果，优化农业产业结构，扩大社会就业，促进当地农业经济增长和实现农业可持续发展，具有重要的作用，而且给碧江区产城融合发展、铜仁绿色先行示范区建设带来显著的社会效益。

1. 促进产品升级

园区建成后，将极大扩展漾头生态产品的生产规模，拓展碧江区绿色产品的体量，实现铜仁生态产品的价值实现和产业升级；逐步形成种植与加工紧密结合型生产模式，既可拓宽项目区的产业链条，又可增加农产品的附加值。

2. 促进就业

园区建成后，将会迅速形成多个产业带，产城融合发展的就业机会也将大大增加。据初步测算，项目核心区直接就业500多个劳动力。同时，通过核心区示范、辐射和扩散功能，拉动周边地区和相关产业扩大就业规模，可解决近 1 万个就业岗位。

3. 促进产业结构调整

园区的建立，将会打破漾头单一的葡萄种植产业结构，加重油茶等产品加工的结构比例，形成当地的高效技术产业强势。同时在市场利益的驱动下，围绕主导产业，在种植业与旅游业之间，形成科学合理的产业关联和合理的比例结构，实现农业结构的良性循环。为当地的社会结构、经济结构、投资结构和产业结构调整做出基础性贡献，为周边地区的农业结构调整提供示范。

4. 促进农民增收农业增效

园区建成后，年新增产值预计 11180 万元，节本增效总量预计 1140 万元；农民人均增收预计 104347 元。真正通过园区建设促进漾头农业经济增效和绿色发展，助推区域乡村振兴和共同富裕的目标。

（二）生态效益

绿色化农旅一体建设的实施是以高效化生产为前提，以创造良性的生态环境为目标，最终实现项目园区生态文明和农业的持续高效发展。因此，项目的实施，会给漾头乃至碧江区带来显著的生态效益。

1. 改善生态环境

漾头位于锦江河畔，小河、瓦屋河横跨而过。绿色化园区建设通过高标准、规范化种植，推广生态循环种养模式，减少了农药及化肥的施用，改良土壤环境，改善生态环境。

2. 节约能源

园区所有供水设备采用节水型工艺和设备，提高水资源利用率，降低水资源消耗，同时实行节水灌溉，提高用水回收率和重复利用率；所有供电设备选用国家推荐的节能电器，如节能变压器、节能型灯具等，实现节能运行，选用节能型电机，确保节能效果；充分利用畜牧粪便产生沼气来发电、生热，实现废弃物循环利用，节约能源。

3. 保持水土

通过 1.55 万亩核心区、5.019 万亩拓展区和 12.18 万亩的辐射带动区生态农旅建设，增加有林地覆盖面积，可使漾头，特别是施滩的水土流失面积得到进一步治理，陡坡、裸地恶化的趋势基本得到控制，进一步降低洪涝灾害的威胁，涵养水源、保持水土。

4. 净化空气

油茶、中药材等是绿色植物，可有效净化空气，将极大改善碧江区的空气质量，漾头居民的生活环境。

第三篇

铜仁高质量打造绿色发展先行示范区实践

我国幅员辽阔，各地红色资源、生态资源、文化资源、民俗资源丰富多彩，地质地貌和自然气候各具特色，构成了一幅完整的美丽中国：画中有画、一步一景。如有多彩贵州，有桃源铜仁，有美丽岳西，有梦幻碧江，有富饶天堂，有石林村落。

正如前文所述，生态文明建设只有进行时，没有完成时。当前在建设美丽中国的中华民族伟大复兴进程中，做好经济发展与自然环境的完美统一，不仅是我们当代为了生活不得不继续描绘的大好河山问题，也是我们需要留给子孙后代永续发展的家园问题。生态文明建设与建设生态文明，不仅是理念问题，也是实践问题，不仅是国家层面的顶层设计问题，也是地方层面的具体发展问题。对地方而言，如何落实中央政策，如何结合地方土壤气候等因地制宜，不仅是政治问题，也是地方民生问题和发展质量问题。

一直以来，在中国共产党和中华文明的感召下，全国和地方都重视人与自然的和谐发展，在经济社会发展中探索绿色发展的实践。像"道法自然""天人合一"等思想，是中华民族朴素自然观的缩影和人与自然和谐相处的生动写照。特别在新中国成立后，共产党人更加坚持人是自然的一部分的思想，逐步加深对经济建设的协同推进。周恩来早在 1964 年治理黄河的会议上就指出，"我们总要逐步摸索规律，认识规律，掌握规律，不断地解决矛盾，总有一天可以把黄河治理好"①。邓小平也反复强调，"植树造林，绿化祖国，造福后代"②。当然，摸着石头过河，在改革开放前，人们对生态环境的理解一般局限在简单的植树造林、绿化祖国、美化环境、保持水土的层面。在中外经济剪刀差的逆境情况下，其间也发生了大炼钢铁、滥用化肥农药、过度开采矿产资源等等为经济而经济的"赶超"行为。20 世纪 90 年代，随着我国经济起飞和工业化、现代化过程中对资源的客观需求，对生态环境的破坏也有一定程度的增加，曾一度出现较为严重的"生态危机"。

到了 20 世纪末，特别是到了 21 世纪，中国经济终于实现了量的积累，有了雄厚的资本来改善民生、改善环境。因此，中国共产党人先后提出了

---

① 《周恩来选集》（下卷），北京：人民出版社 1984 年版，第 433 页。
② 《邓小平文选》（第三卷），北京：人民出版社 1993 年版，第 21 页。

可持续发展、科学发展。2012 年，习近平总书记更庄严宣告："人民对美好生活的向往，就是我们的奋斗目标。"[①] 这就把提高人民的生活质量从单一的经济财富拓展到经济财富、生态财富、健康财富、精神财富等，满足了人的多层次需要，从而把"以人民为中心"的思想落到了实处。随后他根据我国经济进入新常态的伟大判断，提出创新、协调、绿色、开放、共享的新发展理念，认为"环境就是民生，青山就是美丽，蓝天也是幸福，绿水青山就是金山银山；保护环境就是保护生产力，改善环境就是发展生产力"[②]。这就不仅为长期困扰我国经济发展与环境保护的"两难"提供了解决方案，也为"人类命运共同体"提供了新的思路，真正把握了生态与发展辩证法，避免重蹈覆辙某些国家和地区走过的先发展后治理的老路。

正是因为习近平生态文明思想的科学性和前瞻性，指导地方生态文明实践有序推进。包括铜仁在内，积极践行新发展理念，积极申报先行示范区，积极加快绿色发展。像浙江丽水还于 2017 年成立两山研究院，2019 年成立两山学院，专门研究、宣传、培训绿色发展的路径、经验与人才。贵州更通过生态文明国际论坛的形式，推动贵州大生态的发展。

在学界，生态文明研究、高质量发展研究等，都是这几年的理论热点。内容涵盖习近平生态文明思想研究，西方生态危机研究，生态评价体系研究等。从研究对象看，其中把地方作为主要研究对象的目前主要集中在东部，研究中西部县区绿色发展的比较少。位于中部的华中科技大学国家治理研究院在绿色 GDP 研究方面目前主要集中在湖北省。从研究的成果看，主要集中在环境保护、制度建设、生态补偿和产品扶贫等方面，其中生态文化成果、生态产品市场化成果、生态产业链成果还正在探索和总结中。在土地等资源利用率、不同地方绿色发展的背景和路径研究方面还没有形成统一认识。

贵州省 2015 年绿色 GDP 增幅仍低于 GDP 增幅达 0.96%的情况下，抓住既是生态文明先行示范区又是脱贫攻坚主战场的挑战与机遇，在全国率

[①] 《习近平谈治国理政》，北京：外文出版社 2014 年版，第 424 页。
[②] 《习近平谈治国理政》（第二卷），北京：外文出版社 2017 年版，第 209 页。

先实施磷化工企业"以渣定产"、全面推行五级河长制、设立 6 月 18 日为生态日等一场"绿色深刻革命"。到 2018 年，绿色经济占 GDP 的比重终于超过 40%的好成绩。

作为黔东门户和武陵腹地，铜仁紧跟时代步伐。2016 年 12 月 4 日，中共铜仁市委第十一次全体会议通过《中共铜仁市委铜仁市人民政府关于奋力创建绿色发展先行示范区的意见》，全心全意"着力念好山字经、做好水文章、打好生态牌，奋力创建绿色发展先行示范区，全力打造绿色发展高地"[①]，从政策理论看，这是遵循习近平生态文明思想和经济发展规律的科学决策；从历史发展看，这是顺应时代发展潮流和社会要求的正确行动；从群众需要看，这是符合 400 多万民众呼声和生活期盼的美好愿景。

通过三年的努力，铜仁在高质量绿色发展先行示范区建设上取得了阶段性辉煌成绩。2019 年 8 月，由中国经济出版社出版的《铜仁市创建新时代绿色发展先行示范区规划研究》[②]，是铜仁创建绿色发展先行示范区三年来的阶段总结和对《中共铜仁市委铜仁市人民政府关于奋力创建绿色发展先行示范区的意见》的具体阐释，代表着铜仁市高质量绿色发展研究的最新成果。

总结过去，展望未来。铜仁市创建绿色发展先行示范区建设已经满三年，精准脱贫和全面小康高质量完成，"梵净山"号已经"上天"。"十四五"绿色发展如何"出新绩"，如何实现生态梵净山、碧绿乌江水成为金山银山？东有苏杭，西有成渝，近有遵怀，铜仁在绿色发展中既有紧迫感，更有优越性。

东施效颦不如扬长避短，邯郸学步不如独辟蹊径。坚定方向，全力以赴，不折不扣地把习近平总书记 2021 年春节前夕在贵州视察时的讲话精神落到实处，把十九届六中全会精神变成行动的自觉，把铜仁的生态优势变为发展优势，把环保成绩变为财富价值，把铜仁的绿水青山变为生态资本，把人民的美好生活从概念变成现实。制作好"高质量绿色发展"的施工图，如期实现"一区五地"建设目标和服务于国家高质量绿色发展战略。

---

① 陈昌旭：《铜仁奋力创建新时代绿色发展先行示范区》，载《当代贵州》2018 年第 7 期。
② 重庆市综合经济研究院、铜仁市发展和改革委员会：《铜仁市创建新时代绿色发展先行示范区规划研究》，北京：中国经济出版社 2019 年版。

充分利用优良生态环境这个贵州最大的发展优势和竞争优势，牢固树立生态优先、绿色发展的导向……高质量建设国家生态文明试验区。

——谌贻琴

第 八 章

示范区建设背景

人不负青山，青山定不负人。位于多彩贵州的铜仁，拥有万山红遍、苗绣青蓝、梵净绿海和五颜六色的精品水果、珍贵中药材资源。近年来，和贵州一道，在大生态、大数据、大健康、大扶贫战略下走出了一条"两个有别"的新路，创新把生态治理与生态移民结合起来，没有出现经济发展与生态环境的"剪刀差"，缔造了一个环境美化、产业绿化、人居城镇化的"公园省"的贵州样板、铜仁星城。进入新时代，站在新起点，如何更好地践行习近平生态文明思想，更好地把铜仁打造成新时代绿色发展的典范，成为铜仁人民共同的心声。

第一节 政策背景

铜仁开展绿色先行示范区建设是习近平生态文明思想的生动实践，是符合地方绿色发展出新绩的重大战略，具有天时地利人和的条件和基础。

地方的发展离不开党的领导与关怀，铜仁的先行示范区建设离不开国家发展战略。2002 年，党的十六大报告将"可持续发展"纳入全面建设小康社会目标。2007年，党的十七大报告中首次提出"建设生态文明"。同时，新修改的党章中，也加入了"人与自然和谐""建设资源节约型、环境友好型社会"等内容。党的十七届四中全会第一次确立了"五位一体"的现代化建设布局，生态文明建设正式成为践行科学发展观的具体实践和提高执政能力的重要举措。2012年的十八大报告第一次提出"推进绿色发展、循环发展、低碳发展"，"建设美丽中国"，并把"美丽"作为实现社会主义现代化和中华民族伟大复兴的总任务。党的十八届三中全会从改革的层面提出加强生态文明的制度化建设，党的十八届四中全会则从国家法治建设的层面强调把生态文明建设纳入法治化建设的重要内容，党的十八届五中全会提出五大新发展理念，从思想层面再次强调生态优先、绿色发展的理念。

在"五位一体"总体布局中生态文明建设是其中一位，在新时代坚持和发展中国特色社会主义基本方略中，坚持人与自然和谐共生是其中一条基本方略，在新发展理念中绿色发展是其中一大理念，在三大攻坚战中污染防治是其中一大攻坚战。习近平生态文明思想体现了鲜明的时代特征和世界意义，是我们党必须长期坚持的指导思想和行动指南。随着党对生态文明建设的持续推进，国民经济从持续快速健康发展成功转向高质量绿色发展。党的十九大以来，在百年未有之大变局中，中国政府积极、从容推进经济结构战略性调整、有效开展供给侧结构性改革，正在书写带动经济社会发展迈向新台阶、实现人与自然和谐共生的时代篇章。

从中央到地方，从理论到实践，从制度到政策，从生产到生活，都给铜仁新时代高质量发展提供了绿色指导和绿色关怀。国家层面修改和出台了《中华人民共和国水污染防治法》《中华人民共和国土壤污染防治法》《中华人民共和国循环经济促进法》《国务院关于加快发展节能环保产业的意见（国发〔2013〕30号）》《全国国土规划纲要（2016—2030年）》《关于设立统一规范的国家生态文明试验区的意见》《乡村振兴战略规划（2018—2022年）》《国家生态文明试验区（贵州）实施方案》《促进大数据发展行动纲要》《数字乡村发展战略纲要》《绿色发展指标体系》《生态文明建设考核目标体系》等一系列高质量绿色发展的法律法规和政策文件。省级层面也相继出台了《贵州省生态文明建设促进条例》《中共贵州省委贵州省人民政府关于推动绿色发展建设生态文明的意见》《贵州省生态保护红线管理暂行办法（黔府发〔2016〕32号）》《关于设立"贵州生态日"的决定》《贵州省打赢蓝天保卫战三年行动计划》《贵州省乡村振兴战略规划（2018—2022年）》等一系列配套实施的地方条例和规划方案。

心系贵州发展，情系贵州人民。习近平总书记2014年3月在参加十二届全国人大二次会议贵州代表团审议时，首次基于贵州的生态、地质和气候等省情时强调：保护生态环境就是保护生产力。他指出，贵州的生态资源，独特的绿水青山，丰富的山地资源，绝不是和金山银山对立的。进而他为贵州的生态发展指出出路：生态优势如何转化为经济效益、社会效益，关键在人，关键在思路。因此他希望贵州要创新发展思路，发挥后发优势①。

2015年6月，习近平总书记来到贵州视察，在现场亲自调研的基础上，他为贵州如何实现"创新发展思路，发挥后发优势"指出了更加清晰的路径："两条底线"和"两个有别"，即为"守住发展和生态两条底线……走出一条有别于东部、不同于西部其他省份的发展新路"②。要求贵州必须深刻认识基本省情，特别是地貌特征和人文特点，运用辩证思维谋划发展，坚持加速发展、加快转型、推动跨越主基调，在不足方面不断缩小与全国的差距，提升贵州的经济总量和幸福指数，争取同全国一起全面建成小康社会。他指出，看经济增长，既要看速度，又要看质量，不能顾此失彼；既要绿水青山，也要金山银山，宁要绿水青山，不要金山银山，绿水青山就是金山银山。习近平总书记的这次重要讲话，高瞻远瞩、内涵丰富，具有很强的思想性、指导性、针对性。

2017年10月，在党的十九大期间，习近平总书记参加了贵州省代表团讨论。会上，习近平总书记再次提出，贵州要守好发展和生态两条底线，大力培育和弘扬团结奋进、拼搏创新、苦干实干、后发赶超的精神，创新发展思路，发挥后发优势，开创百姓富、生态美的多彩贵州新未来③。

2018年，习近平总书记先后向在贵阳举办的中国国际大数据产业博览

---

① 习近平：《论坚持人与自然和谐共生》，北京：中央文献出版社2022年版，第64页。

② 《习近平在贵州调研时强调：看清形势适应趋势发挥优势　善于运用辩证思维谋划发展》，载《人民日报》2015年6月19日。

③ 《习近平在参加党的十九大贵州省代表团讨论时强调：万众一心开拓进取把新时代中国特色社会主义推向前进》，新华网，http://www.xinhuanet.com/2017-10/19/c_1121828266.htm。

会（2018年5月26日）和生态文明国际论坛（2018年7月7日）致贺信，对毕节试验区作指示（2018年7月19日），要求贵州秉承创新、协调、绿色、开放、共享的发展理念，构建尊崇自然、绿色发展的生态体系，着眼长远、提前谋划，守好发展和生态两条底线，做好精准脱贫与2020年后乡村振兴战略的衔接。

从以上梳理可以看出，习近平总书记对贵州的生态文明建设要求循序推进，层次清晰，嘱托情深，不是仅仅停留在环境治理上，更体现在"思路"上，即思路创新，达到发展和生态的完美统一，实现贵州的同步小康和后发赶超。2016年6月，中央深改组第二十五次会议，审议通过了《关于设立统一规范的国家生态文明试验区的意见》，把贵州列入全国三个国家生态文明试验区之一。2022年1月18日，国务院又下发了关于支持贵州在新时代西部大开发上闯新路的意见，引导贵州构建和完善生态文明制度体系，不断做好绿水青山就是金山银山这篇大文章。

牢记嘱托，感恩奋进。贵州省委对习近平总书记的重要指示概括为"守底线、走新路、奔小康"这九个字发展到围绕"四新"主攻"四化"，并把它作为今后贵州工作的总纲。根据习近平总书记重要讲话和立足贵州实际，当时的陈敏尔指出，坚持习近平总书记指出的"两条底线"，就要守住"速度、收入、脱贫、安全"四条发展底线，守好"山青、天蓝、水清、地洁"四条生态底线，这就为贵州全省"守底线、走新路、奔小康"指明了具体目标和路径。省委书记谌贻琴指出，2021年春节前夕，习近平总书记在贵州考察时赋予贵州"闯新路、开新局、抢新机、出新绩"的新目标新定位，为贵州脱贫攻坚完全胜利后，开启现代化建设新征程指明了前进方向，为贵州人民再创"黄金十年"增强了信心和决心。

2016年8月31日，中共贵州省委第十一届七次全会审议通过了《中共贵州省委贵州省人民政府关于推动绿色发展建设生态文明的意见》。意见坚决贯彻习近平总书记的系列重要讲话精神，坚定"知行合一"，省委领导每年带头坚持植树造林，大力发展绿色经济、打造公园省，努力走出百姓富、生态美的绿色发展"黄金十年"。

历年在贵阳市举办的生态文明贵阳国际论坛，不仅展示了我国的生态文明建设成就，还学习了世界各国绿色发展的先进理论与文明实践，为构建人类命运共同体进一步凝聚了共识、交流了思想、互通了办法。前来交流的国内外专家学者通过实地考察，也了解到贵州的多彩与神奇，他们纷纷点赞贵州的生态文明建设各项措施和成绩。

2021 年牛年开工第一天，贵州省委书记谌贻琴就带领全省近十万名各级干部参加义务植树活动，推动贵州生态文明建设。谌贻琴指出，近年来，贵州人民一年接着一年干，已经把绿水青山打造成了贵州最亮丽的一张名片。贵州大地美丽的绿色，不仅收获了文明与健康，还获得了宝贵的财富和发展环境，得到了习近平总书记的称赞：优良的生态环境是贵州最大的发展优势和竞争优势①。

2021 年，贵州上下，万众一心，坚决守好发展和生态两条底线，突出生态优先、绿色发展，打好污染防治攻坚战，加快建设国家生态文明试验区，完成森林覆盖率 62.12%，在国际污染防治攻坚考核中再次获得"优秀"；深入推进供给侧结构性改革，加快建设现代化经济体系；着力培育发展新动能，推动大数据与实体经济深度融合，实现绿色经济占比达 45%；认真落实"八要素"强弱项、补短板，推动黔货出山，实现生态产品价值增值。

绿色，是铜仁的底色和原色，"黔中各郡邑，独美于铜仁"。铜仁是贵州生态资源最为富集的地区，系"中国最具生态竞争力城市"，大气、水源、土壤、草地、生物、森林等保持原生态的洁净。全市森林覆盖率 2018 年达 65.19%，在贵州排名第二，拥有原生态梵净山，入选"中国天然氧吧"，动植物资源 3000 多种，是联合国"人与生物圈"保护区网成员单位。梵净山江口县太平镇成为"绿水青山就是金山银山"实践创新基地。乌江、锦江穿越铜仁，工业污染较小。如今绿色生态正成为铜仁人民取之不尽、用之不竭的"幸福不动产"和"绿色提款机"，优良生态环境成为铜仁竞争力的最强"硬核"。因此，建立高质量绿色发展先行示范区，铜仁有着不可替代、不可复制的自然禀赋。

拥有世界自然遗产梵净山。梵净山是武陵山脉主峰，最高峰海拔 2500 多米，山体垂直高差达 2000 米以上。从地表和地下考察看，其有着悠久的地质、气候和动植物演进史。周围林木茂盛，山间溪流纵横、全境空气清

① 许邵庭：《牢记习近平总书记殷切嘱托努力在生态文明建设上出新绩》，载《贵州日报》2021 年 2 月 19 日。

新，是喀斯特变质岩中最具代表性的"生态孤岛"。标志性的自然景观有红云金顶、月镜山、蘑菇石、万卷书、万宝岩等。因为自然生态保护良好，这里孕育的动植物资源非常丰富，是国家级自然保护区，有"地球绿洲""动植物基因库"的美誉。有如水青冈、黄杨、珙桐林、铁杉等树种，有黔金丝猴、云豹、黑熊、藏酋猴等珍稀动物。优美的生态、丰富的动植物，造就了梵净山成为全球为数不多的生物多样性基地，是人类罕见的、具有人类价值和世界意义的、无法替代的不可再生动植物和地质气候资源。2018 年，梵净山被列入《世界遗产名录》，梵净山申遗成功是铜仁市委市政府贯彻落实习总书记生态文明思想的重要实践，把梵净山保护升级到人类和平发展的典型。

拥有饮浴两用的保健矿泉水。除了巍巍的山，铜仁还有温碧的水。地表有锦江、乌江，环抱梵净山，地下有温水温泉，孕育桃源铜仁。据科学考察，仅仅在石阡，全县 18 乡镇，其中 9 个乡镇拥有温泉，有效利用的温泉水露点达 20 多处，日流量超过 2 万吨。水中富含硒、锌等有益健康的微量元素，是高品质的天然矿泉水。特别是硒元素含量，在我国 500 余处天然温泉中只有几处，属水中之精品①。更让人不可思议的，铜仁石阡温泉，是国际医疗、饮用双达标矿泉水。正因为如此，保护生态就是保护生产力，水的灵性馈赠铜仁人民"中国长寿之乡""中国营养健康产业示范区""全国首批医养结合试点示范市"等优质康养资源和荣誉称号。

拥有世界独一无二的梵天净土。青山、碧水、蓝天、净土，是铜仁的天然绿色。常年清新的空气，四季泥土的清香，原始森林的循环，不仅赐予梵净山动植物快乐的天堂，还给桃源铜仁的绿色产业、健康生活提供了梵天净土。这里青山如黛、碧水如镜、土壤干净，盛产安全、健康、营养的生态食品。如生态茶现已成为亚洲最大的抹茶基地，其中玉屏被国务院授予"油茶之乡"称号。中药材、油茶、食用菌等众多生态产品已成绿色品牌。梵净山茶、石阡苔茶被认定为中国驰名商标。玉屏黄桃、沙子空心李、德江天麻、梵净山猕猴桃、印江绿壳鸡蛋、沿河黑山羊、思南黄牛、郭家湾贡米等绿色、有机、无公害农产品远销省内外②。良好的自然生态

---

① 陈履安：《贵州石阡温泉的特色与价值》，载《贵州地质》2016 年第 3 期。

② 陈少荣：《让"梵净山珍"更加健康养生》，载《贵州日报》2019 年 7 月 9 日。

就是源源不断的生产力，梵天净土的独特自然禀赋孕育出铜仁优质的生态有机农产品。

同样，梵天净土还拥有铜仁大健康优势。特别是梵净山气候温和，森林面积宽广，绿色资源原生态，拥有开展户外运动赛事等得天独厚的自然资源，是开展环梵净山各类体育比赛的最佳举办地；是开展世界健康养生活动、举办世界和平发展绿色发展活动的人间天堂。

基于此，2016 年 10 月 31 日省委常委会专题听取铜仁工作汇报，为铜仁精准把脉、精准定位、指明方向。时任省委书记陈敏尔对铜仁提出了"念好山字经，做好水文章，打好生态牌，奋力创建绿色发展先行示范区"的要求。铜仁市第二次党代会根据铜仁发展实际和省委要求，正式提出了今后五年工作的总体思路，坚定了按照"五位一体"总体布局和"四个全面"战略布局的工作决心。全体干部群众牢固树立五大新发展理念，坚持稳中求进工作总基调，坚持守底线、走新路、奔小康工作总纲，坚持主基调主战略，全市上下着力推进大扶贫、大数据两大战略行动，深入实施四化同步发展，深化"两区一走廊"经济空间布局，念好山字经，做好水文章，打好生态牌，奋力创建绿色发展先行示范区，全力打造绿色发展高地、内陆开放要地、文化旅游胜地、安居乐业福地、风清气正净地。这是奋进铜仁的新时代宣言和绿色发展的基本定位，也是铜仁 400 多万干部群众对习近平总书记，对党中央和贵州省委的庄严承诺。

生态环境是全人类赖以生存的共同条件，高质量绿色发展是中华民族的共同心声。贵州省设立统一规范的国家生态文明试验区、推动高质量绿色发展，是中央和省委的重要决策。作为贵州的黔东门户，铜仁的重大使命就是要在现有基础上，解放思想，推动跨越，实现高质量绿色发展。当前，铜仁适时提出创建绿色发展先行示范区是坚守两条底线、探索实践"发展"与"生态"共生的重大举措。引领铜仁在守护绿水青山与换得金山银山间实现双赢，达到从生态优势到发展优势的转变。

紧扣绿色发展主题，坚守两条底线，铜仁创建高质量绿色发展先行示范区必将带动铜仁绿色发展和生态文明建设出新绩，形成可推广的铜仁方案；必将带动铜仁现有的绿色资源完成生态产业化、产业生态化的绿色转型和绿色崛起，形成可借鉴的山地经济发展新形态，助推铜仁抢占生态文明建设制高点，在新时代西部大开发和乡村振兴中创造新的辉煌。

第二节 发展背景

　　一般来说，生态文明建设是问题导向的结果，是为解决生态危机而倒逼的污染治理和生态保护。但对铜仁更多的是质量导向和主动作为，绿色先行示范区建设是铜仁践行习近平生态文明思想和绿色现代化，顺应民族地区生态智慧和生态资源发展趋势，顺应中华民族伟大复兴和乡村振兴的使命，实现绿色经济发展更上一层楼。近年来，铜仁秉持绿水青山就是金山银山的理念，坚定不移地开展"一区五地"建设，在全省率先出台了《铜仁市健全生态文明建设机制实施方案》《铜仁市企业环境保护信用等级评价办法》《铜仁市生态文明建设管理暂行办法》等方案。坚决守住了山青、天蓝、水清、地洁的底线，大力实施绿色铜仁发展计划，着力推进了绿廊、绿水、绿城、绿园、绿景、绿村等工程。提前 2 年完成了"到 2020 年铜仁市森林覆盖率达 65%"的目标。

　　但随着高质量绿色发展的推进，人们更加迫切需要对先行示范区建设有更加清晰的了解和把握，对"发展"和"生态"的辩证关系更加迫切需要从哲学到实践的运用和发展。这几年，铜仁市委政策研究室也连续发布铜仁高质量绿色发展先行示范区建设的相关课题，希望从源头和顶层上凝聚共识，厘清铜仁"一区五地"建设的问题与出路、下一步建设的方向和重点。解决在实际研讨和实践中，相关方面对铜仁市生态问题产生的根源、铜仁高质量绿色发展的治标与治本、"一区五地"建设的路径与方向发生的争论。特别是从 2018 年人均生产总值①来看，距离市委一届十一次全会作出"到 2020 年，绿色发展先行示范区建设取得重大进展，人均 GDP 达到 5.28 万元"的要求还有差距。到 2026 年，全市地区生产总值达 2200 亿元以上，数字经济规模达 1000 亿元以上，各方不可懈怠。当前尤其需要在高质量发展动能和创新主体、石漠化治理、气候和自然灾害风险防范、产业链条延伸和科技人才增量方面发力。

　　从党中央和省委的新要求以及生态文明建设的新进程看，随着供给侧

---

　　①　2018 年铜仁人均生产总值是 33720 元。

结构性改革的不断深入和乡村振兴不断推进，特别是国际贸易的新变化、
"一带一路"倡议的新进展和西部大开发的新部署，给国民经济的高质量
绿色发展带来了新机遇、新挑战、新要求和新任务。从发展趋势看，未来
经济工作的重点在于深化改革、扩大开放，推动经济转型升级，提升全社
会的积极性，提升长期潜在生产率等方面。

　　因此，铜仁的高质量绿色发展，不会就此止步，更不会为绿色而绿
色。百尺竿头更进一步，"铜仁方案"要在绿色产业升级上继续施工，"铜
仁样板"要在绿色发展转型上继续打造。要做好这两个"继续"，得从了
解新的矛盾开始。

一、环境困扰

　　环境困扰，由来已久，从世界范围看，既具有共性，也具有特殊性。
20 世纪末到 21 世纪初，由于生产方式的粗放型，中国各地不同形式的污
染也出现历史性爆发，如媒体报道的鄱阳湖污染、太湖蓝藻、咸潮珠三角
等等。如媒体报道的蒙煤、鄱阳、大兴安岭、洞庭、太湖、锡林郭勒牧
区、珠三角、沙尘暴等等。党的十八大以来，中国在生态文明建设上展示
出了从概念到制度，从理念到实践的指向和决心。但冰冻三尺非一日之
寒，目前各地的环境治理还是处在"治标"的初级阶段，只是为"治本"
赢得了时间、经验和基础。环境问题的"治本"任重道远。

（一）环境污染根源较深

　　铜仁相对其他地方，总体上生态好、污染少，不过与先行示范区建设
指标对照，环境问题还需要继续重视。

　　一是有些乡镇由于长期过量使用化学肥料、农药、农膜以及污水灌
溉，使污染物在土壤中有大量残留，对生态环境、食品安全和农业可持续
发展构成长期威胁，造成农村环境短时间难以修复。

　　二是民众卫生意识淡薄，环境保护意识不强，长期形成的盲目饲喂、
随便倾倒生活垃圾、大量使用塑料制品等现象仍然存在。城镇居民的生活
废水、小户养殖业污染对区域水环境造成的压力增加。像舞阳河流域的农
村面源污染等仍然没有根治。各县区弃土、弃渣等侵害储备土地权利的行

为时有发生。

三是非规模企业在发展阶段环境治理能力有待提升，乡镇工业污染源污染负荷没有出现下降。

四是地质灾害防治形势严峻，像思南、印江石漠化治理，各县区的荒山治理等任务繁重。

（二）环境治理难度较大

各区县实施主体功能区、培育低碳产业和生态建设的配套政策机制缺乏，绿色发展所需的土地、资金、法治等要素还面临着供给困难，发展的矛盾比较突出。

资金方面，如大龙开发区循环化改造重点支撑项目共29个，总投资65.59亿元，而中央财政配套资金仅为1.59亿元。2015年国家安排的4批专项建设基金2.695亿元，到位循环化改造中央财政配套资金7955万元。但因自身财力不足，循环化改造资金依然存在较大缺口。省级、市级财政层面尚未对循环化改造项目出台有力的配套支持政策。还有的县，是全省14个深度贫困县之一，脱贫攻坚任务重、生态治理担子重、财政资金紧缺。随着防范化解重大风险攻坚战的持续推进，用于开展生态文明建设相关工作的财政压力增大，地方配套资金十分困难。

对企业而言，因为环境污染及防治需要大量的治理资金，一些重点企业有的认为增加环保投入导致企业成本增加，从而降低市场竞争力，有的由于没有足够的资金作保障，导致污染源治理工作进展较慢，有的虽然已配套治理设施，但由于运行费用高，存在着擅自停用、偷排等现象。

各县区的环保技术力量、控污治污硬件设施和设备欠账也较多，与当前环境保护要求还存在一定差距。农村生活垃圾治理机制不完善，缺乏统一规划和管理，有的县仅有个别乡镇建立了环卫人员队伍，但只能维持乡镇驻地保洁，多数乡镇则没有环卫机构和足够的环卫人员，无力提供垃圾处理服务，导致农村垃圾管理境况艰难。有的县城市环境基础设施建设不够完善，环境综合防治能力较差，全县减排工作依然面临很大压力。

在林业上，由于上级下达建设任务与本地群众需求不匹配，林业部门的森林抚育、低改项目等生态建设项目因投资单价低于实际项目单位投资，导致群众项目实施意愿不强，群众绿化需求与上级林业项目管理政策存在一定矛盾，基层群众实施意愿不强。

还有各县随着城镇化和产城融合的推进，招商引资、项目建设土地需求量大，但实际中仍存在着"批了的供不出去，而需供应的土地又暂未报批或难以报批"等尴尬现象，也造成土地资源不足。

环境监察执法方面，执法队伍建设距离执法工作需要还有差距。特别是在案件取证方面存在困难，有些程序还有待完善。

二、经济困扰

总体上，我国经济已经进入新常态。我国的主要矛盾已经由十一届六中全会提出的"人民日益增长的物质文化需要同落后的社会生产之间的矛盾"发展为十九大阐述的"人民日益增长的美好生活需要和不平衡不充分的发展之间的矛盾"。但对位于武陵贫困片区的铜仁来说，有急需着力解决的转变发展方式、转换增长动力、优化经济结构等共性问题，同时由于历史等其他原因，其最大的短板还是经济总量小，经济基础不强，新兴工业不发达，农业产业化水平不高，财力薄弱，造成生态文明建设与高质量绿色发展完全进入"治本"阶段动能不足。

三大产业比例不协调，工业发展滞后，农业发展资源依赖性高，土地承载力低，农业拳头产品少。特别是各县的工农业产品结构普遍表现单一，高附加值、深加工产品极少；森林生态旅游、林木种苗与花卉业等虽有较大发展，但未形成规模市场，市场占有率低，经济效益不理想，林业资源优势难以转换为经济优势。猕猴桃、食用菌、天麻、黄桃等特色绿色产品因生产规模小、数量不大，短期内难以发挥支撑作用、带动作用和产业效应。农业、工业和服务业三产联动、互动效果不明显。

公共财政预算收入增长有待提高，地方自我造血功能不强，绿色金融发展缓慢。旅游业发展较快，但全域旅游有待进一步拓宽。还有省政府给予铜仁市"十三五"期间能源消费增量较小和生态绿色产业发展滞后，不少县区难以支撑 GDP 增长，导致有的地方在发展与生态之间徘徊不前。从调研情况看，扶贫资金使用效率、自然资源利用率和人均 GDP 三项指标在全省都有待提升、进位。

乡村振兴任务还很艰巨，特别是异地扶贫搬迁的后续保障工作和少数因病等返贫的风险防范，以及循环经济、绿色经济发展所需要的高端人才、技能人才的引进和培养，都是当前需要解决的问题。

三、认识困扰

2015 年 6 月，习近平总书记来到贵州视察提出"两条底线"。2016 年 10 月省委常委会为铜仁精准把脉、精准定位后，铜仁市结合实际，开展高质量绿色发展先行示范区建设已经 3 年并取得了阶段性辉煌成绩。但下一步先行区重点建什么，通过什么方式建，先行什么，示范什么，和其他一些地方一样，也产生了程度不同的焦虑。

党的十八大以来，党中央反复强调，要高质量发展，必须坚持党的领导，坚持马克思主义，坚持创新、协调、绿色、开放、共享的新发展理念。但从全国范围来看，个别地方在执行党的路线方针政策的过程中，没有完全向党中央看齐，没有完全以人民为中心，不结合地方实际，而是简单地向东部沿海看齐，甚至向西方发达资本主义国家看齐。有些地方个别官员干脆把自己光荣的称为"店小二"，只为资本家服务，彻底忘记了人民公仆的身份，彻底忘记了自己的初心和使命。他们从内心深处否认人民创造历史，认为马克思主义已经过时。

"事实表明，马克思主义不仅没有过时，而且越来越显示出它的伟大的生命力。"[①] 创新、协调、绿色、开放、共享的新发展理念与马克思主义生产方式思想一脉相承。

首先看创新，无论哪个创新，都离不开人才，都要尊重人民的首创精神。这就要千方百计的发展教育、千方百计刺激创新。创新离不开体制创新的环境，没有好的体制、好的环境、好的产业，就不能凝聚人才、激励人才创新。因为创新包括技术创新和体制创新。

最好的制度还是社会主义制度，最大的创造还是人民群众，最优的产业是具有地方特色。麻木跟风，邯郸学步，是永远不能创新发展的。这里就要懂得为什么要创新、什么是创新，许多人其实一直没有弄明白，简单地认为引进了先进设备、新产品生产线或者某个企业家就是创新。

---

① 《乔石谈党风与党建》，北京：人民出版社 2017 年版，第 243 页。

其实，马克思恩格斯生产方式思想明确告诉我们，人民是历史的创造者和推动者，"劳动是交换价值的唯一源泉和使用价值的唯一的积极的创造者"①。这就是说，一个地方的发展离不开劳动创造，离不开人。所谓先进设备、新产品的生产线等，只是劳动的要素，起到价值转移的作用，是不能带来价值的。只有人才是活的劳动因素，才是利润的创造者。

过去，农业地区，人口特别多，怎么就没有富裕起来呢？沿海城市发达是不是仅仅有先进设备？这些问题具有迷惑性，是表象，就像人的眼睛每天看到太阳东升西落，就想当然地认为太阳绕着地球转一样，是错误的。马克思主义告诉我们，劳动致富是有条件的。同样，沿海经济发达是建立在中西部劳动力转移基础上的，没有大量的外出务工人员是无法实现的。

有些群众发展心情急切，建议学浙江，学广东，或者干脆照搬资本主义制度。殊不知都发展私营经济，谁来当工人？再先进的机器只是改变了劳动要素比而已，不能从根本上代替人更不能创造价值。现实中，先进设备、先进技术能"创造"价值的，是因为"领先"的缘故，赚了先进企业与落后企业的市场剪刀差。生活中的电子产品感觉赚不了多少钱，不是因为他们没有创新、创造，相反电子产业是最具有创造力的，原因就在于技术更新太快，没有了落后企业与先进企业的明显区别，赚不了差价。

当然，人的劳动只是一个活的因素，还需要有"死要素"的配合这个条件，如体制、资金、技术、设备等，只有活劳动与死劳动的结合才能创造价值。所以马克思主义认为，要尊重劳动、尊重人才，才是尊重创新，才是高质量绿色发展的根本。

其中"协调"更能体现马克思主义生产方式思想。什么叫协调？其实不仅仅指经济与环境的协调，至少还包含产业与产业协调，工业与农业协调，城市与农村协调，区域与区域协调等。根据马克思主义生产力决定生产关系的原理，什么样的生产方式才能做到这些"协调"？不容置疑，只有自己的鞋才符合自己的脚，只有社会主义才能更好地发挥政府的作用，实现对经济发展与环境保护的宏观调控。

人是自然的一部分，环境破坏了，等于破坏了人生存的条件和活着的

---

① 《马克思恩格斯全集》（第26卷）（第三册），北京：人民出版社1974年版，第285页。

意义。所以绿色发展，作为概念，马克思恩格斯没有作专门的论述，但这种思想贯彻在马克思主义的始终。马克思主义指出，人的主观能动性只有在尊重客观规律的前提下，才能利用自然、改造自然。否则纯粹的技术主义，只是"过分陶醉于我们人类对自然界的胜利"① 而已。

除了纯技术主义的错误，现实中，还存在对绿色发展的片面性和应付性理解。有的地方认为绿色发展就是不发展，或者认为绿色发展就是保护环境、治理环境。还有的地方完全应付国家政策，把污染的企业都集中到一起，然后造一个污水处理厂，就谎报说这里在绿色发展了。其实污染企业不但没有减少，还增多了。

开放，根据马克思主义的观点，绝不是像个别人简单理解的那样，一是招商引资，二是卖土特产，三是对外贸易，这是最低级的开放。地区与地区之间、企业与企业之间、行业与行业之间的开放，也是开放。作为相对落后的地方，还要在开放中争取有利的地位，争取国家和其他地方的生态补偿和政策支持。为什么有些地方，从20世纪就开始，到处招商引资，到头来还是一无所有？根本原因、主要原因就是没有理解开放，没有用好开放，更没有做好本区域内企业与企业、行业与行业之间的开放，反而被开放这把双刃剑伤了自己，使自己处于被动地位。

中国共产党的根本宗旨就是全心全意为人民服务，社会主义的最大优越性就在于人民当家做主。所以我们的发展，最终目的不是为了 GDP 数字，而是增强广大人民群众的获得感、幸福感，让人民在获得经济财富的同时，获得社会财富、精神财富、健康财富、生命财富和安全财富等，这才是发展的真谛，也是共享的题中应有之义。少数人富有，多数人贫穷，或者有钱无命、有钱买不到健康猪肉等，都不是共享发展，而是畸形发展。马克思主义要实现的就是人的全面发展和全部人的发展，因为，"我们始终认为马克思主义基本原理没有过时，在改革开放和社会主义现代化建设的过程中仍然要坚持马克思主义基本原理，并把它同当代中国实际和时代特征紧密结合起来"②。

2020 年初新冠疫情的全球大流行，进一步验证了习近平人民至上、生

---

① 《马克思恩格斯文集》（第 9 卷），北京：人民出版社 2009 年版，第 559 页。
② 《胡锦涛文选》（第 1 卷），北京：人民出版社 2016 年版，第 158 页。

命至上的发展观的科学性和必要性。早在 2012 年，习近平总书记就庄严承诺，"人民对美好生活的向往，就是我们的奋斗目标"。随着改革开放的深入，我国的主要矛盾已经发生了深刻变化，人民的生活水平和民生需要在不断提高，包括铜仁 400 多万同胞在内，一味追求简单的物质生活的时代已经过去，健康的生活、生态的饮食等小桥流水人家式的空间生态成为新时代最普惠的民生福祉。追赶 GDP、追赶烟囱数的老思想、老套路是当前贯彻落实习近平生态文明思想的绊脚石。理念是行动的向导，环境就是民生，青山就是美丽，蓝天也是幸福。当前，经济社会发展，构建人类命运共同体，要像保护眼睛一样保护生态环境，像对待生命一样对待生态环境，从而实现人与自然的共生。

要开发自然必须了解自然。

——竺可桢

要坚持以高质量发展统揽全局……强化科技创新，引导各方面把工作重心转到提高发展质量效益上来。

——李炳军

第 九 章

绿色发展的概述

随着我国主要矛盾的发展变化，"高质量发展"将代替"高速增长"成为中国今后经济发展不可阻挡的目标和方向。对铜仁来说，高质量发展就是坚持发展和生态的底线，以绿色发展为根本，全力打造绿色发展高地；以人民为中心，营造梵净山安居乐业的福地；以创新驱动为动力，形成内陆开放的要地；以建设文化旅游胜地为着力点，构建高端旅游产业链，实现更高经济结构水平的发展和更好经济效益的发展，以风清气正的净地为条件和基础，确保铜仁在"十四五"时期更为平衡的发展、更低风险的发展。高质量谱写百姓富生态美多彩贵州新未来的铜仁篇章。

第一节　绿色发展的当代意蕴

在环境问题上，资本主义曾经"迷失"过，没有人把环境看作生产、生活等方面重要的决策因素，更没有人将绿色视为经济社会发展的推动力和人的独特财富。相反，把对资源的掠夺和对自然的征服当作人类科技进步的骄傲。

绿色发展是指在遵循经济规律、社会规律、生态规律等三大规律的基础上，在生态环境容量和资源承载力的弹性许可范围内，实现经济、社会、人口、产业、气候和资源环境可持续发展的一种新型发展模式，是具有中国特色的当代可持续发展新形态①。从责任主体看，绿色发展就是实现人与资源交换更加规范，让政府更加有为，让生产更加安全，让民众更有发言权，让市场更加有效。如果说资本主义生产是以利润为中心通过资本激发创造，如果说头 40 年的改革开放是以经济为中心通过自上而下实现经济发展建成经济大国，那么，绿色发展就是以环境与健康为主题，通过自下而上的社会变革实现强国梦。走绿色发展之路，对铜仁等地方发展而言，是加快转变经济发展方式的战略选择，是应对区域和国际竞争、提高绿色竞争力、实现绿色现代化的迫切需要。

绿色发展，根本上讲就是在人类-自然的交换中追求守恒，力求社会主义生产力是以资源消耗最小、社会效益最大的方式发展，不因贪婪自然的身体，而要充分激发人的创新能力，提高发展的科技含量和人类技术。包括在社会生产、流通和消费的各个领域，切实遵循生命共同体理念，保护和合理利用现有资源，提高资源利用效率，以不破坏自然的改造自然和产品转化获得最大的经济效益和社会效益。

绿色发展要求社会主义生产关系法治化、德性化，以生产关系的绿色化、现代化推动社会经济健康发展。一要毫不动摇地巩固和发展向善对待公共利益的公有制经济，推动人类文明新形态的发展；二要充分发挥社会主义制度的优越性，加快供给侧结构性改革，加快生态文明教育，筑牢生态型社会共识。

绿色发展，包括低碳发展和低碳经济，循环发展和循环经济，其中循环经济就是马克思提出的人类-自然合理互换的经济表现，其关键词是高效、循环、节约、合理，达到资源节约、环境保护和经济增长的"三好"。低碳经济是通过一定技术的开发和应用，增加人的能动性，赋能劳动创造价值，实现低能耗、低污染、低排放、高效能、高效率、高效益的绿色发展。

---

① 洪向华、杨发庭：《绿色发展理念的哲学意蕴》，载《光明日报》2016 年 12 月 3 日。

一、高质量发展的价值取向

截至 2018 年，改革开放进行了 40 年，在这 40 年内，我国经济社会发展一直处于高位运行，突出特征是，以低廉的土地、人口、资源等要素为条件，运用投资、贸易和消费三大动力，通过不断地增加产量、扩大产能来满足供不应求的市场，从而带动经济高速增长。

然后到了党的十九大，特别是 2018 年 4 月，习近平总书记根据国内、国际两个市场的变化，审时度势，在长江经济带建设座谈会上指出，传统的以要素投入拉动经济增长已经行不通了。新时代经济发展必须实现从数量到质量的转变、从"有没有"到"好不好"的转变。

改革开放以来，我国经济社会发展主要经历了"发展是硬道理""科学发展"到"高质量发展"。发展的内涵一次次升华，不仅仅适应了矛盾的变化，更是体现了生产方式的升级：从粗放型外延发展到集约型内涵发展的转变。从这个意义上说，高质量发展不是仅仅指产品质量问题，还指一种新的发展方式和发展理念，那就是：创新、协调、绿色、开放、共享。具体而言，以前的发展方式回答了在生产力不发达、供给不足的情况下如何实现经济高速增长，而高质量发展是要回答在生产力不平衡、供给充足的情况下如何实现经济发展。

因此高质量发展，实现的是经济要持续健康发展、社会民生要持续明显改善、优质生态产品要持续增长、宏观调控要更加连续稳定与协同、供给侧结构性改革要不断拓展深化、防范化解重大风险机制更加有效等"六位一体"[①]，其价值取向是质量与效益。在质量方面，拓宽了需要的内涵，加大了"创新"要素比重，涉及产业形态、区域联动、消费方式和数字经济等。在效益方面，拓宽了 GDP 的内涵，加大了"绿色"要素比重，涉及 GDP 产品的有效性、高端性、低碳性和福利效应。对第一产业来说，要绿色兴农，大力发展绿色农产品供给，同时做好美丽乡村建设，提高农村人居环境，实现新农村建设和产业扶贫的统一；对第二产业来说，以供给侧结构性改革和发展制造业为中心，以创新为动力，不断提高质量意识和

---

① 王军：《准确把握高质量发展的六大内涵》，载《证券日报》2017 年 12 月 23 日。

品牌意识，形成自己的行业标准，实现供给与需求的统一。对第三产业来说，就是更加关注民生，发展数字经济，提供高质量服务，满足人民美好生活需要，实现经济与民生的统一。

高质量发展是一种新的发展理念，以民生为导向，真正实现"以人民为中心"，不再"唯利是图"，因此，他的实现需要四个方面的条件和保障：一是量的积累为前提，二是质量文化深入人心，三是有技术创新的动力，四是建立现代化的治理体系和经济法治体系。

铜仁"一区五地"建设，是一个有机统一的整体，高质量绿色发展，就是以先行示范区为依托，以绿色发展为根本，全力打造绿色发展高地；以人民为中心，营造梵净山安居乐业的福地；以创新驱动为动力，形成内陆开放的要地；以建设文化旅游胜地为着力点，构建高端旅游产业链，实现更高经济结构水平的发展和更好经济效益的发展，以风清气正的净地为条件和基础，确保铜仁在十四五时期更为平衡的发展、更低风险的发展。

二、绿色发展是高质量发展的模式

关于"高质量发展"与"绿色发展"，有不少地方和学者把它们混在一起用，称为"高质量绿色发展"或"绿色高质量发展"。其实它们有共同点，也有不同点。高质量发展侧重于投入和产出比，绿色发展侧重于经济与环境，二者都包含生态文明建设，都以人为中心，体现了从经济到经济、社会、生态，再到生态、社会、经济、人的转变和升华。

与基于经济发展转型升级的高质量发展不同，绿色发展是基于生态环境问题提出的。在西方资本主义国家，普遍经历了先发展后治理的"套路"，经济高速发展的同时，带来了环境的污染和资源的枯竭。我国在总结国内外发展经验的基础上，逐步认识到保护环境、节约资源的重要性，先后提出了"绿化祖国""植树造林，绿化祖国，造福后代""消除污染，保护环境"和"可持续发展"的思想。不过在一穷二白基础建立的新中国，人民普遍渴望解决温饱、发家致富，在以"经济建设为中心"的动力下，没有来得及处好环境保护问题。到了 21 世纪，通过一定量的经济积累，我国越来越发现科学发展的重要性。到了党的十八大，中国经济进入新常态，生态文明建设被提到新的高度，"五位一体"布局应运而生。

绿色发展从理论到实践，也经历了一个漫长的过程。从绿色发展的理论看，他的"出世"是为了破解经济发展与自然破坏的一对"矛盾"。因而他是高质量发展的具体模式，体现的是绿水青山就是金山银山的理念，强调的是人与自然的和谐共生，方法上突出协调性和系统性，做到经济发展与环境保护的统一，地方发展与区域发展的统一，实现的是可持续发展和生态产品持续供给。从绿色发展的实践看，他的"运行"有共同的目的，却有不同的过程和方式。从目前看，因为绿色发展的着力点和发展水平受社会生产力决定和当地实际条件影响，故其路径可能千篇一律，至少分为以下三种类型：一是前期经济发展基础好，人、财聚集，基本上走的是先发展后治理的路子，通过科技创新、城市美化、产业转移、自然修复等工程实现"自我革新式"绿色发展；二是前期经济发展一般或落后，没有形成主体优势，但生态资源丰富，属于生态功能区，主要走的是生态体制创新、生态产品价值研发这种先行示范区的"华丽转身式"路子；三是环境破坏严重，资源面临枯竭的地方，主要走的是先富带动后富，落实生态补偿的"外部支援式"发展。

正是因为绿色发展的复杂性，其可推广的模式还在探索中，习近平总书记曾两次点赞的"丽水实践"也还处在任重道远的阶段。

三、中国传统生态思想

地气之盛衰，久则生变。从古人的迁徙轨迹和历代都城的选址建设，不难看出，中国自古就知道地理位置、气候环境等关系一个朝代的安危和兴衰的重要指标。中国传统文化中，无论是道家还是儒家、佛家的思想，还是普通老百姓的农耕时令、住房的坐北朝南，都蕴含着深刻的生态和谐思想，体现了中华文化对人与自然关系的深刻认识和辩证把握，表明了中华民族对人与自然和谐相处的美好追求。

天人合一的生态思想。包括王阳明心学在内，中国传统文化把天、地、人统一为一体来思考，"天下大同"，"以和为贵"，认为天地万物是一个统一的整体，人是天地万物的一部分，相互之间处在一种血肉相依的生态联系中。万物生存发展有其本质规律，天地自然是人类赖以生存的条件。"天地人并立，万物一体"，肯定人与天地万物在本源上的整体统一性，揭示了人与自然的浑然一体，至今仍给人以深刻启迪。

崇尚节俭的消费思想。中华祖先在农业生产中就认识到了生态环境的重要性和适度消费的必要性。"历览前贤国与家，成由勤俭破由奢"；"不戚戚于贫贱，不汲汲于富贵"……都在告诫人们节俭的重要性，对待自然要取之有度，发展经济要量力而行，保护生态环境，从而使自然资源得到永续利用。

尊重自然的伦理思想。"仁爱"是儒家的最高伦理准则，对人爱，对自然和万物要有仁爱之心。道家则提出了"以道观之，物无贵贱"的主张，认为"人"和"物"是平等的，应平等待之；佛教认为众生平等，主张通过对众生的慈悲和对万物的爱护以寻求最后解脱。尊重自然、善待自然、仁爱万物、感恩天地是中华民族尊重自然的伦理思想的核心。

遵循规律的实践思想。中国传统文化要求人们在生产生活中要遵循自然发展规律，坚持自然无为的法则。大禹治水，疏而不堵。老子把"无为"视作最高原则，希望君王能顺乎自然，不干涉世间万物，任其自然消长变化。当然，"无为"不是什么事情都不做，而是不做不尊重自然规律的事情，实现人与自然的健康互换。自然界有自身的运行规则，万物都有自己的天性物理，都要依照自己固有的地质气候展示自我。人类应师法自然，尊重宇宙万物及自然天性。"无为"待之，让宇宙万物按自身内在规律自由地运行、自然地消长，不过多地对其干涉、扰乱、侵占。合理开发与利用自然资源，不能疯狂地掠夺与践踏，推动自然史与人类史的共同进行。

中国传统生态思想是协调人与自然关系的一盏指路明灯，对于正确认识和解决人与自然的关系，解决当前面临的生态困境和危机，提供了很有价值的视角和途径。铜仁市奋力创建绿色发展先行示范区，也需要从中汲取智慧，坚决摒弃天人对立、人定胜天的思维模式，更加善待、感恩铜仁的绿水青山，尽可能避免对资源无限制的掠夺和对环境的破坏，真正实现人与自然的和谐相处、协调统一。

第二节　绿色发展的主要特征

　　高质量绿色发展不是凭空想象的，是针对当前环境保护治标不治本、经济发展"大而不强""大而不优"的问题提出来的；是化解经过高速发展引起的结构性矛盾，实现更高经济结构水平的发展，更好经济效益的发展，更为平衡的发展，更低风险的发展的必然选择。具有理论来源的实践性、实践价值的人民性和发展方式的差异性的特征，是理论与实践的统一，价值与目标的统一，生态与发展的统一。

一、理论来源的实践性

　　实践是思想之源。习近平生态文明思想是他在梁家河、正定、宁德、浙江、上海、中央的亲身经历中不断实践、不断认识、不断检验而获得的科学认识。这种认识是对中华民族、对炎黄子孙乃至对整个人类的生命关怀和使命担当。不同于空想，他基于对自然规律、经济规律和人类社会发展规律的认识，直面资本主义生产方式、粗放式发展方式直接导致的环境风险、经济风险和社会风险，在实践中准确把握了环境容量的有限性、资源利用的趋紧性、生态系统的脆弱性，从而逐步形成了符合人类文明转型和时代潮流的生态思想。

　　在梁家河实践中，他看到了一马平川、风调雨顺的兵家必争之地却变成了沟壑纵横的黄土高坡；在正定，他敏锐地发现单纯以经济建设为中心、着力推行改革开放、大力发展工业经济，没有考虑资源和环境的合理利用与保护，造成污染搬家、污染下乡的危害。从而总结出发展农村沼气等农村循环经济以及宁肯不要钱、也不要污染的农业生态思想。在福建，习近平结合宁德及福建山、海情况，开始纠正"重发展轻保护""先发展后治理"的模式，提出"靠山吃山唱山歌，靠海吃海念海经"的思想，前瞻性开展"绿色工程"和建设生态省。在浙江，习近平强调，生态环境方面的债迟早要还，并在 2005 年正式提出"绿水青山就是金山银山"的思想。在担任上海市委书记期间，提出要保护好自然村落和历史风貌，建设现代化生态岛区的工作思路。党的十八大后，理念一以贯之、工作一以贯之的习近平进一步提出"美丽中国"的奋斗目标、"人与自然和谐共生"的基本方略和"人类命运共同体"的伟大构想。

这一路实践、一路走来，从农村到城市，从地方到全局，既是在不同条件下生态文明思想的萌发，也是对不同条件下建设生态文明的思路指引；为农村、欠发达地区、城市、发达城市的生态文明建设提供了样板；是新时代生态文明建设的行动指南，为铜仁高质量绿色发展先行示范区建设指明了方向。

习近平生态文明思想的实践性，也是中国绿色发展的实践性。中国绿色发展理念，来源于改革开放时期各地经济社会发展的实践经验总结，是理论与实践的统一。这一实践性与资本主义生态先污染后治理和污染全球转移的方式方法，具有本质的区别。

资本主义环境污染的根源不在于技术的落后，不在于生产力的不发达，也不在于自然本身的贫瘠，而是资本主义唯利是图的生产方式和资本的无限逐利，造成资本性质的生态危机。这样的环境根源与发展实践，推动资本主义生态文明建设的"转移"实践模式。通过技术控制、金融控制，把低端制造、污染制造和能源摄取转移到第三世界国家，造成本国环境向好的同时他国环境日益恶化的生态全球化。

二、实践价值的人民性

正是中国绿色发展不同于西方的环境"销赃"，新时代五大发展理念既具有绿色的温度，还具有创新的深度，更具有共享、开放和协调的广度，是真正以人民为中心，以人民对美好生活的向往为工作的根本方向，坚持生态价值与人民中心的统一。

绿色发展，是五大发展理念内容之一，并与其他方面相互作用，有机统一。绿色发展的基本准则是生态与发展和谐共生、共同进步，根本目的是满足人民的生态需求。与非绿色发展不同，绿色发展在扩大物质财富的同时，还提高人民的生态财富、健康财富和公共绿色产品，满足人民多元化的生活需求。而非绿色发展单纯的以 GDP 为中心，追求经济的增长。这种增长完全依靠资源、资本等要素投入为支撑，使得能源过度消耗、环境严重恶化、经济结构失衡、城乡收入分配差距增大、公共服务发展不均衡等一系列问题。这些问题与"以人民为中心"的发展理念背道而驰，不符合社会主义的本质要求。

绿色发展，也是高质量发展，是中国特色社会主义经济发展规律的体现，也是中国特色社会主义优越性的新时代表现。绿色发展不仅关注人民的经济生活，还关怀人们的健康生活和环境需求。如中国政府通过的《保障农民工工资支付条例》，也是绿色发展的实践内容，从落实主体责任、规范工资支付行为、明确工资清偿责任、细化重点领域治理措施、强化监管手段等方面对保障农民工工资支付做了规定，是绿色发展人民性的具体措施。在生态文明范式中，发展的目的不是为了利润和剥削。

而且，绿色发展的实现和主体也是人民。人民是高质量绿色发展的第一推动力，人民的劳动是绿色价值的唯一源泉。科学技术、人工智能都离不开人民的智慧和力量。离开了人民，离开了"流水人家"，即使是美好的自然，也只能算作原始生态。人是生态文明的核心和灵魂。离开了人民，即使是高楼大厦，也只能算作是"鬼城"。高质量绿色发展，依靠人民，为了人民，绿色成果由人民共享，这才是高质量绿色先行示范区建设的真谛。

三、发展方式的差异性

纵观人类发展的长河，人类社会大致经历了资源型发展方式、要素型发展方式和创新型发展方式。在当今要素型发展方式向创新型发展方式转变过程中，出现了"资源诅咒"现象。如自然资源禀赋相对较好的国家和地区，却陷入了经济社会发展的困境，而资源非常稀缺的，如日本等，发展得却非常好。这种自然资源与经济发展相悖的现象，不是说自然不重要，相反，一方面说明自然资源与人的共生性，另一方面说明生态发展、创新发展在人与自然和谐相处中的重要性。

因此，绿色发展的生态与发展的统一充分表现在发展方式上。资本主义环境污染的根源不在于技术的落后，不在于生产力的不发达，也不在于自然本身的贫瘠。而社会主义生态文明建设是对工业文明的超越，是社会主义现代化过程的一部分。因此，我国的高质量绿色发展与生态资本主义、与资本的生态逻辑完全不同。同时，由于各个地方的生态基础不一样，我国不同地方的绿色发展的具体路径也不一定完全相同。如铜仁的生态问题，不是因为技术太先进、经济太发达或者人口太多所致。因此在生态文明建设上，发展方式具有差异性的必然性。

从循环经济看，绿色发展的实质是保持自然资本的不断再生、永续发展，使社会再生产与自然再生产保持协调。这里的自然资本是相对于人造资本的概念，主要指用于制造第二自然的机器、厂房、产品等所运用的自然资源和生态要素，如水资源、矿物资源、石油、森林、土地、优质空气、生态系统等等物质自然，是人的无机身体，即第一自然。

从自然资本的存量消耗看，环境问题产生的根源主要有三个类型。一是对自然资源的过量使用，绿色发展的重点是对矿物资源的合理开采与环境保护。二是对生态系统平衡的破坏，主要是生活方式落后、土地利用不合理和科技水平较低导致资源利用率低、碳排放高、污染严重、生态退化甚至石漠化等问题。三是既有对自然资源的过量使用，又有对生态系统平衡的破坏，粗放式生产方式和城市爆炸式发展都属于这种类型。

从环境污染的形成看，环境问题产生的根源也主要有三类。一是生产方式粗放，即构成体制型污染；二是工业化过程中一味的搞技术崇拜，即造成技术型污染，最后就是经济发展后弱消费指导，产生生活型污染。不同的污染要选择有的放矢的绿色发展道路，不能千篇一律，人云亦云。

第三节　绿色发展的指标体系

2017—2019 年，铜仁绿色发展已经进行了三年，取得了许多辉煌成绩。如今要在现有"生态"的基础上，实现更高层次的绿色"发展"，铜仁"一区五地"建设必须进一步研究绿色发展的指标体系，按照中共中央办公厅、国务院办公厅印发的《关于建立健全生态产品价值实现机制的意见》、国务院印发的《关于支持贵州在新时代西部大开发上闯新路的意见》文件精神，推动铜仁绿色发展有章可循、"有轨"前行。

筑牢绿色发展的预警、考核与评价是一个相对复杂、循序渐进的过程，不是一个数字或者一次督查就能解决问题的。首先，得厘清先行示范区建设的基础和目标情况，以便明确所应选择的任务指标，从而确定绿色发展评价的目的和对象。其次，对所选取的各类各层级的指标进行无量纲化处理，进而确定各指标的导向和权重。然后，将各具体指标的权重与绿色发展指标标准进行对比分析，即通过对先行示范区绿色发展进行评价、考核与预警，找出哪些指标适合做绿色发展的评价指标。最终，根据各具体指标的对比结果，筛选出哪些指标属于绿色发展数量评价指标，哪些属于绿色发展质量评价指标①。

从微观方面来看，一般来说，常用的指标体系包括绿色资源储量，生态文明制度建设，生态环境治理，乡镇生态文明建设，生态文明宣传教育，生态产业与绿色经济发展，财政金融基础和创新驱动八个方面。从宏观方面来看，绿色发展必须高举习近平新时代中国特色社会主义思想，因地制宜贯彻习近平五大发展理念。同样，在绿色发展指标体系上，也要遵循习近平总书记给贵州的嘱托。

习近平总书记指出，贵州要守住发展和生态两条底线……走出一条有别于东部、不同于西部其他省份的发展新路。根据这"两条底线"和"一条新路"，结合国家《绿色发展指标体系》《生态文明建设考核目标体系》和《贵州省生态文明建设目标评价考核办法（试行)》《铜仁市生态文明建设规划（2016—2025)》《铜仁市生态文明建设（创建绿色发展先行示范区）目标评价考核办法（试行)》，下一阶段，铜仁高质量绿色发展的指标体系要从生态和发展两个方面发力，达到任务工单化、目标精细化、考核绿色化。

一、生态指标体系

生态环境是一个庞大的系统工程，不仅需要一系列的政策、法律和社会组织等制度的运行规律，还需要全体生产者和消费者树立生态文明的伦理规范和道德自律，使生态文明建设和绿色发展从宏观到微观、从集体到个体都有"一杆秤"，成为进化链条上的有益分子。有运行，就要有监督。

---

① 王成端等：《区域经济绿色发展的评价指标体系研究》，载《四川文理学院学报》2019年第9期。

表现在生态指标考核上，不仅需要有量的指标，还需要有质的规定，只有这样才能真正实现人与自然的和谐发展、生态与发展的辩证统一，达到"生态-发展"与"和谐-竞争"。

1. 量的指标体系

生态"量"的指标主要包括资源利用、生态保护和制度建设等方面。资源利用方面主要有能源资源、矿产资源、土地资源、生物资源、气候资源、水资源、耕地面积、荒山和石漠化面积等。生态保护指标主要看环境治理预算、森林覆盖率、湿地保有量、垃圾（污水）处理厂数、农村垃圾车数、环卫工人数、城镇人均公共绿地面积、单位耕地面积化肥和农药使用量，工业烟尘排放量、工业废水排放量等。在制度和法律方面，主要考察相关制度数量、规范和标准数量、自然灾害应急机制、环境破坏立案查处数等。

2. 质的指标体系

生态"质"的指标内容较多，为了客观公正，要坚持定性和定量相结合的方式进行。指标主要包括资源利用率、环境治理效度、环境质量和绿色生活质量等。其中资源利用方面要把单位 GDP 能耗降低率、单位地区生产总值能耗，单位 GDP 二氧化碳排放降低率、单位 GDP 用水量降低率、单位 GDP 工业二氧化硫排放量、农作物秸秆综合利用率、主要再生资源回收利用率等作为考察指标。环境治理效度有：二氧化碳排放降低率，环境污染发生率，人均工业二氧化硫排放量，人均工业固体废物排放量，人均工业废水排放量，工业二氧化硫去除率，工业固体废弃物综合利用率，城市污水处理率，工业废水达标率，城市生活垃圾无害化处理率等。环境质量方面，如空气治理优良天数占比，地表水、主要河流和供水水质达标比例等。绿色生活质量指标有：人均公园绿地面积，城市人均绿地面积，绿色建筑占比，农村厕所普及率，公共能耗降低率，人均寿命，生态服务覆盖率，生态文化普及率等。

生态环境是绿色发展的根本和前提，也是生态优势的铜仁底色，其数量指标和质量指标不是孤立立项和作用。指标运行中，要把生态与发展、社会整体环境与个体企业生态利益、社会和谐与市场竞争、政府平衡与经济主体自利结合起来，充分激发指标间的联动作用，实现环境保护基础上的经济发展，最终达到生态产业化和产业生态化。

二、发展指标体系

生态产业化和产业生态化就是环境治理和生态优势的价值转化，涉及发展指标体系，是绿色发展的产业层次，是环境治理和保护从治标到治本的飞跃，主要包括经济、政治、文化、社会四个方面的指标体系。最终实现经济持续健康发展，社会民生明显改善，优质生态产品持续增长，宏观调控更加连续、稳定与协同，供给侧结构性改革不断拓展和深化，防范化解重大风险机制更加完善。

1. 经济发展指标

（1）绿色经济：GEP 占比，GEP 总量，绿色发展动力，绿色发展压力，第一产业增价值比重，第二产业增加值比重，第三产业增加值比重，第一产业劳动生产率，第二产业劳动生产率，第三产业劳动生产率，医养、旅游、智慧等经济比重。

（2）生态企业：生态企业数及生产总值，污染物排放量，污染治理投资额，生态资源在生产要素的占比等。

（3）生态基础设施：立体交通里程，污染处理能力，生态交易中心吞吐量，冷藏面积，消费应急设备。

（4）数字经济与平台：平台数及数字经济占比，从业人员数，运行保障体系。

（5）生态产业与产品：产业链相关度，生态产品数，营销额，深加工增值额，产业准入条件。

（6）生态金融：支持金额，运行保障。

2. 政治发展指标

（1）治理体系：党建引领，河长制，防控体系及运行，农民主体地位、"互惠共赢"的联结机制、"相嵌互作"的政府与市场关系。

（2）治理主体：政府的有为能力，生态党建，市场的有效作用发挥能力。

（3）生态补偿：政策目标，政策工具，法律保障，市场机制，多元主体和标准。

3. 文化发展指标

（1）生态教育与文化：生态会议等主题活动数，生态人才培训人数及经费，文化产业增加值，主题公园、特色小镇数，生态日参与度。

（2）生态品牌与标准：绿色产品标准，生产标准，品牌数，品牌价值，品牌培育预算。

（3）生态科技与人才：创新企业数，创新人才数，科技获奖数，专利数，地方财政科学技术支出，科学研究和技术服务业占年末单位从业人员数，课题申报数及科研经费额，科研奖励支持力度。

4. 社会发展指标

（1）开放水平：利用外资率，外资企业数，进出口金额，国际交流与办学。

（2）产城融合：功能区建设，"一核三星"城镇空间发展，区县主导和主体产业发展，产业集群和重大项目建设，人口密度，低碳县区、绿色城市命名数。

（3）乡村振兴：农民培训，土地流转机制，农村合作社建设。

（4）生态振兴：制度引领，产业衔接，技术创新，产业培养及资金支持。

（5）民生建设：医疗建设，职业教育，兜底民生，就业创业扶持，社会救助制度，社会福利服务，气候与自然灾害预防和应急。

贵州走出的一条逐渐清晰的生态文明路径，证明了生态文明建设是西部地区的理性取向。

——徐静

贵州生态文明建设取得了巨大成效，是"贵州缩影"的重要表现。

——韩卉

第 十 章

铜仁绿色发展实践

自 2016 年 12 月 4 日，中共铜仁市委第十一次全体会议通过《中共铜仁市委铜仁市人民政府关于奋力创建绿色发展先行示范区的意见》以来，在市委市政府的正确领导和人民群众的共同努力下，铜仁在经济、政治、文化、社会到生态，都发生了极大地提升，人民群众的获得感、幸福感在贵州靠前列。如现代高效农业示范园区工程、石漠化综合治理工程、森林绿化工程、碧江区产城融合工程等强力推进；小城镇建设的交通枢纽型、旅游景观型、绿色产业型、工矿园区型、商贸集散型、移民安置型等"六型"成效显著；地区生产总值远远超过 2016 年①。全市经济社会发展呈现出了总量扩大、质量向好、生态优美、位次前移的良好态势。

承前启后，继往开来。特别在"一区五地"目标指引下，铜仁不断推进大扶贫、大数据、大生态战略，拼搏创新、苦干实干，在执行政策上逐

---

① 开始提出建设高质量绿色发展先行示范区的 2016 年地区生产总值为 856.97 亿元。

步实施落实落细，在生态资源利用上逐步实行着前着后，在发掘地方特色上逐步实现做优做强，经济社会发展增速与脱贫攻坚完成质量深受社会赞誉和人民群众的好评，为今后铜仁高质量绿色发现积累了经验与方向，为进一步完成"铜仁方案"、打造"铜仁样板"提供了前提与基础。

第一节　建设历程

2016 年底以来，铜仁高质量绿色发展先行示范区建设呈现出了从方案到规范，从治理到保护，从环境到生态，从生活到产业的发展历程，表现出了环境与发展的统一，生态与扶贫的统一，城市与乡村的统一。

一、环境治理

相对于其他地方，铜仁工业污染少，环境问题主要来自生活方式。基于此，铜仁环境保护从生活开始，在垃圾治理与垃圾处理中实现标本兼治。

2016 年 11 月 16 日，铜仁历史性改变垃圾处置方式，由传统卫生填埋转向垃圾焚烧，通过招商引资建立铜仁市海创生活垃圾焚烧发电及综合利用项目，对碧江区、万山区、铜仁高新区、江口县的生活垃圾进行焚烧发电和综合处理。从而逐步实现全市生活垃圾的"无害化、减量化、资源化"处理，变垃圾为资源。

从城市到农村，2016 年 12 月 7 日，铜仁根据《贵州省农村生活垃圾治理实施方案》和《铜仁市农村生活垃圾及污水治理指导意见》，制定了《铜仁市农村生活垃圾治理实施方案》，开展农村生活垃圾治理，以改变农村"脏乱差"的面貌。各县区按照"大集中、小分散、就地就近、因地制宜"和中心乡镇建设垃圾处理设施服务周边乡村的基本模式，逐步推进农村垃圾收运工作市场化。并在有一定规模畜禽养殖的所有乡镇分别建设一个区域性病死畜禽收集暂存网点。在农村全面推行源头减量和垃圾分类收集，提高垃圾的资源化利用率。逐步实现农村"生产发展、生活富裕、生态良好"的美丽乡村。

从单体到体系，2019年2月1日，铜仁市城镇生活垃圾无害化处理设施建设三年行动正式实施。计划用三年时间，全市城镇生活垃圾无害化处理设施实现全覆盖，生活垃圾无害化处理率中心城区达95%、县城达80%、建制镇达70%，建立健全城镇生活垃圾无害化处理监管体系。计划到2020年底，碧江区、万山区、玉屏县、江口县、松桃县、德江县、大龙开发区、铜仁高新区实现城镇原生垃圾"零填埋"，生活垃圾焚烧处理能力占无害化处理总能力的90%以上；县城以上城市生活垃圾得到有效分类，生活垃圾回收利用率达到35%以上，主城区基本建立餐厨垃圾回收和再生利用体系。

另外，《铜仁市农村饮用水管理条例》《铜仁市中心城区燃放烟花爆竹管理条例》也分别于2020年1月1日、2020年1月10日起实施。实现环境治理的水、土、气全覆盖，垃圾治理与垃圾处理全贯通。

二、生态补偿

作为武陵片区的腹地和贵州生态文明建设的黔东门户，铜仁的空气、水源、土壤、草地、生物、森林等保持原生态，是贵州生态资源最为富集的地区，森林覆盖率2018年达65.19%，在贵州排名第二。梵净山动植物资源有3000多种，是联合国"人与生物圈"保护区网成员单位。在西部大开发和长江经济带建设中具有举足轻重的作用，是乌江流进长江的天然生态屏障。

在生态补偿工作中，铜仁坚持在整体中推进、在区域中统筹的方式方法，充分利用和争取国家、省以及周边地区的生态文明建设的大好机遇，依托国家生态文明建设整体观，在环境保护中有效推进生态补偿，实现环境治理点面结合。

2016年11月25日，根据《国务院办公厅关于支持贫困县开展统筹整合使用财政涉农资金试点的意见》等文件精神，《铜仁市林业生态补偿资金使用管理办法》出台。

2018年3月8日，为切实坚持生态优先，推动绿色发展，大力实施大生态、大扶贫战略，奋力打造"一区五地"，实现百姓富和生态美，根据《贵州省生态扶贫实施方案（2017—2020）》，铜仁市颁发了《林业生态补偿脱贫实施方案（2018—2020）》。这样就进一步加大了生态建设保护和修复力度，有效促进贫困人口在生态建设保护修复中增收致富和稳定脱贫，在摆脱贫困中不断增强保护生态、爱护环境的自觉性和主动性。人心齐，荒山变绿，古村变宝地。

三、生态扶贫

铜仁"十三五"初期，全市有 10 个贫困区县，125 个贫困乡镇，其中有 2 个极贫乡镇，1565 个贫困村，建档立卡贫困人口 19.1 万户 58.32 万人。

在艰巨的决战脱贫攻坚工作中，铜仁切实提升地方人力和自然力的合力，探索出了"区域协作合力、住房安置合意、完善服务合心、产业扶贫合利、文化认同合群"的"五合"模式，将西部沿河、德江、印江、思南、石阡 5 个县和东部松桃自治县的 12.5 万名贫困群众，搬迁到碧江区、万山区和大龙开发区、铜仁高新区。跨区域搬迁安置规模占全市易地扶贫搬迁安置规模的 42.6%，占全省跨区域搬迁规模的 54.3%。通过搬和帮，一方面实现了精准脱贫，使原本贫困地区的人口实现了户均 1 人以上的就业目标。另一方面实现了生态修复，使土地贫瘠、人地矛盾突出、水资源匮乏和生态环境脆弱的地区成了新的绿地。

在配套政策和实施上，2017 年 9 月 24 日，铜仁市农村饮水安全助推脱贫攻坚三年行动开启，全面推行"建管养用"一体化模式，让建档立卡贫困人口人人喝上安全水。到 2019 年，全市新增解决 35.77 万农村建档立卡贫困人口饮水安全问题。在贫困县退出时，实现了农村饮水安全全覆盖，农村集中式供水率达到 85%以上，自来水普及率达到 80%以上。真正让老百姓在党的政策、政府生态治理中感受到公共资源的方便和温暖。

2017 年 10 月 31 日，《铜仁市大数据助推农业产业脱贫攻坚三年行动实施方案》提出，依托省大数据农业产业脱贫攻坚大数据平台，完善铜仁产业精准扶贫云平台。全市开始利用大数据，服务大扶贫，聚焦茶叶、中药材、生态养殖业、食用菌、蔬果、油茶等特色优势产业，发展绿色经济。围绕农产品生产加工、冷链物流、市场销售全产业链，加快建设重点农业园区物联网和电子商务平台，培育新型农业经营主体，运用大数据手段推动产业转型升级，助推绿色农产品"梵净山珍·风行天下"。

四、生态社会建设

环境问题，不仅是生产问题，也是社会问题。铜仁在绿色发展中，从社会治理的视角，一手抓城市绿化，一手抓农村美化。在生态生活与生态社会中引导建设城乡一体、工农互助。

2018年4月26日，铜仁开始实施"绿城"两年行动计划。以"一带双核"旅游精品线路建设为契机，以"显山露水、因地制宜、科学布局、统筹推进"为原则，在尊重顺应自然的前提下，打造一个个"山中有城、城中有水、山环水绕、山水相依"的山水园林城市。

2018年9月14日，为促进农村平衡发展、充分发展，助推全市脱贫攻坚、同步全面小康，规范和有效指导富美乡村建设，推进乡村振兴战略，铜仁颁布高标准打造富美乡村实施方案。决定将石阡县汤山街道溪口村、思南县大河坝镇黑鹅溪村、印江县木黄镇凤仪村等22个村作为第一批富美乡村试点进行高标准打造。

2018年11月12日，"厕所革命"三年行动实施，全面推进城乡厕所"四个一批"工程，着力对农村、城镇、旅游、交通干线、医疗机构、学校、国有企业、机关事业单位、商贸流通等重点区域厕所进行建设、改造、提质，切实满足人民日益增长的美好生活需要。到2020年，全市建设改造农村户用卫生厕所近25万户，建成近3000个村级公共卫生厕所，实现农村户用卫生厕所和行政村公共厕所全覆盖。不仅美化了厕所，更美化了环境、方便了生活。

2018年12月28日，铜仁市创建国家森林城市2018—2020年实施方案出台。开始紧紧围绕"创建新时代绿色发展先行示范区，全力打造绿色发展高地"的目标，按照"生态产业化、产业生态化、林旅一体化"的思路，进一步改善城市生态环境，进一步提升城市综合竞争力，进一步提高城乡居民的幸福指数，进一步打造和谐、文明、秀美、绿色的新铜仁。平均每年新造林面积15万亩以上；城市建成区绿化覆盖率达到40%以上，人均公园绿地面积达11平方米以上。确保到2020年全市森林覆盖率达到65%以上。在2018年启动创建申报国家森林城市工作后，2020年各项指标均达到国家森林城市标准。

五、生态产业发展

近几年，铜仁立足自身特色，以文化旅游产业为重要支撑，抓住"生态产业化"市场机遇，不断挖掘"一山两江四文化"内涵；推动文旅融合创新发展，提质升级环梵净山"金三角"文化旅游创新区；配套建设旅游服务功能，将生态农业、环保加工、绿色消费等有机结合，促进一二三产业深度融合，完美实现了"一业振兴"和"一业带动"。

以碧江区为代表和重点的产城融合示范区建设，是铜仁绿色发展的重要特色。其循环经济工业园区培育发展了以民族制药、装备制造、新能源、新材料为主的产业集群，在新常态下支撑城镇发展作用日益突出。示范区的以产兴城、以城带产、产城融合日新月异。

从全市看，2017年3月28日，铜仁启动利用品牌引领推动供需结构升级工作。工作涵盖实施大数据、大扶贫两大行动，以质量促转型，以品牌带升级，大力培育一批拥有核心竞争力的自主品牌，推动形成品种丰、品质优、品牌强的铜仁特色产品生产供给体系。到2020年，在中国质量奖、中国驰名商标、国家级地理标志保护示范区等诸多领域都取得了突破和巨大成就。

2019年1月11日，又正式开始创建"梵净山珍·健康养生"绿色农产品品牌三年行动。力争经过三年的大力培育，围绕生态茶叶、畜牧、蔬果、食用菌、中药材、油茶六大优势产业及特色产品，打造一批具有铜仁地域特色优势，在省内外市场具有较强影响力和竞争力的"梵净山珍·健康养生"绿色农产品品牌，培育一批品牌经营龙头企业。

2019年12月4日，为践行"绿水青山就是金山银山"的发展理念，按照"绿色、有机、高端、高效"的林下经济发展定位，铜仁开始农村产业革命林下经济发展三年行动。计划以森林资源培育、保护为基础，充分发挥全市气候资源、森林资源、土地资源和林荫空间优势，聚焦产业发展"八要素"，建成一批特色鲜明、带动力强、成效显著的林下种植基地、养殖基地和森林旅游基地，培育一批规模大、综合效益好、带动能力强的林下经济龙头企业和专业合作组织。计划到2021年，全市发展林下中药材2

万亩，林下食用菌 10 万亩，林下养鸡 500 万只，林下养蜂 10 万箱。开发各类森林景观的森林生态旅游与康养服务载体 70 个以上，实现林下经济综合产值 20 亿元以上。

第二节　发展现状

2016 年以来，铜仁严守发展和生态两条底线，深入践行"两山"理念，紧扣贵州省委、省政府对铜仁提出的"念好山字经、做好水文章、打好生态牌，奋力创建绿色发展先行示范区"的要求，探索了一条生态与发展同台、增收与增绿同频、绿起来与富起来同步的绿色发展新路，实现了地方治理、地方生态、地方生活、地方生产"四个提升"，为生态资源丰富、工业相对不发达地区实现绿色发展提供了"铜仁方案"。

同时，对照党中央和省委省政府要求，对照《中共铜仁市委铜仁市人民政府关于奋力创建绿色发展先行示范区的意见》，铜仁在高质量绿色发展先行示范区建设中还有新问题需要解决，新任务需要完成，新目标需要实现。

一、主要成就

市委、市政府带领全市人民通过几年的努力，目前绿色生态正成为铜仁人民取之不尽、用之不竭的"幸福不动产"和"绿色提款机"，优良生态环境已经培育成为铜仁竞争力的最强"硬核"。2021 年，全市预计实现地区生产总值 1480 亿元，其中数字经济、绿色经济比重分别达 33.5%、45%。平台经济规模突破 200 亿元。人均公园绿地面积增加 6.5 平方米。

（一）地方治理机制化提升

绿色发展是铜仁的使命，推进生态治理机制化是铜仁先行示范区建设和地方治理现代化的重要内容。三年来，铜仁深感传统的生态治理模式无法有效应对铜仁现代化日益复杂多样化的生态环境问题，必须通过自我革命，打造"效能政府"和"法治政府"，实现生态治理主体多元化、管理法治化和载体数字化。形成了上下一心，全民参与的良好局面。"以水养水"模式、精准扶贫"减量提标"、信融九州大数据财源建设服务平台等形成推广好经验。

绿色机制方面，在全省率先开了生态文明建设规划会议，印发实施了《铜仁市生态文明建设规划》《铜仁市生态文明建设实施方案》，对全市中长期生态文明建设进行了总体部署和落实。先后制定出台《中共铜仁市委铜仁市人民政府关于奋力创建绿色发展先行示范区的意见》《铜仁市生活垃圾分类制度实施方案》等方案，主动加强全市生态文明建设工作督促检查和调度，形成了横到边、纵到底、全覆盖的工作机制。

绿色法治方面，先后出台了《铜仁市锦江流域保护条例》《铜仁市梵净山保护条例》《沿河土家族自治县乌江沿岸生态环境保护条例》《铜仁市农村饮用水管理条例》《铜仁市非物质文化遗产保护条例》等地方性法律法规。另外还实施了重要生态保护区域红线管理、重点生态功能县产业准入负面清单、梵净山林业生态有奖报告等制度，筑牢生态文明建设法律底线。

绿色管理方面，在全省率先制定出台《铜仁市 2016 年林业生态补偿脱贫实施方案》，深入推进全域绿化"六绿"攻坚行动，严格落实"河长制"。"民心党建+河长制"做法获贵州省委常委、省委组织部部长李邑飞同志肯定的批示。

全市积极运用现代信息技术手段，切实提升政府治理水平。特别基于贵州省"全国首个大数据综合试验区"的区位优势，依托科技支撑，推进大数据战略行动，实现绿色发展智慧化、数字化。

（二）地方生态科学化提升

无论是生态保护，还是生态治理，通过近三年的实践，逐步走上科学化水平。生态保护摆脱了生态与发展的对立困境，实现了地方生态资源在发展中得到保护，在保护中得到发展。生态治理上，突破了单纯技术的限制，在生态扶贫、产城融合、数字经济上迈上了新台阶。

通过不懈努力，梵净山成功列入世界自然遗产名录；碧江区入围全国绿色发展百强县；建成国家级自然保护区 3 个、国家碳汇城市 1 个、国家森林旅游示范县 1 个、国家湿地公园 9 个、省级森林公园 8 个、省级森林城市 7 个。完成全域绿化"六绿"攻坚 112.32 万亩。"十三五"期间营造林绿化则高达 409.15 万亩。

在石漠化治理中，更是因地制宜、科学施策，采取"绿色发展+生态修复"的方法，不但使石漠化问题得到了有效改善，更有效促进了群众脱贫致富，创造出了石旮旯里的"绿色奇迹"，在科学的道路上探索出了一条绿色崛起"石漠绿洲"嬗变之路。

（三）地方生活绿色化提升

生态文明建设离不开生活生态。铜仁在先行示范区建设中，通过倡导低碳生态、适度消费的理念，创建绿色生活。各区县在产城融合发展中，都建有山体公园、湿地公园、农业公园，依山傍水、显山露水的"武陵之都·仁义之城"，凸显"梵天净土·桃源铜仁"的文化品质。

全市空气质量优良率保持在 97% 以上，饮用水源地水质 100% 达标。人民群众安全幸福指数达 99.04%。碧江区率先探索建立了农村垃圾"乡村协同、回收利用、共治共享、科学考评"四机制，推动农村生活垃圾治理"智能化、绿色化、全民化、长效化"，全区农村生活垃圾智能无害化处理率达到 96%，全面实现农村"智慧环卫"全覆盖。全市森林覆盖率从 2015 年的 57.92%，提高到 2019 年的 65.19%，2020 年高达 66.2%。位居全省第二。温泉之乡、箫声笛韵、梵天净土、养心天堂的生活景象基本形成。

（四）地方生产生态化提升

生态产业化，产业生态化。绿色产业方面，铜仁借助生态优势，提升农产品价值和生态资源价值。全面推行"八要素"，因地制宜推广"龙头企业+合作社+农户"的组织方式，推行农业特色优势产业发展和坝区经济发展，农村产业革命取得重大突破。全市 57 个省级现代高效农业示范园区，建成高标准种植业基地 161.21 万亩，实现产值 226.78 亿元、销售收入达 182.06 亿元。如玉屏县、石阡县、松桃县成为油茶种植大县，玉屏县大龙健康油脂有限公司发展为油茶加工规模企业。全面推动了生态与文化、旅游的深度融合。江口县云舍村、思南县郝家湾村纳入全省打造 20 个乡村旅游基地名单。思南九天温泉综合开发项目和石阡佛顶山温泉小镇项目纳入全省新建 10 个高端温泉项目名单。松桃大湾村、石阡楼上村和印江团龙村荣获"2018 年度传统村落示范村"称号。2018 年共接待游客约 1 万人次、实现旅游总收入近 800 亿元。传统产业转型升级和新兴产业培育进程加快，2019 年上半年全市锂电新材料完成产值近 35 亿元，同比增长 54%；电子制造及智能终端完成产值近 14 亿元，增长 7%；装备制造完成产值近 20 亿元，增长 97%；大数据主营业务收入超过 21 亿元，增长 29.1%；大健康产业初具规模，贵州梵净山大健康医药产业示范区建成中药材 3 万亩以上①。

循环经济方面，全市工业固废综合利用率达到 60% 以上。低碳乡村建设成效显著，充分利用农业自然风光、人文遗址等，推出民俗旅游、农家乐等，一村一品一特形成。无公害农产品、绿色食品和有机食品等不断发展，立体养殖如稻田养鱼初具规模。

无论是供给侧结构性改革，还是生态旅游发展，无论是精准脱贫，还是"三产"融合，无论是 GDP 总量，还是 GEP 总量，或增速，都显著提升。

二、主要问题

就目前来看，铜仁高质量绿色发展下一步主要侧重和需要解决"三个二"问题：两个脆弱——生态脆弱和农业脆弱；两个不足——创新不足和人才不足；两个有待延伸——绿色金融和绿色产业。

铜仁属于典型的山地经济，林木资源丰富，但可利用资源极为稀缺。珍贵林木成片分布较少，大多数散生在杂树林内或零星分布于农村村庄四周。而且山区铜仁，石漠化治理短期内没有完成时。

精品水果发展快。不过除了极少部分精品水果存在初级加工外，如猕猴桃汁、苹果醋等，其余绝大多数均以销售鲜果为主。

石阡苔茶、印江梵净山翠峰茶等品牌效益好。但是其他众多茶叶生产同质化严重，市场竞争力不足。在生产方面，产业"智能化"生产意识不

---

① 《践行"两山"理论建设美丽铜仁》，http://www.trs.gov.cn/xwzx/trsyw/201911/t20191113_25880763.html.

足，仍存在家庭式、作坊式生产，茶叶机械化生产连续性差、全程覆盖率低。产业链打造意识不强，茶叶附加值高的深加工和服务业规模有限、延展不足。生态产品科技含量增值有待提升，特别是科技投入和成果转化率低，市场眼光不长远。茶叶标准体系不完善，茶叶生产、检测、销售等多个环节存在标准缺位现象。

生物制药和林业食品加工方面龙头企业全市仅4家。同时，现有的油茶龙头企业利益联结方式单一，带动农户不足2万人。龙头企业（包括油茶龙头企业）带动产业发展，帮助百姓致富能力不够强。

第三节　经验与启示

承前启后，继往开来。在"一区五地"目标指引下，铜仁上下，聚焦绿色发展，坚守生态底线，用最高标准、最大力度、最实举措，以奋力创建为工作常态，以绿色发展为工作核心，以先行示范为工作要求，助推铜仁高质量绿色发展先行示范区建设。在绿色屏障、绿色生活、绿色生产、绿色产业和低碳经济方面，在土壤改造和石漠化治理方面，在生态产品价值升值方面，在梵净山地理标志方面，拼搏创新、苦干实干，取得了弥足珍贵的经验和启示，为今后铜仁高质量绿色发展积累了经验与方向，为进一步完成"铜仁方案"、打造"铜仁样板"提供了前提与基础。

一、执行政策要落实落细

坚决拥护党的领导，坚决贯彻党的方针政策，坚决以人民为中心，勤劳朴实、苦干实干，都是铜仁干部群众的优良品质。"将以铁一般的信仰、铁一般的信念、铁一般的纪律、铁一般的担当谋划好铜仁的发展，办好铜仁的事情，让省委放心、让人民满意"[1]代表着铜仁市委市政府和全体干部群众的执着、心声和风貌。

1. 打造生态体制机制从被动到主动

在经济社会发展的道路上，铜仁走过污染弯路。特别像万山汞矿当年

---

① 陈昌旭：《奋力创建绿色发展先行示范区》，载《当代贵州》2017年第10期。

无限制的开采，给当地经济社会的持续发展带来了阻碍。后来在"招商引资"的浪潮中，铜仁在没有做好内功的前提下，麻木跟风，强调"要跟上全国的发展步伐，实现经济的超常规、跨越式发展，就必须把招商引资作为一个长期的发展战略坚持下去，要无休止地招商，持久地招商，源源不断地把外部资金吸引到区内来"①。结果农药、化肥、水泥等等高污染、高能耗的货物和企业进驻铜仁，造成本是绿水青山的铜仁没有了昔日的宁静。

但后来，特别在科学发展观提出后，铜仁在实践中逐步总结出因地制宜的重要性，在生态体制机制建设的道路上，从此实现了由被动到主动的转变。谌贻琴提出，"我们在抓经济发展的同时，必须注意保护资源，保护环境，努力实现可持续发展。要坚决纠正以牺牲环境和资源来换取一时经济利益的做法"②。廖国勋等在此基础上进一步提出"着力加强村庄整治和生态环境建设"等六个着力点的具体措施，强调"构建玉碧松工业循环产业经济带、乌江特色产业经济带和铜仁城市经济圈、梵净山文化旅游经济圈的'两带两圈'产业布局"③。

党的十八大后，在习近平新时代中国特色社会主义思想指引下，"梵天净土·桃源铜仁"的文化品牌得到进一步提升和彰显。"一区五地"的建设目标顶天立地，既坚持了绿水青山就是金山银山的理念，又推动了民生福祉的生态经济发展，体现和保证了铜仁人、梵净山、乌江水的生命共同体规划。

2. 完善生态法治从无到有

与生态体制机制建设同频共振，铜仁的生态法治建设也经历了从无到有的发展过程。

到了 2018 年，法治建设取得了实实在在的效果。特别在区县级层面，如德江县开展的"民心党建+河库管护村规民约"，极大地调动了基层党组织和广大党员干部群众的积极性，推动了河长制的贯彻执行；《德江县全

---

① 杨玉学：《实施"招商引资带动"战略促进铜仁经济加快发展》，载《当代贵州》2003 年第 9 期。

② 谌贻琴：《发展是执政兴国的第一要务》，载《铜仁地委党校铜仁行政学院学报》2003 年第 3 期。

③ 廖国勋、夏庆丰：《苦干实干 开放创新——全面建设美好幸福新铜仁》，载《当代贵州》2012 年第 4 期。

域"六绿"三年攻坚行动实施意见》《德江县创建省级森林城市建设总体规划（2018—2022）》都得到及时编制。2018年度实现了立案侦查森林刑事案件16起，破案率达100%；立案查处林业行政案件85起，查结率达100%。

万山区2019年上半年通过《贯彻落实中央生态环境保护督察"回头看"及长江流域生态问题专项督察反馈意见初步整改方案》，持续在中心城区及周边开展砂石场、搅拌站排查，出动执法人员1200人次，出动执法车辆480辆，执法检查120余次。对砂石场、搅拌站、项目工地立案查处6起。

在市级层面有关规章和通知指引下，其他各县区也通过了如《沿河土家族自治县2018年大气污染防治攻坚实施方案》《沿河自治县农业农村污染治理攻坚战行动计划实施方案》《沿河自治县2019年土壤污染防治工作方案》《松桃苗族自治县生态修复实施方案》《松桃县水土保持目标责任考核办法》等，为高质量绿色先行示范区和"一区五地"建设提供法治保障和法治环境。

3. 做好环境治理从数量到质量

在"一区五地"建设思路的指引下，铜仁生态文明建设快速实现了从环境治理到绿色发展高地建设的跨越。2018年共接待旅游9094.43万人次；印江等立项为全国生态保护建设示范县和生态功能区，其"在石旮旯创造绿色家园"的石漠化治理得到专家一致认可。还有铜仁光荣的立项为国家循环经济产业示范城市，江口等被确立为大健康产业示范区，玉屏等作为国家新型城镇化综合试点地区立项，碧江区列为国家产城融合示范区等优异成绩。

另外，截至2019年5月，万山全区环境空气质量2019年有效监测天数151天，其中优良天数137天，轻度污染以上天数14天，优良率为90.7%。沿河2019年度上半年营造林项目建设任务87921.6亩，森林抚育15000亩；投资2000余万元建成年处理垃圾11000吨垃圾处理厂。

思南更是在产业和文化上下功夫，充分发挥博物馆、历史遗存、文化艺术作品等载体，大力发展文化产业。积极参加"美丽乡村""特色小镇""生态乡镇"创建活动，推进节水型工业、节水型农业、节水型企业、节水型学校、节水型社区、节水型园区等建设。

4. 产业扶贫帮助就业从外到内

铜仁属于山地农业区，由于生产力不高，加上农业的季节性特点，不少劳动力都是以外出务工为主。但近年来，铜仁发展切实以民生为导向，把绿色发展与产业扶贫结合起来，初步实现了劳动力价值回流的风尚。一方面，不少原在外务工的年轻人返乡，在家门口就业或创业，为铜仁高质量绿色发展增添了活力。另一方面，铜仁通过扶贫搬迁工程，也把部分人口从深山迁到城市，实现了高质量就业和生活。"十三五"期间，全面完成293579人的搬迁入住任务，组织搬迁群众技能培训20809人，"一户一人以上"就业落实率达100%。

在高新区，二产占比达98%，智能、装备制造，大数据，生物制药，新能源，新材料等发展较快，吸引周边不少贫困户就业。万山区则通过高标准打造坝区农业经济，调整坝区农业结构，成立区级农业销售公司等吸纳农民能就业，就好业。江口利用梵净山优势，做足山下文章，帮助群众在城区建立家庭式小旅馆，县城民宿一条街。

各县还充分利用自身的自然条件，引导农民发展铁皮石斛、猕猴桃、黄桃、食用菌等产业初具规模，不仅实现了农业产品的绿色价值转化，更实现了贫困山区的产品扶贫问题。

如油茶，目前种植面积达96.24万亩，居贵州省第一，建设油茶园区12个。2018年，投产茶园43万亩，产油茶鲜果7.54万吨。食用菌方面，种植规模达2.59亿棒（万亩），产量12.45吨。2018年新建食用菌基地2893亩，营造菌材林2.91亩。蔬菜方面，有公司27家，农民专业合作社137家，家庭农场38家，种植大户235家。中药材方面，有专业合作社409家，个体或大户151家。发展中药材产业规模在300~1000亩的有217家，1000~3000亩的有63家，3000~5000亩的有5家，5000亩以上的有10家。中药材品种也非常齐全，达1824种。截至目前，全市发展中药材种植品种达46种以上，其中面积最大的是花椒，达31.33万亩，其次是黄精、天麻、太子参、金银花等，面积都在万亩以上。1000亩以上的品种有37个。茶叶也一样，茶园面积达189万亩，其中，投产茶园127万亩。茶园面积在全省排第二，在贵州茶叶产业队伍中异军突起。大坝经济已经成为铜仁山地经济的重要组成部分和特色。

养殖方面，如生猪、肉牛、肉羊、肉禽等生态放养都实行了家庭牧场化规范生产、产业集群化企业经营。

二、利用资源要利在千秋

粗放式生产方式带来的是人与自然的对立，造成自然的破坏和资源的枯竭。铜仁在党中央和贵州省委的领导下，在改革开放的伟大实践中，逐步尝到了点绿成金的收获，主动不让自然透支，不抢子孙的饭碗。在生产、生态和生活上下功夫，利用资源，立足当下，着眼未来。

1. 文旅结合实现全域旅游

梵净山、佛顶山、乌江、锦江等都是铜仁天然的生态资源、景观资源，是发展旅游业不可复制的资本。铜仁正是抓住这一资源，"加快建设环梵净山'金三角'文化旅游创新区，把旅游业打造成全市开放型经济的'窗口产业'"[1]，2018年实现旅游收入743.97亿元。

同时，铜仁充分利用和开发民俗资源、红色资源，实现生态文化、民俗文化和红色文化的"三个结合"，发展休闲经济、养生经济和文化经济，实现文化旅游业"一业振兴"，为铜仁GEP和经济生态化、生态经济化做出了突出贡献。

2. 内外结合实现开放经济

2018年铜仁进出口贸易额虽然只有10822万美元，无法跟沿海城市相比，但是，纵比或者与周边同类城市相比，铜仁取得的成绩还是巨大的。这得益于新一届市委市政府的开放战略，梵净山不仅成功申遗，而且天上增添了一个"梵净山"星，使梵净山品牌的国际影响力显著提升，为树立铜仁的开放形象和国际形象打下了良好基础。

同时，内外结合，铜仁还利用对口帮扶的机会，和苏州、大连等沿海城市建立了友好关系，为梵净山绿色产品打开了更广阔的市场。

3. 城乡结合实现产业脱贫

大扶贫、大数据、大生态是铜仁高质量绿色发展的三大战略。特别在扶贫攻坚中，铜仁坚持城乡结合、产城融合，通过供给侧结构性改革和移民搬迁工程，实现贫困产业脱贫，真脱贫。

---

① 刘奇凡：《以改革统揽全局以改革开创新局》，载《当代贵州》2014年第1期。

如碧江区，通过走以产兴城、以城带产、产城融合发展的新型城镇化建设，不仅提升产业层次，完善了城市功能，同时也提高了周边农村农民就业问题和失地农民身份转换问题，优化了农村和城市的就业、创业、居住环境，提高了教育、医疗、社会保障等公共服务水平和共享水平。

玉屏黄桃是从农村荒山长出的仙果，通过"触网"销往各大城市。并在政府的帮助下，正式加入了中国果品流通协会。2019年，全县黄桃总产量达200万斤（1斤=0.5千克），其中线上销售共计55300单，销售额为522.5万元。线下销售达56.3万斤，销售额达450.5万元。带动贫困户1294家，共4204人，其中留守妇女参加务工1263人。目前，玉屏黄桃真正走上了产业化、规模化、标准化的道路，实现了当地农业增效、农民增收、农村增绿生态产业。

三、发掘特色要做优做强

在防范化解重大风险、精准脱贫、污染防治等攻坚战中，铜仁上下始终保持立足自我，充分利用自身区位、山地和生态优势，在知己知彼中取得了民族发展、产业脱贫、环境生态的胜利，逐步做优做强了旅游产业和健康产业等。

1. 利用区位特色强化民族优势

铜仁地属黔东门户，是苗族、土家族、侗族等少数民族聚居地，不仅生态资源丰富，而且民族文化、民俗文化和红色文化内容也丰富，影响广大。

铜仁在现代化进程和改革开放中，充分发掘和利用自身资源和民族特色，变地方文化为地方资本，变地方资源为地方产业，大力发展民族中药、民族工艺品和民族旅游，实现了少数民族同步小康。如玉屏竹笛、苗族刺绣等强势发展。

2. 利用山地特色强化产业优势

山地经济是铜仁特有的经济形态。各区县在不断地探索中，逐步找到了自己的主导产业和主体产业，成功实践和壮大了石漠公园、山地旅游、梵净科技、民族苗绣、产城融合、山地种植等特色产业和优势产业，实现了山地经济的大发展。有力推进了乡村振兴、城乡融合和农业农村现代化进程。

目前的如高端制造、生物制药、电解锰，黄桃、茶叶、食用菌、油茶、生猪养殖等都得到了快速发展，成为武陵片区优势产业。

3. 利用生态特色强化环境优势

资源的充分、健康、有序利用，也是生态文明建设的考核指标。这几年，铜仁立足生态优势，通过历史机遇和项目带动，实现了重点突破。首先，抓住了西部大开发的历史机遇，加快了高铁、高速路等旅游硬件项目建设，实现了铜仁交通的重大突破，形成了交通的区位优势。其次，抓住了梵净山申遗的历史机遇，加快了梵净山自然保护和梵净山星命名步伐，实现了梵净山宣传的重大突破，形成了梵净山自然品牌。最后，抓住了新型城镇化建设机遇和移民搬迁的重大工程，实现了农村改造和乡村旅游的大发展。

7月2日，梵净山正式成为我国第53处世界遗产、第13处世界自然遗产，这是国际社会对梵净山自然遗产价值和保护管理工作的高度认可……是我们践行习近平生态文明思想的成功实践。

——陈昌旭

我们要以改革促进开放、以开放倒逼改革、以创新驱动发展，在铜仁奏响大刀阔斧改革、大气磅礴开放、大张旗鼓创新、大江南北聚才的时代最强音。

——李作勋

第 十 一 章

铜仁绿色发展的形势与任务

放眼世界，当今正处在百年未有之大变局中，资本主义国家在反思和摆脱粗鄙资本主义发展模式中揪住技术垄断和资本创新的幻想，进行着生态的资本逻辑。

同时，我国在习近平新时代中国特色社会主义思想的指引下，在危机中育新机，于变局中开新局，在短期项目、中期政策和长期环境上共同发力，再起西部大开发，完善社会主义生态文明建设体制机制，构建社会主义市场经济开放和人类命运共同体的环境格局，一心一意努力实现社会主义现代化的伟大复兴。

发展地方，对齐中央。在这百年未有之大变局中，铜仁的高质量绿色发展先行示范区建设，要不断对照和完善生态指标体系和发展指标体系，总结经验，查找差距，弥补不足。千方百计做好短期项目、填补中期政策、优化长期环境，把握"绿色资源""生态产业"和"再生资源"的发展趋势。

虽然绿色生态名片在铜仁越擦越亮，优良生态环境已经成为铜仁竞争力的最强"硬核"。但是，对照总书记的嘱托，对照人民对美好生活的向往，铜仁在高质量发展如动能方面仍然存在不小差距，干部适应新形势发展方面仍然需要努力，石漠化治理方面仍然压力山大，气候和自然灾害风险防范方面仍然比较棘手。产业链条有待延伸，高质量创新主体有待培育，科技人才有待增量增值。

习近平总书记指出，全党要以学习贯彻党的十九届六中全会精神为重点，深入推进党史学习教育，以人民为中心，进一步做到学史明理、学史增信、学史崇德、学史力行，教育引导全党同志学党史、悟思想、办实事、开新局，更好地用党的创新理论把全党武装起来，把党中央决策部署的各项任务落实下去。当前，铜仁正按照"一区五地"的奋斗目标，面向十四五、面向新时代西部大开发的战略机遇，围绕"四新"主攻"四化"，深入实施"五大工程"，主攻梵净科技，打造数百个百亿级生态产业集群，高质量谱写绿色发展先行示范区新篇章。那么如何构建并通过党史学习常态化、长效化进一步推动铜仁绿色发展向党的二十大献礼，如何在新时代西部大开发上创新路，是值得我们关注的问题。

第一节　绿色发展趋势

把握绿色发展先行示范区建设，就得把握绿色发展模式的基本规律和基本要素，从源头上厘清"绿色资源""生态产业"和"再生资源"的发展方向和工作重点。

一、绿色资源发展趋势

严守生态底线，坚守生态底色，永远是铜仁绿色发展的基础工作、前提工作。内容包括环境的保护和治理，绿色资源的开发和有效利用等。

未来，随着经济社会的发展和人们对高质量生活的需求，"生态"将是人类的稀缺资源。一方面，人们不仅需要足够的物质财富，更需要充足的阳光、新鲜的空气、洁净的温泉、安静的小道和健康的食品。另一方面，在全球气候变暖、自然灾害频发、全球经济发展不稳定和局部战争风险的大变局中，环境的保护和治理难度将更大。铜仁在先行示范区建设中，保住了绿水青山，就保住了未来发展的根本。

同时，绿色资源的开发和有效利用也仍然是绿色发展的重点方向。水资源流失严重、石漠化荒山治理难度大、农业发展规模化制约因素多是当前铜仁绿色资源利用率低的三大棘手问题。

在保护中发展，在发展中保护，是生态生产力的应有内容。铜仁绿色资源的保护与发展，同样离不开生产力的决定因素。水资源循环利用，发挥乌江、锦江的应有作用；变荒山为绿洲，变石头为矿产；生态农业规模化等既是环境保护工作，也是绿色发展工作。为环境而环境，治标不治本。生态文明需要在环境、产业和创新上下功夫，实现绿色资源的联动保护和发展。

二、生态产业发展趋势

我国经济已由高速增长阶段转向高质量发展阶段，这是党中央对新时代我国经济发展特征的重大判断。铜仁高质量发展说到底就是要顺应新时代发展趋势，结合自身生态优势，实现绿色经济发展从"有没有"转向"好不好"。

一是供给侧结构性改革将是绿色发展的主线。铜仁要始终把工作重点放在推动产业结构转型升级上，加快推进新旧动能转换，做强做优生态农业和生态工业实体经济。把生态产品的开发放在主导产业和优势产业上，推动生态消费和生态生产的有效衔接。千方百计推动经济发展质量变革、效率变革、动力变革，真正实现生态产业化和产业生态化。

二是完善生态产业链是绿色发展的重点。铜仁要发挥自身优势，抓住"生态梵净山"这个核心竞争力，延伸山地经济产业链，提升生态资源价值链，打造绿色发展供应链，不断提升旅游、精品水果、生态养生等质量效益和市场竞争力。稳定生态农业，夯实经济"基本盘"。同时，千方百计发展生态工业和提升服务业，促进经济结构升级。使一产、二产和三产共同发力，推动农业、制造业、服务业高质量发展。

三是加快智慧经济融合是绿色发展的新天地。随着第四次信息革命的到来，主动加强人工智能和产业发展融合，为高质量发展提供新动能，是大势所趋和历史选择。特别要在新时代西部大开发上抢新机，引导大批企业进军人工智能、元宇宙和区块链等新兴技术，大力发展数据经济，实现铜仁山地经济现代化。

在互联网和区块链的发展和推动下，以及人们就业观念的转变，零工经济正日益走近人们的日常生活，也受到许多自由职业者的青睐。和传统经济相比，零工经济有它的不完善之处，但这种从"企业-员工"转变到"平台-个人"的组织模式和工作方式，更有其优势。可以预测，未来的农产品销售业，旅游、养老服务等第三产业都是零工经济发展的重要领域，因为这种经济体现了以人为本的理念。

对政府来说，零工经济破解了劳动力不足或者剩余的问题，促进更多人自主择业、充分就业。这不仅解决了脱贫问题，还解决了共同富裕问题，实现社会的公平正义。对社会来说，普通群众都能平等获得更多的点对点服务，提高和方便了人们的生活。对企业来说，彻底颠覆了劳资关系，减轻了企业的负担，降低了企业的用人成本。对劳动者来说，"可以按照自己的时间表来创造额外收入"[1]。足不出户就可以实现"人人做老板"和"独立承包商"，做到按劳分配、按效益分配，即劳即得，做价值和收入的真正主人。不必走传统经济的"就业-跳槽-就业-退休"这种预设固定模式。随着互联网、数据经济、区块链的发展，零工经济更是给农产品销售业，旅游、养老服务等第三产业带来了春天。

三、再生资源发展趋势

发展循环经济、低碳经济是高质量绿色发展和先行示范区建设生态基

---

① ［美］戴安娜·马尔卡希：《零工经济推动社会变革的引擎》，陈桂芳译，北京：中信出版集团2017年版，第161页。

础上的"发展"问题。这种发展，不是简单的生活和生产问题，也不能靠嘴上的口号或者行动上的节约就能实现，它需要创新原动力，实现资源的高效益和技术的高溢出，即再生资源的实现率取决于科学技术的贡献率。

随着第四次工业革命引起智慧经济的到来，未来的垃圾不再是污染，未来的荒山不再是难植。谁把握了创新的制高点，谁就掌握了高质量绿色发展的核心技术。

铜仁先行示范区建设，在现有垃圾处理、水力发电等基础上，还要在再生能源上下功夫，一方面要引进已有变废为宝的科学技术，另一方面要营造发展新能源新业态的环境和决心。给足政策，给足平台，建立科技成果转化机制和绿色保障机制，调动企业和人的创新积极性，让有致力于生态发展和创新梦想的人能够心无旁骛、有信心又有激情地投入到创新事业中，推动铜仁高质量绿色发展。千方百计充分通过科技手段，催生生态优势，激发生态效益，形成循环经济和低碳经济。

如变荒山荒地为生态公园，通过现代化种植技术，对 25 度以上陡坡耕地以及 6 度以上石漠化耕地等实施造林，不仅可以扩大森林面积，改善石漠化状况，还提高了森林涵养水源、固土保肥、固碳制氧、调节小气候、净化环境等生态效益，有效减少生态区水土流失，创建新的生态公园。变悬崖峭壁的石头为造纸等原料，通过现代化工艺，对寸草不生的大石头等进行无尘化处理，发展石材新业态。

第二节　绿色发展基础与条件

铜仁地处黔东门户，生态资源丰富，有独特的地理地貌，有优美的自然风光和多样的动植物资源；有生态良好的梵净山、佛顶山、乌江和锦江；有清新的空气，具备绿色发展的生态优势。2016 年以来，铜仁守住底线，筑牢绿色屏障，厚植生态优势，绿色已然成为铜仁底色，创建绿色发展先行示范区已经获得生态与环境的提升。青山、碧水、蓝天和净土"四大工程"有序推进，梵净山成功列入世界自然遗产名录，空气质量优良率98%以上，森林覆盖率 2019 年达 65%，2020 年达 66.2%，主要河流断面水质优良率达 100%，饮用水达标 100%。

经过多年的积淀，铜仁不仅凝聚了绿色发展的思想共识，厚植了绿色发展的资源禀赋，还通过生态产业化、产业生态化，推动绿色产业、数字经济和梵净科技不断发展壮大。全市依托丰富的生态资源，以国家循环经济示范城市、国家园区循环化改造示范试点园区创建等为契机，大力发展循环高效型、低碳清洁型工业产业。全市获地理标志产品十多件，累计有机产品认证企业达百余家，认证面积近 8000 公顷。

生态脱贫取得巨大成功，目前除了沿河县，其他各县区成功提前摘帽。全市上下，生态生活已经深入人心，保护环境、尊重自然、绿色发展已经成为社会共识。全市真正走出了一条生态美、产业兴、百姓富的绿色发展道路。

一张蓝图绘到底。未来铜仁市只要继续坚守生态和发展的底线，把握工业文明到生态文明的三种类型和铜仁的选择方向，走绿色发展模式，解决生态和农业的脆弱问题、创新和人才的不足问题；绿色金融和绿色产业发展问题，绿色发展先行示范区建设必将成为铜仁后发赶超和"两山"实践的路径和样板。

第三节　出新绩的机遇与挑战

"十三五"已经过去，脱贫攻坚已经获得决定性胜利，全面小康社会的目标已经全面实现。在新时代西部大开发上，铜仁高质量绿色发展先行示范区建设也迎来新的历史机遇与气候挑战。

一、机遇

高质量绿色发展先行示范区建设，不能在内部打转，做井底之蛙。既要看国家的发展政策，也要看地方的发展条件；既要看铜仁本身发展的历史和未来，也要看外部给予的机遇与挑战。在百年未有之大变局中，铜仁高质量绿色发展至少迎来先富带动后富、高质量消费、第四次工业革命三大历史机遇。

1. 先富带动后富

改革开放以来，为了解决人民日益增长的物质文化需求同落后的社会生产之间的矛盾，中国经济总体上呈现了"两个支持"：支持有条件的地方通过勤劳致富先富起来，支持工业全面发展。表现在产业结构上经历了三次调整，第一次是在农业领域，通过1978—1984年农村改革和推行家庭联产承包责任制，农业比重显著上升。第二次是1985—2000年，在这一阶段，城乡劳动力大量转移到第三产业。2000年后，我国的主导产业确定为重化工业，工业制造、交通和通信设施建设、建筑业成为促进经济增长的重要动力。可见，在这"两个支持"和"三次调整"中，铜仁都没有抓住对自己有利的一面。

不过从全国来看，通过40年的努力，中国终于实现了从富起来到强起来的伟大飞跃。随着中国主要矛盾的变化和经济进入新常态，先富带动后富最终实现共同富裕被提上议事日程，西部大开发必将从理论到实践的更细实施，生态补偿将不再是一句空话。

铜仁地处西部，虽然没有抓住"两个支持"和"三次调整"，在经济进入新常态后，原来的"落后"时过变迁，已经变为新时代的"生态生产力"，大量的山地经济、优美的生态资源和不发达的工业水平是中国高质量绿色发展的新时代"支持对象"，是新时代供给侧结构性改革、先富带动后富和解决不平衡不充分矛盾的"生态力量"。在新一轮西部大开发、新基建、新产业等方面必将迎来新天地和新未来。

2. 高质量消费

改革开放以来，我国的居民消费同样经历了三次变化。在1985年之前，由于生产力落后，国家物资供应不足，消费市场基本上延续了粮票、盐票、肉票时代的有限消费，国家通过提倡节约和勤劳致富，实现经济发展。到了20世纪90年代，随着第三产业的突飞猛进和市场经济的快速发展，社会出现了超期消费、狂欢消费和大规模消费，炫富品、时尚品、进口品等搬上柜台。

经济进入新时代后，世界消费市场也发生了根本变化，由原来的卖方市场发展为买方市场，人们更加追求生活质量、健康水平和精神享受，个性化产品、高质量产品、绿色产品将成为21世纪市场的主宰。铜仁原来无人问津的青山绿水将越来越受到人们的青睐，并逐步转化为生态价值、健康价值和财富价值。

3. 第四次工业革命

人类进入 21 世纪，世界各国的竞争态势越来越趋向于创新能力和产业化能力。可以预见，基因工程、人工智能、核聚变、石墨烯等将成为第四次工业革命的历史事件。高质量绿色发展是这一历史事件的现在和未来。

绿色发展是继信息化革命之后的一种具有包容性增长的生产方式，能够带动现有产业的升级转型，其核心是信息经济后的智慧经济和数字经济，形成"智慧+"模式，零工经济就是其现在中的表现。在竞争态势方面，突出创新能力和产业化能力，中国制造将转向中国智造。

铜仁在这一轮工业革命分工中，如果掌握了生态革命和绿色发展的机遇，大量发展生态产业，在产业化能力方面承接基因工程、人工智能等，则新时代生态产品开发和生态价值的实现必将打下铜仁的时代记忆和区域贡献。

二、挑战

根据马克思主义生产方式理论、习近平生态文明思想和零工经济，考核一个地方的生态文明建设，主要考察其绿色资源储量、生态文明制度建设、生态环境治理、乡镇生态文明建设、生态文明宣传教育、生态产业与绿色经济发展、财政金融基础、创新驱动八个方面的能力。对照这八个指标体系，铜仁高质量绿色发展先行示范区建设"三个二"问题具体表现为人力不足、财力不厚和物力不强。

（一）人力不足

人是历史的创造者，是劳动过程活的因素，人才更是第一资源。铜仁深处武陵贫困山区，经济社会发展长期受人力资源不足的困扰。在高质量绿色发展先行示范区建设中，铜仁同样需要在人力上下功夫。

1. 绿色优势意识不强

铜仁因为地理位置和地理环境的原因和影响，对绿色优势不敏感，对自身资源珍视度不高，发展意识比较弱，竞争意识不强。生态经济人的概念还没有形成，生态"成本"思想比较严重。老百姓习惯自给自足的农业生产或外出简单的出卖劳动力。

如在德江，主体农产品花椒、水果等，生产规模都不大，更没有深加工，无法形成自己的绿色产品市场和农产品品牌。还有天麻等高端中药材，不知道是因为行政审批成本高，还是手续太烦琐，高端产品研发和生产，怎么去申报、怎样去论证还要到重庆找人代办。

沿河的茶叶、石斛等，虽然是主导产业，但是既没有规模生产，也没有零工经济拓宽销路，其中茶叶还得和杭州西湖捆绑盈利。其土鸡蛋、空心李更是没有形成统一市场和统一标准，给消费者带来极大的不信任和不稳定。

另外，因为农业自身的风险性和生态经济周期长的特点，农业投入意愿不足，造成农业规模越来越小、农业成本越来越高、农业增加值越来越弱的恶性循环。如有的县，核桃种植号称 2 万亩，但由于生长周期较长，种植后没有专人管理，更没有人去探索其附加值的实现和相关产业的打造与延伸。

思想是行动的向导，理念是发展的动力。在高质量绿色发展先行示范区建设中，铜仁要从根本上克服绿色发展优势意识不强的问题，发掘自身优势，大力推进供给侧结构性改革。

2. 内部创新能力不强

创新是一个民族进步的灵魂，也是一个地方文明的标准。铜仁的农产品为什么上不了更高档次，第二产业为什么不够发达，绿色产品的价值实现为什么显得困难，就在于缺少创新的机制、创新的意识和创新的动力。

创新机制方面，目前没有完整的激励办法、孵化基地和产学研一体化服务机制，科学院、高校的服务地方创新能力有待提升。而且因为创新机制不完善，人才匮乏，企业的创新意识和创新动力更显得乏力。个别招商引资来的企业，资源依赖度高，没有多少创新意识和创新潜质。

如德江的流通企业多达 13 家，建有黄金水道物流园，但数据技术发展滞后，特别在商业应用方面，仅仅停留在非现金支付方面，智能化不足，信息无法对称。还有因为长期的技术停滞，石阡的温泉水、佛顶山的负氧离子水，目前还是靠洗浴这种资源消耗型方式利用和运行。要知道，这种水是全国唯有、世界少有，完全可以通过追加技术元素，打造升级成天然护肤品、防晒霜等经济产品。还有各县区盛产的油茶、蜂蜜等，目前产品都非常低端和单一，没有通过创新使农业和工业结合起来，没有形成产业链。

松桃的电解锰产业更是因为创新不足、技术上不去，将来都有可能面临被淘汰的危险。其新建的医院大楼，宏伟大气，但是没有好的医生和专家带头人，2019 年还处于闲置、半闲置状态。位于碧江区的铜仁·苏州工业园区是铜仁招商引资和苏州市对口帮扶的重大项目，大健康、大生态产业得到快速发展，但到目前为止，还没有一家研发实验室成立或立项。

3. 外来人才吸引不强

丽水通过践行"两山"理念，打造"两山"文化，不仅吸引了学界专家的支持，商界金融的迁入，更获得了习近平总书记的两次点赞。仅在 2018 年，丽水就新增 5 家市级院士工作站，6 家省级博士后工作站，引进各类高层次人才和急需紧缺人才 2538 人。

丽水的案例说明，吸引人才不能单靠招商引资，筑巢引凤不能仅靠低端企业。铜仁早在 2000 年，就提出"'以优惠的政策吸引人、以优质的工作服务人，以优良的环境留住人'，形成一个人人'亲商、引商、安商'的良好氛围，一个吸引外资的'强磁场'"①。但因为当时经济的基础还比较弱，麻木的招商引资效果并不理想。

打铁还需自身硬，没有好的机制，难以吸引人、激励人。近几年来，铜仁在重视人才方面前所未有，不仅设立了"铜仁杰出人才奖"、人才公寓，还对高级技师和博士等人才搭建平台、发放高层次人才津贴，一大批如农业、数据、经济、康养等人才聚集。但在个别区县，因为单纯生产性企业以及没有产业链的连接，缺乏价值认同的磁力场，引进的人才不但数量少，而且去向大多是医院和学校。

（二）财力不厚

高质量绿色发展先行示范区建设，特别是水土治理、自然修复、森林养护、农村改造，还有绿色产品价值转化、新能源新业态研发等都是需要大量资金作前提和后盾的，没有雄厚的经济基础寸步难行。铜仁这方面还是有短板的，表现在三个"不大"。

---

① 肖永安：《迎接西部大开发，谋求铜仁大发展》，载《当代贵州》2000 年第 4 期。

1. 金融实力不大

以 2018 年为例，铜仁 2018 年财政总收入 130.09 亿元，丽水 211.18 亿元。在民间投资、外来企业投资方面，丽水更是走在前面。2018 年，丽水完成的 202 个重点建设项目投资达 232.51 亿元；绿道投资 21.69 亿元；引进项目 445 个，其中落地大项目 130 个，合同利用内资 438.50 亿元；17 个大花园建设重大项目完成投资 49.08 亿元①。下辖的区县还创造性的开设红绿融合或生态金融，其中云和县专门设立两山银行，开展两山信誉贷业务，属于全国首家。

目前在铜仁，绿色金融推进速度缓慢，乌江、梵净山等自然资源利用率低。远低于江西的平均水平，更无法和福建的自然利用率相提并论。

2. 工业基础不大

在马克思主义看来，生态文明是对工业文明的超越，即建立在工业文明的基础之上。而铜仁 2018 年工业增加值才 204.81 亿元，比农业少得多，甚至比旅游收入还低②。更主要的，铜仁的工业与地方的主体和主导产业衔接度不高，与农业和农产品深加工脱节，造成产业链的低端化和无序化。

如石阡县有大量的养蜂专业户，却只能卖低端的蜂蜜，没有一家生产蜂蜜美容品企业。还有铜仁的黄桃、空心李、猕猴桃、板栗、花椒、山菇、白山羊、黑猪、跑山鸡等特色无公害农产品，虽然各县的量不大，但加起来，还是有规模的，结果有的县竟然没有有机肥生产企业，全市更没有一家如冷库等上下游企业，所有无公害农产品都没有形成产业链，都没有配套企业。

集中在大兴高新区和大龙经济开发区的工业产值虽然占到 98%，但企业彼此间，与农业，甚至和第三产业，都没有完全形成产业衔接。这不但不利于其他产业发展，也影响企业自身的竞争力，增加了企业的运行成本。

3. 产品价值不大

也正是因为没有形成产业链，企业没有竞争氛围，造成产品的市场价

---

① 本段调研数据来自丽水市发展和改革委员会。
② 2018 年铜仁旅游收入为 743.97 亿元，丽水旅游收入为 41.46 亿元。

格没有优势。特别在绿色无公害产品方面，精品水果、高端茶叶、养生中草药市场份额不大，附加值少。全市梵净山品牌绿色产品没有形成垄断效应，各县各打算盘，形成黄桃、茶叶、食用菌等没有标准、没有品牌、没有长期稳定市场的局面。

甚至有些农产品因为量小，各县没有冷冻库，完全按照季节出售，其价格有时低得让农民苦不堪言，使梵净山品牌绿色产品没有发挥应有的市场效益。

高新区、经开区聚集的工业产品大多是东部沿海城市的产业转移与零件补充，除了解决部分就业问题外，个别企业没有多少供给侧结构性改革意识。造成企业研发投入低，产品科技含量少，没有市场竞争力的风险。

发展强劲的中药材、大数据、生物制药等方面的企业在全国的市场份额也还有待提升。

（三）物力不强

由于历史的原因，铜仁在高质量绿色发展先行示范区建设上，不仅存在"量"的问题，还存在"质"的问题。如上文提到的人才不足、资金不足、产品规模不足等。"量"不足，"质"也就很难上去，直接造成"四个不"。

1. 体制不健全

随着经济从过去的高速增长转换到新时代的高质量发展，过去的GDP考核机制、医疗卫生保障机制等已经无法满足和适应社会主义矛盾的变化，高质量发展与体制机制不健全、不协调的问题凸显出来。特别适应高质量绿色发展的生态文明建设协调机制、供给侧结构性改革创新机制、民营经济发展激励机制、生态补偿机制等没有及时制定和完善。

俗话说，三流企业做产业，二流企业做品牌，一流企业做标准。同样，落后地方做务工，一般地方做承接，发达地方做文化。过去这些年，铜仁属于劳工输出地和产业承接地，没有制定完善的地方产业发展标准、地方生态建设标准、梵净山绿色产品标准等，造成工业和农业不相关，农民和产业相脱节。

也正是体制不健全，政府作用没有很好的发挥好，企业的社会责任没有落实好，工业反哺农业没有带动好。

所以，等精锐出战，脱贫攻坚任务完成后，下一步在高质量绿色发展先行示范区建设中，铜仁一定要在生产、生态和生活方式的标准上下功夫，理顺关系，做好文化。实现"一区五地"建设，有章可循，绿色发展，主体明晰。

2. 品牌不响亮

丽水在"两山"实践中，推出了一个"丽水山耕"的品牌。暂且不论这个品牌"海纳百川"到底对各县区好不好、公平不公平，至少形成了品牌效应，特别是通过量的聚集形成了市场定价权。

而铜仁，无论是黄桃还是茶叶，无论是旅游还是旅游工艺品，品牌价值有待提升。特别是季节性绿色产品，恶意竞争、低价抛售的现象严重破坏了梵净山绿色产品的声誉和广大农民的切实利益。有一定影响力的品牌如梵净山旅游、石阡温泉等，品牌效应不高，带动上下游产业发展不足，束缚了铜仁生态品牌的内涵价值和外延价值。

3. 产业不衔接

产业不衔接，是铜仁高质量绿色发展先行示范区建设必须突破的问题。目前铜仁的农业和旅游业收入远远高于丽水，说明农业和旅游业在未来的发展中，上升的空间已经不大。相反，工业严重不足，资源利用率非常低。一方面说明铜仁的无公害绿色产品质量独一无二，深受消费者青睐，拥有广阔的市场。另一方面也说明，这样好的生态农业产品都是以低级产品的形式销往市场，没有赋于工业的科技含量和产品的二次升级。即工业没有发挥应有的作用，有力地证明了铜仁农业产业和工业产业的衔接度不高。

4. 交通不联通

应该说，铜仁的区位优势和交通建设成绩都是非常突出的。1972 年湘黔铁路通车，2007 年渝怀铁路经过铜仁，有 1972 年通航、2009 年更名的铜仁·凤凰机场，2018 年高速铁路又直接开通市区到玉屏。高速路也早实现了县县通。

但可能是由于地理环境的因素，机场、高铁、水运等都是隔山眺望，要想建个货物集散中心都比较难，没有形成水运的城市效应、机场的人气效应和铁路的产业效应，更没有形成合力。乌江、梵净山单兵作战。

第四节 绿色的主要任务

每一代人有每一代人的大考，每一代人有每一代人的事业。我们已经打赢了脱贫攻坚战，已经全面建成了小康社会。在实现第二个百年奋斗目标的新征程中，我们更要勠力同心、勇毅前行，讲好生态文明建设的铜仁故事，做好绿色共同富裕的铜仁样板。特别要实现从单纯地追求环境颜值到生态价值全面提升的转变，从简单的种养业到梵净创新集群的转变，从初级的生态脱贫到生态共富的转变。

根据习近平生态文明思想和省委对铜仁的要求，结合《中共铜仁市委铜仁市人民政府关于奋力创建绿色发展先行示范区的意见》和高质量绿色发展规律，铜仁先行示范区建设，今后主要任务是抓住"新时代西部大开发""先富带动后富""高质量消费需求"和"第四次工业革命"四大历史机遇，通过技术创新解决"水资源流失严重""石漠化荒山治理难度大""地质灾害综合防治"和"农业发展规模化制约因素多"等绿色资源利用率低的四大棘手问题，通过供给侧结构性改革重点做好"绿色资源保护""生态产业发展""山地农旅发展"和"再生资源创新"四大发展工作，从根本上破除生态和农业的脆弱、创新和人才的不足和实现绿色金融和绿色产业的提升。

千方百计做大铜仁生态品牌和完成标志性生态成果。争取五年内建成梵净山国家公园；锰渣等无害化资源利用和应用全面完成攻关；高水平搭建国家级平台经济产业集群；以梵净山为核心，进军元宇宙和区块链，打造铜仁旅游新业态。努力在"生态"与"发展"的辩证统一中探索出山地经济的铜仁典范、铜仁方案和铜仁样板。推动铜仁绿色发展和生态文明建设的体制机制创新，系统解决与贫困交织的生态问题，助推铜仁弯道取直、后发赶超。实现梵净山生态"高颜值"与铜仁经济发展"高质量"的和谐共生。在生态产品价值实现机制上走到全国前列，闯出一条产业生态化、生态产业化和百姓富、生态美的绿色发展 21 世纪康庄大道。

坚守发展和生态两条底线，深入实施"生态立市"工程，推动生态优势转化为经济优势。

——皮贵怀

第 十 二 章

铜仁绿色发展的思路与重点

从工业文明向生态文明的发展过程来看，人类经济发展的基本类型主要有三种。一是传统模式，依赖资源、生产产品、排放污染这种单线资源吸取型；二是资本主义的模式，走先污染后治理的路子，通过污染转嫁的方式实现"区域生态"；三是绿色发展模式，走的是"绿色资源—生态产品—再生资源"这种循环型经济发展。

铜仁高质量绿色发展先行示范区建设，不是继续走传统模式，也不是转向走资本主义的发展模式，而是从"传统模式"向"绿色发展模式"转型，实现高质量绿色发展的擘画。

与事物发展的普遍规律一样，绿色发展也是螺旋式上升的过程，需要绿色资源"量"的积累并需转向绿色生态"质"的提升。

通过三年的建设，当前铜仁绿色经济发展和先行示范区建设进入新阶段，所要经历的正是这种由量变到质变的突破发展时期。从发展层次来看，要致力于从单纯的环境治理向生态经济发展转变，实现生态与经济的统一和提升。从产业升级来看，要致力于梵净山创新集群建设，实现绿色经济从要素驱动到创新驱动。从新时代使命来看，要自觉服务于共同富裕价值观，实现从初级的生态脱贫到生态共富的转变。为中国生态经济，特别是山地经济发展提供铜仁典范、铜仁样板和铜仁方案。

第一节　先行区建设思路

铜仁打造高质量绿色发展先行示范区，总体思路就是要落实五大发展理念，坚定"一个目标"：铜仁高质量绿色发展；做好"两个实践"：生态保护实践和绿色发展实践；服务"三个领域"：生产、生活、生态；提升"四个方面"：生态环境、生态生活、生态金融、生态产业，实现铜仁高质量绿色发展的先行示范区生态与发展的统一与共生。

一、坚定一个目标

铜仁高质量绿色发展是历史的机遇，也是经济社会发展的必然。因为任何一个国家先进发展理念的选择都源于这个国家的现实道路和历史基础，任何一个地方绿色发展思路的考量都源于国家的发展战略和地方的发展特色，离开国家、离开历史、离开特色、离开自身，都是空谈发展。

当前世界发展风云变幻，全球经济格局和利益关系深入调整，贸易保护主义有所抬头。同时，经济全球化是大势所趋，"一带一路"倡议得到许多国家的欢迎和参与。中国经济步入新常态和高质量发展阶段，人民对美好生活的需求同不平衡不充分发展的矛盾成为社会主要矛盾。

作为中国地方和黔东门户，铜仁必须时刻坚定高质量绿色发展的目标定位不动摇。坚持党的领导，坚持习近平生态文明思想，坚持"两条底线"，做好生态保护"治标"与"治本"的统一，做好经济发展"质"与"量"的平衡。顺应新形势、解决新问题，倒逼铜仁绿色发展深层次经济结构调整由重速度转向重质量，依托科技革命推动产业变革，依托资源优势推动绿色发展。

二、做好两个实践

绿色发展不能单纯地停留在环境治理层面。铜仁先行示范区建设既要做好生态保护的伟大斗争，也要做好绿色发展的生动实践。实现环境治理从治标到治本的转变，在此基础上，充分发挥生态优势，千方百计发展生态经济、绿色经济和循环经济。做好生态和发展"两个实践"。依托数字、元宇宙等新技术，打通生态与经济的融合。

在未来较长的一段时期内，在发展实践上，要把谋求梵净山生态产品价值实现作为推动绿色高质量发展的主轴；把供给侧结构性改革作为生态产业升级的主线。通过多管齐下、多策并举推动构建铜仁现代化绿色经济体系。最终实现铜仁山地经济发展方式转变、经济结构优化、增长动力转换。

三、服务三个领域

绿色发展涵盖社会、自然、经济三大系统，涉及生产、生活、生态方方面面，绿色发展的出发点和落脚点是在示范区建构起绿色的发展方式和绿色的生活方式。

铜仁作为黔东门户，山川秀美、人文荟萃，打造绿色发展先行示范区天时地利人和，特别是在生态产业、生态扶贫、生态旅游，绿色社会、绿色经济、绿色文化方面可以大有作为。具体来说，铜仁先行示范区建设就是要在贵州省取得"先行区""河长制""生态日""公园省"等巨大成就的基础上，在生产、生活、生态三个方面下功夫，探索铜仁实现绿色发展、高质量发展的路径，形成铜仁先行示范区的生态模式和绿色经验，推动实现铜仁在新时代实现四化同步的突破、绿色创新的突破和生态引领的突破。做到绿色生产、绿色生活，始终保持生态优势和绿色底色。

四、提升四个方面

绿色产业是相对于"黑色产业"而言的，主要包括三大类：一是替代"黑色产业"以满足社会生活新需要的低碳产业，如新能源、新材料等新业态；二是循环产业，即传统产业生态化；三是直接维护生态环境的绿色产业，如环保产业、水利产业、植被产业等。

高质量绿色先行示范区建设，就要结合铜仁生态优势，从减少碳排放、扩大可再生能源部署应用、提升能源效率三个方面入手。着力念好山字经、做好水文章、打好生态牌，探索铜仁高质量绿色发展先行示范区的生态产业路径、生态扶贫路径、生态旅游路径和绿色社会、绿色经济、绿色文化建设模式。在绿色经济、绿色财富、绿色空间和绿色治理上建标立制。

绿色经济是基础，决定着绿色发展的高度；绿色财富是前提，决定着绿色发展的深度；绿色空间是载体，决定着绿色发展的维度；绿色治理是保障，决定着绿色发展的速度。因此铜仁先行示范区建设过程中，在前面一二三的基础上，就要在全面提升生态环境、生态生活、生态金融和生态产业上做好文章。

第二节　先行区建设的难点

在生态保护的基础上，实现生态产业化，从根本上解决发展问题，破解生态和农业的脆弱、创新和人才的不足，实现生态优势到发展优势，实现高质量绿色发展，目前主要有三个难点。

一、山地多

铜仁属于贵州典型的"八山一水一分田"山区，土地以山地和坡耕地为主，零碎且分散。如在生态产业发展中，油茶、竹子新造任务存在"土地资源不足"的客观问题，全市各项农林产业用地规划方面也呈现捉襟见肘的艰难窘境。加之剩余的土地多为山高坡陡的贫瘠地块和零星分散地块，不适宜产业规模化、集约化发展。另外，全市已实施过林业工程项目的造林未成林地面积达 58.37 万亩，其中因灾受损面积为 12.47 万亩、其他未成林造林地有 45.9 万亩。但由于林业工程项目建设不能重复，当前政策下无法利用林业工程项目实施覆盖。

二、风险高

因为农业和农产品的特殊性，加上没有冷藏中心，精品水果培育和经营风险高、规模小。目前还是一家一户分散经营较多，组织化生产程度低，对市场信息不能及时了解掌握，盲目扩大规模、竞相压价、恶性竞争等现象屡见不鲜。另外，农户在分散经营过程中对生产技术的掌握不统一，果品质量参差不齐，难以产出标准化精品果品。产品加工利用方面还存在龙头企业少，产品单一，标准化生产能力弱，质量不高，品牌效应不突出，产品利润低、市场风险高等问题。

流通方面，像李、梨、桃等鲜果产品，其产品的保鲜、流通和销售等环节与市场结合程度不高，市场预测能力弱，产区农民难以适应市场需求的变化。林业信息化、电子商务建设和产业营销管理手段比较落后。产品市场化程度低，各种生产要素向产业聚集的少，缺乏市场化体系建设，整个产业抵抗市场风险、经济风险和政策风险的能力弱。

三、创新难

由于缺乏生态人才和技术创新，像茶油生产停留在"作坊式"加工阶段，由于加工工艺落后，生产的茶油品质差、出油率低，造成了资源浪费。现有大部分油茶企业为单纯制油企业，榨油后将拥有极高附加值的副产物茶粕直接对外销售或出口，使油茶的价值未能得到充分体现，企业生产效益普遍不高。具有较强产品研发能力、掌握精深加工技术的油茶企业寥寥无几，产业发展缺乏有效的带动，严重制约了油茶产业的发展。

在打造生态产业链、元宇宙等新兴产业上，特别是实现山地经济与数字经济融合上还有很长的一段路要走。

当然，方法总比困难多，而且在创造一定的条件后，困难也可能变成优势。变"废"为宝，就是环境治理的一部分。

第三节　先行区绿色发展的重点

习近平生态文明思想是发展理念、生态实践和科学制度的统一。当前我国生态文明建设，已经超越绿色政治的"政治正确"，绿色发展不再是一种设想、空想或者理想，而是一种生态实践和科学制度安排。习近平总书记号召：努力走向社会主义生态文明新时代①，则明确了生态文明建设的社会主义制度属性和"五位一体"的战略安排。根据铜仁高质量绿色发展先行示范区建设进程，生态保护和环境治理取得了阶段性成果，下一步重点工作主要是"五大发展理念"的宣传、绿色发展机制的构建和生态产业的打造等。

强化绿色发展理念。思想是行动的向导，贯彻习近平生态文明思想，建设社会主义生态文明，需要在思想上打造"生态人"，把绿色发展理念融入生活和生产，构建精神生产力和绿色消费观。一方面，生态文明与创新型社会是分不开的，打造生态文明就需要在创新上下功夫，充分发挥人的主观能动性和科学技术的推动作用，激发技术、自然、人才的协同效用，增强绿色发展的"技术含金量"。另一方面，统筹政府、企业和消费者的文明导向、绿色示范和生态诉求，加快绿色文化建设，构建以绿色生产方式和绿色消费方式为维度的绿色生活方式。

强化绿色发展，贯彻"五大发展理念"，难度最大的就是推动生活方式绿色化。消费与节约能源、启用新能源息息相关，需要政府、企业和消费者共同努力。重点要围绕绿色生活，推广低碳出行，发展绿色交通，倡导绿色消费，严格控制塑料袋、纸杯等污染品和一次性用品。坚决制止燃放烟花爆竹、乱倒垃圾等污染环境的行为。还要监督企事业单位通过绿色生产推动绿色消费，实行能源消耗审计制度，开展绿色创建活动，推行数字经济和智慧生活。最后还要对消费的结果进行转化再利用，发展循环经济，实现资源—消费—资源的循环消费模式。建筑是人生活的重要组成部分，要纳入自然一体化建设，大力发展绿色建筑，真正做到人是自然的一部分的理念，避免建筑污染。建设宜居宜养的生态铜仁、和谐铜仁、特色铜仁。未来铜仁，随着脱贫攻坚任务的完成，人民生活水平的高质量提升，高质量绿色发展空间巨大。特别是在城镇化、产城融合发展中，住房建设、园区建设、桥梁道路建设需求有增无减，推动绿色建筑与自然一体是倡导绿色生活的重头戏。

完善绿色发展机制。根据马克思主义的生态生产力原理，社会主义本

---

① 中共中央文献研究室：《习近平关于社会主义生态文明建设论述摘编》，北京：中央文献出版社 2017 年版，第 15 页。

质就是解放和发展生产力,所以社会主义生产关系是生态文明建设的制度前提和价值基础。但除了已经完成的促进生产力发展的生产关系变革,生态生产力的挖掘和发展,还需要激发自然生产力的生态机制,特别在乡村振兴背景下,生态文明建设的多元协同治理机制、生态产品价值提升机制、绿色金融与生态补偿机制、生态产业社会扶持机制等需要进一步健全和完善,运用政策工具箱,做好制度的顶层设计和安全的底线保障,不断激发制度生产力、自然生产力。

完善绿色发展机制,对铜仁先行示范区建设而言,构建绿色标准规范化是核心、是关键。铜仁绿色品牌的关键要素就是高标准、高质量。因此,在下一步高质量绿色发展中,要重点按照对标国际、引领绿色的要求,不断建立健全高于全国、高于行业的具体产业发展标准、技术创新标准、产品生产和流通标准、GDP 核算标准等,进行自我约束、自我规范。通过高标准、严要求,推动铜仁先行示范区建设持续健康发展。切实做到生态理念引领铜仁绿色发展,绿色标准规范铜仁城市品牌。

做强绿色发展产业。产业生态化和生态产业化是绿色发展的根本任务和首要前提。当前要加快实现发展方式的人本变革,满足以人为本的生态诉求[1]。第一要绿色生产,做到产业生态化,引导企业在生产过程中最大限度地减少资源使用的损耗和对环境的污染,淘汰落后产能。第二要产业智能化,通过创新激发自然生产力和物质生产力,大力发展数字经济、零工经济等生态经济,倡导企业提供绿色产品和绿色服务,满足人们对美好生活的生态需求[2]。第三要生态产业化,切实把"绿水青山"转化成"金山银山",打通生态产业链,加快建设绿色生态廊道和绿色产业体系。第四要通过教育工程、人才工程,实现自然、人与社会的协同发展与共生发展,激发人口生产力,建设新时代绿色发展高地。

对铜仁而言,深度挖掘铜仁生态优势,培育和壮大梵净山生态产业,不仅符合贵州要求的来一场"深刻的农村产业革命",也是铜仁高质量绿色发展的重点。西方发达资本主义国家产业经济从农业国迈向工业化之

---

① 龙静云、吴涛:《绿色发展的人本特质与绿色伦理之创生》,载《湖北大学学报》(哲学社会科学版) 2019 年第 2 期。

② 陈凯、高歌:《绿色生活方式内涵及其促进机制研究》,载《中国特色社会主义研究》2019 年第 6 期。

后，先后经历了劳动密集型工业、物质资本密集型工业和知识密集型产业三个阶段，通常分别称为前期工业化、中后期工业化、后工业化阶段。对照这个标准，铜仁目前基本处于中后期工业化的初始阶段，做好当前生态产业发展，就得引导全市产业从劳动密集型向知识密集型飞跃，通过信息化带动工业化和产业发展生态化，大力发展节能环保业、生态农业、生态工业和生态旅游业。同时，在"双循环"背景下，铜仁做强绿色产业，目标是培育产业的竞争优势，如数字经济等，不能过分依赖资源禀赋的比较优势①。在双循环经济中，竞争优势是产业优势，铜仁要千方百计把技术和创新作为发展的重点，依靠技术、创新品牌，打造信息技术基础上的产业创新。

1. 节能环保业

节能环保产业是一个阳光产业。铜仁要在新能源、新材料等节能环保产业上先行一步，重点发展高效节能、先进环保、资源循环利用关键技术装备、产品和服务。以黔东工业聚集区为主战场，以锰等新材料为依托，大力发展动力电池、储能电池，着力打造新能源、新材料、智能制造、新能源汽车产业链。对传统产业改造升级，对非节能环保的产业要限期整改。研发石材新工艺，加快建设低碳工业园区和循环经济生态区。

2. 生态农业

农业生态化是一个系统工程，需要在产业连接、城乡互动、土地流转和大坝经济中实现，需要在生态化农业科学技术的研发和应用上下功夫，需要在农业生态补贴制度的完善中加快推进。

第一要大力发展竹笋、珍贵林木、中药材、精品水果、生态有机茶叶、油茶、食用菌等林业和林下经济，全力做好生态茶业、畜牧业、中药材、蔬果、油茶、食用菌六大山地生态精品农业培育工程，实现农业发展规范化。第二要千方百计发展冷藏中心和农产品交易中心，实现农业与市场的无缝对接。第三要加快技术研发、设备更新，推出农产品深加工，提高产品质量及生产能力，打开产品销路，使其进入国际市场，促进第一、第二、第三产业的深度融合。第四要加大招商引资力度，引进一批实力强

---

① 洪银兴、孙宁华：《中国经济发展理论实践趋势》，南京：南京大学出版社 2016 年版，第157 页。

大的外企，带入大量的资金和先进的管理经验，促进农业生态产业快速健康发展。第五要落实农业优惠和激励政策，制定土地利用等组合优惠政策，支持农业良种补贴、基础配套设施、标准坝区创建和龙头企业品牌培育、技术改造、市场开拓等环节。引导社会资本投向农业产业，促进农产品生态产业良性发展。第六要严格控制化肥、农药的使用，着力推进国家现代农业示范区、特色农产品交易中心和现代农业价值转化创新中心建设，创建现代农业发展平台和新型山地经济综合体，打造铜仁农业品牌。

3. 生态工业

重点发展生态工业是铜仁高质量绿色发展的根本工程。一要落实"千企改造"工程，加快传统工业转型升级。二要千方百计抓住第四次工业革命、数字经济、智慧经济带来的机遇，大力发展新兴工业，打造数十个乃至数百个百亿级产业集群。立足"中国制造2025"国家战略，加大"千企引进"，重点支持和发展新能源新材料工业、农特产品加工业等。三要围绕生态工业，完善产业准入标准，加大对创新人才和创新企业的培养和激励。四要模拟自然系统在工业园区建立互利共生的工业生态网，利用废物交换和循环利用等手段，实现物质闭路循环和能量多级利用，达到物质和能量的最大利用以及对外废物的零排放。

4. 生态旅游

《2019 文旅康养提升工程实施方案》指出，国家要对公益性、基础性设施加大投入和支持力度。铜仁可以借此东风，大力发展中医药膳型、生态养生型、养老综合型、度假产业型、文化养生型康养基地，实现旅游业发展升级。

在高质量绿色发展中，铜仁可以重点发展健康养生产业、旅游工艺产业和水产业等。通过医养一体、文旅结合的方式，推动梵净山旅游产业效益最大化。特别要以梵净山为核心，打造梵净山国家公园，拓展旅游新业态，助推铜仁乡村振兴。

习近平生态文明思想是以人民为主体、以马克思主义生态观为理论内核、以促进总体生产力发展为动力、以制度建设为保障而形成的严密逻辑体系……深刻把握习近平生态文明思想的内在逻辑，对于构建新发展格局、推动实现第二个百年奋斗目标意义重大。

——李红松

围绕对"发展和生态"的同步遵循……不仅在内部治理维度于首批国家生态文明试验区得到典型彰显，形成较成熟的国家治理路径，而且通过内部经验的外部联动，于全球治理维度落实系统探索。

——杨达

第 十 三 章

打造高质量绿色发展
先行示范区升级版

改革开放以来，为了推动有条件的地方先富，中国及地方先后设立了开发区、特区、经开区、高新区、自贸区、经济带等，还有承接产业转移示范区，这些区、带层出不穷，不过承担的使命只有一个，那就是围绕"经济"发展：筑巢引凤，招商引资。

不过自从十八届五中全会通过创新、协调、绿色、开放、共享的新发展理念后，创新、绿色和美丽被融入经济社会发展中，人民不再只关心经济，而更加关注生态、社会、经济和人的"四位一体"。所以生态文明建设示范区、生态文明先行示范区、生态文明试验区等就是在这一发展背景下产生的。目前，还有更具体的像我们贵州铜仁新时代绿色发展先行示范区，浙江丽水农业绿色发展先行示范区，重庆梁平生态优先绿色发展先行示范区和循环经济示范区，等等。

建立"绿色发展"先行示范区，先行什么，示范什么，发展什么，与之前的"经开区""高新区"，有什么根本不同，值得研究。从目前的各级各地示范区建设目标和专家的研究方向看，他们主要在制度、资金、土地和人才上"先行"，力图在生态产品价值实现机制、GEP 核算标准和环境保护机制上"示范"，最终在绿色产品上获得推销，在绿色实践上获得推广，在绿色生活上获得推崇。

当然，不同地方，地质不同、地理不同，气候也不一样，因而目标可以是一个，方法不一定能照抄。根据高质量绿色发展受社会生产力和当地客观条件的规定性，不同地方的"绿色发展"先行示范区应有自己的"先行"和"示范"，因地制宜地选择和打造"自我革新式""华丽转身式"或"外部支援式"绿色发展模式。国发 2 号文件、十四五规划纲要和即将开展的土壤普查，为铜仁梵净生态发展指明了更具体的路径选择。

第一节　构建铜仁绿色发展的支撑体系

高质量绿色发展是一个庞大的系统工程，集生产、经营、消费和生活于一体，涉及人口、资源、环境、经济、社会、科学技术等方面。其健康、有效运行需要创新体系、核算与考核体系、法治体系的支撑和保障来实现。

一、创新体系

在资源要素型向创新型发展方式的转变过程中，创新是绿色发展的重中之重。在先行示范区建设中，更好地把创新发展放在首位。

（一）创新是绿色发展的金钥匙

1. 勤劳致富是基于个人发展的基本途径

从小我们的父母就告诉我们，要发奋读书；到了工作年龄，领导也同样会要求我们发奋工作。这里的"发奋"，深刻体现了艰苦奋斗的重要性和勤劳致富的实在性。

劳动是价值的唯一源泉，这是马克思主义的基本观点。从人类历史的发展长河来看，承担劳动的人民群众始终是社会发展的主体动力，是历史发展的推动者。因此，劳动不仅光荣，劳动还创造价值，是基于每个人发展的基本方式和基本途径。

然后在近代史中，有人试图走捷径，幻想通过"资本""炒股"等方式实现资本积累和发家致富。甚至有人通过战争来剥削其他民族和劳动群众，这是人类的悲哀，属于典型的坐享其成，不是社会的动力，而是社会的蛀虫。正如马克思在分析剩余价值的产生过程中指出，资本家在价值增值中除了剥削还是剥削。

中华民族是一个勤劳的民族，像"三过家门而不入""业精于勤荒于嬉""勤能补拙""穷不丢书，富不丢猪""和平发展"等等都是勤劳民族的生动写照。当下，中国特色社会主义的发展，中华民族伟大复兴中国梦的实现，仍然离不开每个人的奋斗和勤劳。

2. 改革开放是基于国家层面的基本方略

然而，有人会问，像农民，像西部地区，像第三世界国家，难道这里的人民就不勤劳吗？难道他们不知道勤劳致富吗？这个问题也是许多学者研究的领域，涉及方方面面，三言两语是回答不了的。应该说，社会发展的动力，是一个多要素共同作用的动力系统，勤劳是必要的，但不是孤立的，其他也是需要的。像"要致富先铺路"讲的就是流通保障问题。因此有观点认为，我国社会发展的主要动力是主要矛盾，科技第一动力是创新，直接动力是全面深化改革，主体动力是人民群众[1]，也不无道理。

在中国，一致认为，"改革开放"起到了使中国人民"富起来"的伟

---

[1] 高文洁：《浅析新时代中国特色社会主义社会发展动力》，载《延安大学学报》（社会科学版）2020 年第 1 期。

大作用，特别是对比改革开放的前前后后和回顾十一届三中全会以来中国发生的翻天覆地的变化，"改革开放"可谓是承前启后，顺势而为，功不可没。从此中国人民有在公平的基础上追求效益，在效益的激励下，大力发展社会主义市场经济。其间，民营经济、外资经济和混合所有制经济如雨后春笋般从生产延伸到生活，从制造延伸到金融。东部及有条件的地方实现了高速发展、率先发展，社会主义逐步从建设小康到建成小康，实现了如今的全面脱贫的高质量先富带动后富。所以说，改革开放是解决人民日益增长的物质文化需求同落后的生产之间的矛盾的必然选择，是基于国家层面的基本方略。

3. 科技创新是基于时代竞争的必经之路

当然，改革开放也不是万能的，东西部差距、城乡差距、工农业差距、生态的破坏等等问题的解决，任何高效的市场都解决不了，必须要有党的"有为"政府。"有为"政府是社会主义市场经济和改革开放健康运行的前提和保障，也是激活社会主义发展的其他动力的领导力量和有效力量。所以无论是邓小平理论，江泽民"三个代表"重要思想，科学发展观，还是习近平新时代中国特色社会主义思想，在坚持改革开放这个基本国策的同时，都特别强调科学技术是第一生产力[1]；创新是一个民族进步的灵魂，是一个国家兴旺发达的不竭动力[2]；实现现代化，关键是科学技术现代化[3]；中国要强盛、要复兴，就一定要大力发展科学技术，努力成为世界主要科学中心和创新高地[4]。

但是，一直以来，有的地方，不能准确贯彻党中央的指导思想，跟不上党中央的发展节奏，老是想着向沿海学习。殊不知，能学习其什么？学习其沿海的位置？学习其发展私营经济？还有的地方则无所作为，陷入"资源魔咒"，或者等着先富带动后富。

如今脱贫攻坚接近尾声，全面建成小康社会已经完成，进入发展不平衡、不充分的新矛盾新时代，创新发展将更是重头戏。对西部而言，要想在双循环中不落伍，就要坚定不移的向中央看齐，坚定不移地贯彻五大发

---

① 《邓小平文选》（第三卷），北京：人民出版社1993年版，第274页。
② 《江泽民文选》（第三卷），北京：人民出版社2006年版，第36页。
③ 《胡锦涛文选》（第二卷），北京：人民出版社2016年版，第192页。
④ 《习近平谈治国理政》（第三卷），北京：外文出版社2020年版，第246页。

展理念，除了要继续进行体制机制改革，除了要学习东部先进的管理理念，更要有自己的创新。如果不假思索地照搬其发展私营经济、外资经济，都是西施效颦，违背了社会主义超越资本主义的基本原理。

综上所述，社会发展的动力，应该是一个多要素共同作用的动力系统。正如马克思指出，生产方式或生产力与生产关系的矛盾是人类社会发展的根本动力，阶级斗争、科学技术和人民群众等也是社会发展的推动力①。而且，根据社会发展的历史经验，在不同的历史阶段，在不同的时代背景下，各动力要素所发挥的作用有所侧重。因此，当前，我们要根据新时代的新矛盾，激活中国特色社会主义阔步前行的创新要素，打开创新的密码，用好绿色发展的金钥匙，为中国特色社会主义现代化的新征程增添磅礴力量。

（二）创新体系的构建

绿色发展是高质量发展的康庄大道，创新则是康庄大道的动力系统。铜仁高质量绿色发展创新体系需要从三个方面来努力。

人才的引进和培养，关键要有针对性的产业规划和产业链条，让懂经营善管理的复合人才、懂技术肯吃苦的实干型人才有用武之地和才能发挥的平台。制定人才规划标准，依托铜仁学院和铜仁职院，加大对生态人才的培训，培养更多技术创新人才、绿色管理人才和生态生产人才。

在技术创新方面，要有创新激励机制、知识产权保护机制和成果转化服务机制和标准。鼓励在生态产品开发、生态能源制造、数字经济发展的技术研发。大力培育创新企业和创新平台。同时成立铜仁生态产品价值实现研究中心。大力培养和发展生态农产品中介组织和经纪人队伍，拓宽和搞活梵净山生态产品销售渠道，减少农业发展交易成本。在加大招商引资力度的基础上，积极推广"公司+专业合作社+基地"组织经营模式，推动生态农业集中连片规模经营。

大力支持知识产权服务，加快推进互联网、大数据、元宇宙和区块链在山地经济、智慧旅游、生物制药等方面的运用。

---

① 徐良梅：《马克思社会发展动力论在中国的当代发展》，载《中国社会科学报》2019 年 12 月 26 日。

二、核算体系

经济行为的导向通常由评价体系和考核指标决定。高质量绿色发展，是环境问题，更是经济问题，需要从经济学上进行定量核算 GEP，开展绿色会计，发展科技金融，进行生态补偿。

在有些群众中存在"砍树卖现钱，种树无产值"思想，这是生态文明建设和高质量绿色发展的短见，与"功在当代，利在千秋"的习近平生态文明思想格格不入。因此要通过经济等手段正确引导生态经济建设。

从经济学和管理学来看，绿色发展的推动力一般有三种方式，一是通过公共政策，实行命令与控制，颁布规范与标准，设定特定的技术要求，督促企业和个人提高资源利用率和绿色发展。这种方式在绿色宣传上效果广泛，可以通过绿色产品知名度。同时，由于命令的强制性，灵活性不足，会导致企业在绿色发展中钻空子、找漏洞。

二是政府通过"价格"激励机制，实行市场、税收和补贴等手段，鼓励或阻止企业组织的某些经济行为，避免污染的发展和促进环境的治理。这种方式具有很强的灵活性，通过税收、补贴引导企业和个人爱护环境，绿色消费和生态发展。

三是通过能源审计、绿色审计，及时发布能源效能或标识，使企业、社会和消费者全面了解产品和企业的效能水平，方便消费者比较选择，发挥市场和消费者的作用规范绿色发展。从目前实际运用来看，这种方式效果好，定量、准确，可以进一步推广和发展。

以上分析得出，这三种方式的利弊各有千秋，铜仁在高质量绿色发展中，对 GEP、绿色会计、生态补偿等要综合运用，构建完整的核算体系，建立能耗监测统计系统和绿色考核标准，构筑铜仁绿色发展安全网。让绿水青山有价可依，让 GEP 推动建立生态产品价值转换机制、生态金融保障机制等。

三、法治体系

生态文明建设是社会主义题中应有之义，国家保护和改善生活环境和生态环境，防治污染和其他公害，这是基本的法律制度。如光、水等气候，土壤的酸碱度、营养元素、水分等土壤，地面和土壤中的动植物和微生物等生物都是环境保护的对象。坚决打击生态环境危害行为，建立现代化经济体系，设立生态环境损害责任保险制度、损害赔偿基金制度。创建高质量绿色发展先行示范区，法治体系建设是保障。如果在先行示范区建设过程中存在法治体系不健全，必然造成法治理念不普及、执法过程不严格和司法制度受怀疑的问题。因此，对国家层面来说，可以从立法、守法、执法、司法四个方面予以完善提升，为实现"美丽中国"铺路架桥。

作为地方的铜仁，要全面落实和自觉执行环境法治，用法律规范人们的环境行为，培养生态文明理念、生态法治意识，预防和化解环境纠纷，实现环境正义。可以在"大数据+治理"模式的基础上，充分发挥 GEP 审核和绿色会计审计的作用，纳入法治体系和考核体系。实现先行示范区建设有章可循，有法可依，赏罚分明。中国政法大学教授、绿色发展战略研究院院长侯佳儒指出，生态文明丰富了法治内涵，也给法治建设提出了新要求，新约束，高质量绿色发展要求整个法律体系进行质的变革[1]。所以构建高质量绿色发展法治体系，一要加快重点领域的立法工作，建立健全生态经济、低碳经济、循环经济的法治约束，构建绿色发展法治网。二要完善法律宣传和服务体系，让全市养成良好的法治习惯。三要注重运用法治思维和法治方法认识和解决问题，建立高效运行的生态环境管理体制，树立以绿色发展为核心的干部绩效和用人机制。

第二节　先行示范区建设的先行工作

先行，意为先发展、先进行，走在前列、示范后列。铜仁市奋力创建绿色发展先行示范区，就是要在绿色发展上先行先试，走在前面。

习近平曾指出，绿色发展"要正确处理发展和生态环境保护的关系，在生态文明建设体制机制改革方面先行先试，把提出的行动计划扎扎实实

---

① 侯佳儒：《全面推进生态文明法治建设》，载《中国生态文明》2019 年第 6 期。

落实到行动上，实现发展和生态环境保护协同推进"①。因此，铜仁高质量绿色发展先行示范区建设，要在体制机制改革方面先行先试，在行动上扎扎实实落实。

一、绿色发展标准

标准是绿色发展的核心。以绿色为中心，建立智慧社会的第四次工业呼声在即，铜仁具备催生技术创新的社会经济环境。如铜仁有机茶产量丰富，而且发展有机茶有助于减少环境污染，避免土壤板结，使土壤松软，减少翻耕，有利于防止水土流失，有利于可持续发展。为了推动绿色纵深发展，可以建立有机茶种植和销售标准。

贵州省大力推进大健康产业发展，出台了一系列产业发展规划和相关政策措施，极大地促进了我省中药材产业发展。目前，我省中药材产业已经进入快速发展期，中药材产业种植面积持续增加、区域布局不断优化、品牌影响逐渐提升、园区带动日益凸显，呈现出良好发展势头。

随着贵州大健康产业规模的持续壮大和产业链条的不断拓展，新业态、新模式将不断出现，新机制将不断健全，大健康产业正成为21世纪引领经济发展和社会进步的"黄金产业"和"希望产业"，大力发展木本中药材，潜力无限。铜仁具有天麻等大量中药材，可以抢先制定种植标准，实现铜仁中草药绿色高质量健康发展。

二、产业转型升级

绿色经济发展的过程，就是产业结构不断优化、升级的过程。由生物与非生物共同组成的自然生态系统，能量与物质由低级到高级，又由高级到低级循环传递、周而复始，维持了自然界各种物质间的生态平衡。非绿色发展，就是破坏了中间的循环，造成了生态链的断裂。在产业链中，表现为农业与工业的断裂，企业与企业的孤立。

---

① 《习近平在贵州调研时强调：看清形势适应趋势发挥优势 善于运用辩证思维谋划发展》，载《人民日报》2015年6月19日。

因此先行示范区要在产业转型升级机制上先行，通过机制创新，推动供给侧结构性改革，打造农业产业链、工业产业链、农业工业产业链，通过生态链条把工业与农业，生产与消费，行业与行业有机结合起来，促进生产理念、生活观念、消费取向和财富标准更加趋向生态文明发展，推动农旅一体化、产城一体化。在工业生态方面，引导企业间的系统耦合，实现物质和能量的多级传递、高效产出和持续利用。如养猪的粪便是污染物，可以做种植业的肥料，生物制药的废料是污染物，可以用作饲料。

三、绿色价值实现

通过绿色价值实现机制，实现生态产品价值提升。建筑业和运输业在今后相当一个时期内将处于优先发展的地位，与此相适应的建筑模板、车厢板、集装箱底板以及居室装饰材料需求也将快速增长，因此，竹材人造板、竹地板、竹装饰板等产品的潜在市场容量巨大；传统的竹编制品、竹工艺品与现代塑料制品相比，是无污染的特色产品，在国际市场颇受欢迎，市场前景良好。此外，竹笋味美可口，营养丰富，被国内外专家誉为低脂肪、高蛋白、多纤维和糖类适量的绿色保健食品，深受广大消费者喜爱，国内、国际市场需求量很大。因此，可以支持竹产品加工与综合开发利用向多元化方向发展，引导竹浆板、竹地板、竹笋系列、建材系列、家具系列、工艺品、生活用品生产企业入铜仁。

从人类史来看，森林是人类繁衍的第一家园，也是生态文明的摇篮。如今在森林和其他经济林之下，大力推行发展林下经济，既可提高食用菌、中药材、蔬菜等农特产品品质，又可节约土地空间，提高土地复种效率，有效缓解用地矛盾问题，提升生态林产品人类文明的味道。

积极倡导和引导"公司+基地+农户"、产供销一条龙、贸工林一体化经营模式，支持、规范中介服务机构组织，充分发挥其在产业化建设中的特殊作用。

各县区要走合理分工、优化发展的路子，落实主体功能区战略，完善空间治理，形成优势互补、高质量发展的区域经济布局，避免生态产品同质化和恶性竞争。

四、绿色发展动力

从人类社会发展的历史进程来看，每一个社会阶段都有一个起决定作用的生产要素，这一生产要素是推动生产力和社会发展的关键。在农业文明阶段，体力是农业社会发展的第一动力；到了现代的工业社会则以资本作为第一生产要素，追求经济利润和剩余价值是第一目的。21世纪，随着知识经济、数字经济、信息经济的出现，工业文明的"资本经济"根基已经明显发生了动摇。绿色发展、科技创新成为第一动力。

绿色发展需要创新和金融做支撑。当前金融业的市场结构、经营理念、创新能力、服务水平还不适应经济高质量发展的要求，诸多矛盾和问题仍然突出，铜仁要抓住完善金融服务、防范金融风险这个重点，推动金融业高质量发展。

近年来，国家高度重视珍贵树种的保护和发展，把大力培育珍贵树种作为推进国土绿化、提高森林质量的重要举措来抓，先后出台了一批扶持政策，建立了一整套行之有效的政策体系，大力推动珍贵树种发展。同时，发展珍贵树种也是国家战略储备林建设的需要，市场前景很好。然而目前对珍贵林木的生物生态学特性和林学特性缺乏系统性研究，多数停留在简单的特性描述或初步研究上，急需在创新上有所突破。

五、桃源文化打造

没有水的城市，就没有城市的灵魂，没有文化的城市，就没有城市发展的张力。铜仁位于黔东，文化生态资源非常丰富。拥有以梵净山为代表的山文化，有以乌江为代表的水文化，有以枫香溪为代表的红色文化，有以苗绣为代表的民俗文化，有以团龙为代表的村落文化，还有田秋、严寅亮等一大批文化名人。而且铜仁居住着苗族、侗族、土家族等28个少数民族，流传下来的"阳灯节""赶坳节"，寨英滚龙、哭嫁歌、印江字、玉屏箫笛、沿河藤器等等都是地方民族文化的经典。这些自然景观和人文资源共同构成了铜仁山水一幅画、绿上一点红，是中华文化的一分子，是多彩贵州文化的一部分。赋予铜仁得天独厚的自然禀赋助推铜仁高质量绿色发展。

但在撤区设市前，由于交通不便、宣传不力等因素，铜仁的真实形象与和外面的主观印象有一定反差。客观上阻碍了铜仁桃源文化品牌的传播，从而影响了铜仁旅游资源的开发和生态产品的推广。

新时代，文化是社会变革的先导，是生态文明建设为重要内容。铜仁在高质量绿色发展中，必须树立文化发展战略目标，在做大做强"梵净云天"品牌的同时，可以把铜仁桃源文化打造成生态文明建设的"可用之器"和"向善之道"。桃源文化，是山、水、人的集合体，展现了现代化的"小桥流水人家"，非常契合铜仁的历史和现在，也有利于进一步打造生态文明，实现绿色高质量发展。正所谓"桃源在武陵，深处在铜仁"①。桃源文化展现和诠释的是绿色、阳光、富强、开放和仁义的铜仁。绿色是铜仁的现代底色，阳光是铜仁的数字产业，富强是铜仁共同富裕的底气，开放是铜仁的传统。"仁"大家都知道，仁者爱人。"义者，应事接物之宜也。"② 生态文明建设，一有"仁"的自律和心学，二有"义"的他律和行动。

第三节　先行示范区建设的绿色对策

传承山文化，做好水文章；坚守绿发展，打赢经济战，是铜仁"一区五地"建设的题中应有之义，是铜仁完成高质量绿色发展先行示范区建设的本质内容，也是符合马克思主义生产思想和构建现代化经济体系的规律要求。

在传承山水理念上，先行"两个实践"：生态文明实践和绿色发展实践，完成制度体系和标准体系，激发内生动力。在坚守绿色经济发展上，要在生产、生活、生态三个领域和生态产业、生态脱贫和生态城市三个方面完成示范：强化标准建设，加快产业升级，提升生态价值。

---

① 侯长林：《文化探索》，北京：北京理工大学出版社 2012 年版，第 203 页。
② 梁启超：《孔子与儒家哲学》，北京：中华书局 2016 年版，第 124 页。

一、聚焦绿色理念，激发内生动力

绿色，是经济的规定性，偏离了绿色，高纯度的 GDP，在初期确实会带来经济的粗放式增长和资本的高增值，但到了一定的拐点后，不仅会带来环境的污染和资源的破坏，最终还会给经济带来永久性伤害，这就是绿色和经济的倒 U 字形关系。

习近平生态文明思想的新发展理念，把绿色与创新、协调、开放和共享统一起来，破解了绿色与经济的倒 U 字难题，为经济的可持续发展、高质量发展提供了方向。铜仁高质量绿色发展先行示范区建设，只要沿着这个方向，在生态文明实践和绿色发展实践上先行，探索好办法、好平台、好模式、好路子，激发高质量绿色发展内生动力，就能把握新时代现代化经济体系的灵魂，占领 21 世纪绿色经济发展的高地。

1. 落实协调发展的好办法

高速度、高增长，粗放式发展，唯 GDP，不仅造成了环境污染和资源浪费，还造成了城乡之间、区域之间、行业之间步调不一致，出现了地区不平衡、经济发展与生活质量不平衡的现象。因此，作为对粗放式生产方式的超越，高质量绿色发展应当是引领经济社会发展方式的转型，同时也是基于社会主义主要矛盾变化的战略决策。这就要求高质量绿色发展必须实现以社会和谐为目标的平衡发展，缩小城乡差距和区域差距，满足人民群众的安全感、获得感和幸福感。坚决防范和化解重大风险，实现精准脱贫和污染防治，保持经济持续健康发展和社会大局稳定。

实现这样的机制，必须把绿色发展与协调发展、共享发展结合起来，在生产方式上下功夫，更好地落实公有制的主体地位和人民当家做主的本质要求。

土地是农民的生命。在高质量绿色发展过程中，不能以牺牲自然代替牺牲农民的利益，因为人最终都是财富的创造者，没有了人，没有了农民，土地永远只是土地。当然，高质量绿色发展，需要计算土地利用率和使用效益问题。当前，可以在农业土地承包权不变的情况下，把所有权、承包权、经营权和使用权分开，既保证了农民的收益权益，又促进了农业的规模化经营。这就要更好地发挥政府的作用，协调好农户和企业的权责利问题。

另外，农业是一个特殊的产业，不仅是脆弱的产业，也是风险性产业。特别在现代化经济体系中，作为铜仁的山地农业处在极不利的地位。一方面受平原地带大农场大规模农产品的挤压，另一方面受西方高污染、低劣质农产品的挤压，造成纯天然、无公害的绿色产品短期内无法被消费者发现和接受，失去了山地农产品的定价权。

这就需要政府和龙头企业发挥作用，通过协调机制，必要时在不低于市场平均价值下，把铜仁各区县分散种植的绿色产品，打包规模化，保障市场的正常运行，保证农民劳动价值的实现。

2. 搭建零工经济的好平台

在数字经济高速发展的时代，零工经济为落实公有制的主体地位和人民当家做主的本质要求提供了思路，铜仁在高质量绿色发展中不妨先行先试。

一要通过培训的方式，大量培养职业农民和"零工"，引导他们农忙时种植，农闲时就在家"零工"。这样不仅解决了谁来种地的问题，更解决了农产品谁来销售的问题。在山地农业，除了大坝经济，很难开展大型机械化种植，农民始终是山地农业的主体，留不住农民，就是留不住山地经济。通过"零工"的方式能彻底解决农民收入的不稳定性。

二要搭建"零工"平台。像现在的淘宝、美团、抖音等都是类似的平台。但他们都是私人在后台操作，平台只收取管理费，对产品质量、工人保障等社会责任完全撇开。即"零工"和企业仅仅是劳务关系，没有任何劳资关系。所以经常性造成工人安全事故、产品质量投诉等。

真正的"零工经济"，平台管理应由实体企业负责，或者政府、村集体等直接管理。不仅保证了"零工"的正当权益，维护社会稳定，还真正实现了农民为自己打工、人人做老板的梦想。更重要的是，实现了山地小规模优质农产品的即产即销，推动元宇宙、区块链的应用和发展。

3. 建设农村生态的好模式

高质量绿色发展先行示范区建设，不仅仅是对环境的保护和修复，更不是简单的开着洒水车在路上喷喷水。高质量绿色发展，比高速增长和环境保护层次更高、内涵更丰富，体现在经济社会发展的方方面面。包括高质量的经济增长（含绿色经济增长）要转向集约型、智创型发展；包括高质量的经济结构要转向"三产融合"与升级；包括高质量的人民生活、乡村振兴和共同富裕，要转向公平正义和生活质量的提高；包括高质量的美丽乡村建设要转向农村生态。

铜仁的农村山地较多，分散、偏僻是其主要特点，同时民族风俗比较显现，周边环境比较优美。总体上，她既没有资本主义生产方式的传染，也没有粗放式工业经济的污染。问题仅仅表现在生活方式的落后和生产方式的原始。

针对这样的问题，在农村生态化建设中，要走分类化之路，一不能听之任之，二不能一刀切的移民。要把移民搬迁、产业脱贫、旅游发展和环境修复结合起来，整体性推进，实现扶贫搬迁到产业搬迁。移走的地方要及时修复发展林业和旅游业，搬走的农民要提前安排好产业，做到农民脱贫、产业升级、自然生态。

比如像梵净山等自然保护区，为了对其升级，要保持环梵净山公路以内无居民、无社区、无企业。怎么办？可以在环梵净山公路外建设"突出贡献楼"、休养产业园、农家小旅馆等，这样老百姓有了更好的产业选择，解决了农民的后顾之忧。

4. 探索先富带动后富的好路子

在改革开放的前40年，国家成功闯出了一条让有条件的地方先富起来的好路子。然而，铜仁由于历史和自身的原因，以及条件的限制，进入新时代后发现，铜仁属于标准的"后富"梯队。

那么，在国家经济进入新常态中，"通过先富带动后富，最终实现共同富裕"，必然要提上议事日程。在国家还没有出台具体方案前，铜仁在高质量绿色发展先行示范区建设中，可以先行探索。

党的十九届四中全会提出，公有制为主体、多种所有制经济共同发展，按劳分配为主体、多种分配方式并存，社会主义市场经济体制等组成的社会主义基本经济制度，符合人类与自然交换规律，既体现了社会主义制度的优越性，又同我国社会主义初级阶段的社会生产力发展水平相适应，不断推动生态经济向高质量发展、人类与自然共同进化。未来中国经济发展必须坚持社会主义基本经济制度，推动经济高质量发展。

根据这个思路，铜仁可以借助社会主义的优越性，探索"端好一个饭碗、做好一个结合，连接一个市场"的方法实现先富带动后富。第一，要自力更生，苦干实干，后发赶超，充分发展公有制经济的"主体"引领和充分发挥"有为"政府的宏观调控，做好铜仁的山地农业和山地旅游这个铁饭碗和大后方。第二，要不遗余力的借助先富的文明成果如数字经济、信息经济等，推动现代技术与山地农业和山地旅游的结合，实现农业、旅游业和健康产业现代化。第三，要充分利用先富地方的"有效市场"，把对口帮扶城市发展为友好对接城市，实现技术共享、人才共享、产品共享和经济共享。

二、正视历史不足，强化标准建设

前文已经分析过，从人类经济社会发展历程来看，环境污染主要来自三种经济类型：一是资本主义生产关系型；二是粗放式生产方式型；三是落后的生活方式型。

铜仁在第一轮前40年的改革开放中，没有抢占"先富"的先机和改革开放的前沿。除了旅游业，其他产业相对"三低"：产业层次低，产业创新水平较低，资源利用率低。造成在全球乃至全国的产业链中，铜仁处于农产品的初级供给位置；从价值链来看，因为几乎所有产业长期处于价值链底端，缺乏自主技术和自有品牌，在市场中处于脱节或被动地位，没有市场定价权，劳动价值长期被转移而获益较低。

打铁还需自身硬。铜仁在高质量先行示范区建设中，不能照搬照抄江西和福建生态文明建设具体模式，要在百年未有之大变局中抢占战略制高点，对准自己的准确定位，提前做好文化内功，增强绿色文化软实力，在生产、生态、生活标准上下功夫，实现绿色立市，标准先行。从而掌握绿色话语权，占领绿色新高地，变被动为主动，吸引更多外部人力、资金和市场参与铜仁先行示范区建设，走"外部支援型"相结合的高质量绿色发展。

1. 坚持生产高标准

公平竞争是社会主义市场经济的特征之一，竞争的核心是质量和技术，也是高质量发展的本质要求。铜仁要占领绿色高地，开展先行示范区建设，获得绿色产品价值竞争绝对优势，就得总结经验，立足优势，坚持质量与效益的统一，坚持高标准绿色生产。

一要落实创新驱动标准，设置人、财、物最低要求，制定如招商引资标准，生态人才激励标准，梵净旅游服务标准等，千方百计把铜仁的传统优势产业和现代先进技术融合起来发展，提升铜仁生产的科技含量，形成处处创新、样样精品的高质量生产。促进新能源、新材料、生物制药等新业态产业发展。二要落实品牌标准，完成"梵净土产"绿色标准，"梵净源产"价值实现标准等，走高端、精品化生产路线，切实提高资源有效利用率。坚决抵制和处罚化肥、农药的使用。三要制定生态企业标准，从源头上抓实抓好企业参与绿色会计、污染治理和污染物交易。落实资源损耗的负价值。考核中，要把企业诚信、绿色会计和循环利用激励结合起来，对污染环境，绿色会计造假的，发现一起，惩处一起，坚决在绿色会计核算、绿色产品保护、环境治理负价值和绿色产品价值实现方面走在全国前列。四要完善绿色产品流通标准，保护冷藏企业和零工经济繁荣发展，切实支持因山地经济规模小和季节性空闲的农民参与零工经济。必要时，可以率先完成公有制或者集体所有制的"梵净平台"样板，制定完善零工经济运行标准，落实以人民为中心的发展思想，促进梵净优质旅游服务、优质水果销售和健康业优质发展。五要大力制定严格的铜仁 GEP 核算标准，推行经济高质量绿色发展。

尽量配套建立生态环保、营商环境、公共服务、产品、工程和服务等领域的高质量发展标准体系，让企业等生产主体有标可循；尽快构建全面反映和衡量铜仁高质量绿色发展水平的统计体系，应统尽统、应智尽智；尽快完善和实施体现新发展理念落地的绩效评价制度和政绩考核制度，逐步推进生态治理和生态文明建设数字化、智能化，把铜仁打造成为武陵片区高质量绿色发展的"梵净星"、排头兵。

2. 坚持生态高标准

现在各个地方，都已经认识到绿水青山就是金山银山的道理，都在大力推行生态文明建设和环境治理。具有大生态标志的铜仁在绿色发展上若要行稳致远，就得在赛跑中出奇制胜，在"一区五地"建设中坚持生态高标准。一如既往地加强以梵净山、佛顶山、乌江、锦江等为重点区域的"两山两江"生物多样性保护，全力构建全域绿色生态廊道，2021 年要继续完成 40 万亩以上造林绿化任务的绿色后花园搭建。

一要在全国一般要求的基础上，高标准完善铜仁空气、水、土地绿色标准，加大城市、农村、大河、厕所等环境治理力度，始终保持铜仁的绿色领先地位。二要完成石漠化治理和荒山绿化标准，切实提高森林覆盖率。必要时在植树节的基础上，完善地方植树和伐木规定，让铜仁的所有荒山都绿起来。三要完善和提高建筑和道路建设标准，加大道路绿化和区域绿化面积。四要建立铜仁生态环境"三统一"：统一生态环境标准，执行最严格的污染物排放等标准；统一环境监测监控体系，做到土壤和气候等监测常态化，建立县区生态环境和污染源监测监控一个平台；统一环境监管执法，制定统一的生态环境行政执法规范，以"一把尺"实施严格监管，推进联动执法、联合执法、交叉执法，确保土壤、动植物等资源保护全覆盖。五要建立健全会计、审计、法律、检验检测、认证等第三方专业机构。落实市场主体责任制，在安全生产、产品质量、环境保护等领域建立市场主体社会责任报告制度和责任追溯制度，做到在源头中防控，在过程中监督，在结果中检验。

3. 坚持生活高标准

高质量绿色发展的最大障碍就是改变生活方式。在先行示范区建设中，铜仁要结合山区经济和少数民族聚集的特点，通过供给侧结构性改革引导消费，通过发展新能源、数字经济、绿色金融等途径改善和提高梵净现代化生活水平。这就要高标准制定和完善铜仁垃圾投放和处理制度，秸秆处理标准，化肥农药使用标准，饲料生产标准等，使铜仁绿色健康持续运行。

在制定标准时，要坚持"高"和"严"的原则，高于平均标准，严于其他地方，增强铜仁生态"绿"的深度和"质"的高度。在扩大标准影响时，要积极通过主流媒体和流媒体广泛宣传，一方面让生态文明思想深入铜仁生产和生活，在全市形成"生态人"和"生态企业"；另一方面可以提升铜仁对外的高绿色形象，保持铜仁生态产品竞争优势，促进绿色价值实现。

三、立足自身优势，加快产业升级

地处黔东的铜仁，气候宜人，空气清洁，山地和水自然丰富，宜居宜养宜发展，这是铜仁的骄傲。不过因为错过了"先富"的机会，产业层次低、创新水平较低、资源利用率低的"三低"是铜仁实现高质量绿色发展必须面对的现实。从目前来看，要仅仅抓住新时代国发 2 号文件精神，紧跟多彩贵州再创第二个"黄金十年"，打造铜仁绿色升级版。如从"三个两"开始，充分发挥自己的最大优势：生态优势，实现点绿成金；完成自己的最大任务：发展任务，实现高质量发展。

1. 建设两个中心

这次，中央农村工作会议指出，要"进一步完善农业补贴政策，保障农民种粮基本收益，稳住粮食播种面积，稳定粮食产量……要加强现代农业设施建设，加快推进高标准农田建设，启动农产品仓储保鲜冷链物流设施建设工程，加大水利建设力度"①。

这实际上给农业，特别是梵净山地农业带来了曙光，克服了小而精农业规模上不去的困境，解决了因农业的季节性农民农闲时无收入的尴尬，为精品水果等季节性绿色产品搭建了市场的长效机制。

所以，铜仁一定要抓住这个政策机遇，利用铜仁现有的机场、高铁的便利条件，利用区块链技术建立一个"梵净土产"绿色农产品集散中心，并以市场化运作在中心建立一个大型冷仓库，彻底改变黄桃、猕猴桃等梵净绿色农产品的季节性供应弊端，彻底改变铜仁山地农业因散、小而无话语权、无定价权的尴尬，实现市场占领不间断。

另外，包括铜仁在内，"绿水青山"的价值如何实现还在探索中，没有现成的方案和模式。特别是在农业这个既受自然制约又受市场波动大的脆弱行业，在国际保护主义的不利影响下，如何维护农民的稳定收入，如果实现绿色产品的价值增值，延伸农业产业链，铜仁在先行示范区建设中，需要探索可推广、可复制的模式。因此，除了要建立"梵净土产"绿色农产品集散中心外，铜仁还要创建"梵净源产"绿色产品价值实现研究中心。

中心的功能定位为生态产品的研发与应用，"梵净土产"与"梵净源产"的价值提升与价值实现的路径研究与宣传，生态人才的聚集与产业人才的培训等三个方面。

---

① 《中央农村工作会议在京召开——习近平对做好"三农"工作作出重要指示》，载《人民日报》2019 年 12 月 22 日。

2. 做大两个产业

在完成两个中心建设的基础上，铜仁在高质量绿色发展中，可以结合山地农业优势和生态资源优势，发展、提升和优化养老业和农产品加工业，实现供给侧结构性改革。

健康产业是一个横跨"三产"的综合产业体系，产业跨度大，涉及范围广，包含体育运动、健康用品、食品、医疗、旅游、文化娱乐、元宇宙等产业，对铜仁绿色产品、中药材、旅游等行业具有显著的经济带动效应。积极发展运动健康产业不仅可以带来更多的人气和市场，刺激消费，培育新的产业经济增长点，推动梵净生态产品的价值实现，还可以带来连锁效应，促进相关产业发展。特别是可以吸引更多老年专家、知名人士同时来铜仁贡献智慧和力量，为铜仁高质量绿色发展解决智力资源不足的问题。健康产业中包括老年健康产业，预计等 20 年左右，即等"70 后"进入老年，中国的老人比例将达历史新高。杨传柱就曾指出，"贵州发展乡村候鸟式养老产业，既可为老年人提供良好的养老环境，也将有利于推动贵州经济社会的发展"[①]。

在新时代，发展体育、养老等健康产业，也是"梵净山水，民族情深"的人民情怀，是共享理念的贯彻落实，为梵净山山水赋予了青春活力和尊老爱幼的文化内涵和时代价值。更重要的是，以健康产业带动养老产业、元宇宙产业和山地体育产业的发展，也是数据经济和生态经济的大势所趋，可以在新时代西部大开发中抢新绩。

加快农产品加工业发展，对铜仁来说，是非常的急切。自市第二次党代会提出奋力创建绿色发展先行示范区以来，铜仁在精准脱贫、移民搬迁、大坝经济等方面都取得了"铜仁样板"的历史性成绩。立足基础，面向未来，从目前看，铜仁的一产和二产极有待进一步协调，否则既造成了农业发展上不去，绿色农产品价值无法实现，更无法增值，也不利于工业自身的发展，造成产业链的不衔接。因此，在先行示范区建设的新征程上，农产品加工业将是促进铜仁生态农业转型发展的重要举措，也是新时代培育农业新型经营主体的重要载体，是提升山地农业市场竞争力的重要途径，是促进农民就业增收和脱贫致富的重要保障。

----

① 杨传柱：《推动贵州乡村候鸟式养老业发展》，载《贵州日报》2018 年 10 月 16 日。

更主要的是，从市第二次党代会提出的"一区五地"建设以来，所取得的成绩和经验，为铜仁新阶段甚至十四五时期高质量发展农产品加工业提供了条件和可能。

特别是通过石漠化治理、发展大坝经济后，形成的规模化种养的这些绿色产品，如果通过加工增值，不仅会带来更多人的就业，实现产业脱贫，还从根本上解决了山地绿色农产品的市场问题和季节性问题，降低了农产品的市场波动风险，解决了种养大户的后顾之忧。

3. 加快两个连接

通过"一区五地"前一阶段时间的建设，目前的铜仁已经具备交通资源丰富、生态资源优美、旅游产业发达、山地经济多样的优势。百尺竿头更进一步，在高质量绿色发展中，某个方面好不一定效益好，要素组合恰当、资源配置合理更重要。为此在先行示范区建设中，要完成两个连接：航运、铁运和水运的连接，一产、二产和三产的连接。

上文也论述过，高质量绿色发展不仅仅是环境问题，还有经济问题，就是要通过"绿"和"富"的结合，从而实现"强起来"。对社会来说，就是要引导企业和其他生产主体改变传统的生产消费模式和经济增长方式，采取新技术、新工艺，力求从源头上降低单位 GDP 能耗。对政府来说，就是要采取有效的治理与管理手段，发挥环境保护倒逼机制，土壤气候监测机制，推动全社会特别是企业转变发展理念和发展方式，消除城乡对立、生产与消费和人与自然的对立，扩大循环经济和绿色经济的产业规模，提高资源产出效率，实现能源资源的高效利用和循环利用。

目前铜仁的交通，由于地形的特殊性，机场、高铁和水运，各据一方，无法形成立体效益，更无法自动形成产品的集散中心。在今后的示范区建设过程中，多吸引民营资本、社会资本的投入，结合我市地域的空间分布特点，加快机场到高铁到梵净山的轻轨建设，加快乌江到梵净山到锦江的运河建设，增添城市灵性，形成交通立体，水陆相通地绿色交通格局。

土地利用率方面，坚决保护人民基本生活来源的大地母亲，维护和建设好农民与土地的生存关系，千方百计保持土壤肥力和防治石漠化。同时在经营方式上，要深化农村产权制度改革，探索农村宅基地和山地有偿使用机制，强化集体经济。建立完善集体经营性建设用地出让、租赁、入股等机制。探索建立农村承包土地、宅基地和农民集体资产股份权利抵押、转让等"活权"机制，发挥土地自然的应有价值。从而推动山地经济农业和工业的有效衔接，实现国有企业、供销社等集体企业、农业科研机构等有条件共建高质量绿色发展的大型现代农业基地、山地经济综合体，发展农业农旅项目、工业大健康项目等。

在三产方面，一产农业在大坝经济和林业经济的刺激下，生态产品优势明显；不过从二产业务范围来看，与一产联系不大，造成一产初始产品自产自销，二产玩起来飞地经济自娱自乐。因此，要想做好高质量发展，还要着力发挥阳光产业和创新龙头企业的带动作用，引导企业与农民、种养大户、合作组织合作建立绿色产品加工提质基地，全力推广"龙头企业+合作社+农户"模式，吸纳新型工业化成果和信息化成果，着力发挥农产品加工专业园区的产业聚集作用。引导和促进"互联网+"信息技术、区块链技术向农业延伸，促进农村一二三产业协同发展、"三产"融合。

四、担当先行使命，提升生态价值

从中央经济工作会议精神和高质量绿色发展演变过程可知，新时代高质量绿色发展的目标既包含生态环境与社会治理，实现多领域融合发展，形成人与自然和谐共生的新格局，也包含供给侧结构性改革，践行新发展理念，发展绿色经济，构建现代化经济体系。贵州铜仁的情况与福建省、江西省不同，在先行示范区建设中，重点还是在生态经济上先行先试，探索生态产品价值实现的机制与路径。

1. 加快生态补偿

作为需要"外部支援式"先行示范区建设的地区，生态补偿是其获得先富带动后富的重要措施。党的十九届四中全会再次强调，要严明生态环境保护责任制度，落实生态补偿和生态环境损害赔偿制度，实行生态环境损害责任终身追究制。这为我们做好生态保护、实现绿色发展再添一臂之力。

从目前来看，铜仁在高质量绿色发展中，还欠缺生态补偿的法治基础和生态补偿的技术支撑，有时造成生态补偿难以落实。因此，在先行示范区建设中，铜仁要主动作为，主动出击，加快生态补偿的标准研究，并促成各县区和周边地区在统一的生态环境目标下，按照共建共享、受益者补偿和损害者赔偿的原则，探索建立多元化生态补偿机制。探索建立生态治理市场化平台、企业环境风险评级制度和信用评价制度，争取在全国第一个完成和发布山地生态补偿细则。

2. 支持生态金融

生态金融，是更好绿色发展的需要，可以借助多样化的金融工具应对诸多环境治理问题，从而达到保护环境的目的。

铜仁在绿色发展中，石漠化治理、农产品价值实现、荒山绿化、零工经济平台建设等方面都需要大笔金融资本。为了不等不靠并不失时机，要及时主动发展绿色金融的主动权，从制度设计、产品创新、平台搭建、防范风险等方面努力，尽早发布绿色金融标准，吸引更多民间资本、社会资本参与到绿色发展先行示范区建设中来。

当前要做好两个"要"：要加强各区县有为政府建设，引导生态金融向环境治理、荒山绿化、大坝经济、技术研发、平台搭建方面倾斜；二要强化有效市场建设，支持民营经济投资绿色产品种养和加工以及技术研发，在政策、人才等方面要大力支持。特别要建立吸引社会资本投入生态环境保护的市场化机制，支持金融机构和企业发行绿色债券，探索绿色信贷资产证券化。

3. 提升生态品牌

在高质量绿色发展和现代化经济体系构建中，品牌价值不可忽视，如"丽水山耕"截至 2018 年底，品牌销售额累计达 135.2 亿元。还有贵州的"黔货出山"、黑龙江的"小康龙江"等类似品牌，都获得了较好的收益。

当然他们在运行中，也碰到困难，反对的声音也有，比如这些品牌都比较笼统，没有像"贵州茅台"具有明确的指向性。

铜仁在打造生态品牌时，要吸收各方意见和其他品牌建设经验，从高质量、持久性和品牌价值出发，可以把平台品牌和产品品牌分开和整合，这样可以避免各县对市级"打包品牌"的抵触。一是建立统一平台品牌，如命名"梵净土产""乌江源产"等。二是保持各区县的特色产品品牌，如玉屏黄桃、沿河空心李等。这样形成的平台品牌+产品品牌，既有品牌效应，又有品牌指向性。

至于品牌的命名，得认真擘画，要通过主流媒体和自媒体广泛征集，通过品牌的征集过程提升梵净品牌的知名度和认可度。

当然，无论什么品牌，质量始终是核心、是灵魂。做好质量才能高质量绿色发展。所以，发布标准最重要、坚持法治最关键。

4. 拓宽生态市场

从目前来看，各个地方都在打生态牌，各种"山货"大同小异。铜仁如何占领一席之地，如何真正把铜仁"一区五地"打造成中国特有、世界知名的"铜仁样板"，还得在现有成绩和基础上更进一步，拓宽"四个市场"，实打实做好"一区五地"生态经济。

一是绿色产品市场，要做好两个"联动"，区域联动和友好城市联动。利用市场互补，搭建市场对接平台，建立铜仁绿色价值实现的保底市场、稳健市场，把产品送出去，不断拓宽铜仁高质量绿色发展的外部市场。

二是特色产品市场，要做好两个"创新"，技术创新和服务创新。通过技术和服务的提升，发展新时代的高端休养式旅游和生物制药等实体经济，把客人迎进来，进一步扩大铜仁先行示范区的内部市场。

三是负价值市场，要做好两个"核算"，绿色会计核算和 GEP 核算。引导市场对环境治理和资源循环利用的价值认可，支持污染物排放权的自由买卖。变单纯的行政干预为市场手段，来增强企业的环境保护意识和资源循环利用能力，保持铜仁高质量发展的生态底色。

四是人才市场，要做好三个"平台"和三个"机制"，三个"平台"是：激励平台、培训平台和宣传平台。通过人才激励、培训和宣传，扩大铜仁生态人才的吸引力和高质量绿色发展的后劲。三个"机制"是：对那些在绿色产品开发、荒山治理和利用、智能制造等方面的人才要建立极具影响力的激励机制，对那些热爱生态农业发展的农民朋友要建立长效的培训机制，对在印江石漠化治理中涌现出挑土上山的辛勤劳动者要建立传播先行示范区正能量的宣传机制。通过这三个机制，搭建国内国际人才市场，让更多的生态人才为铜仁新时期高质量绿色先行示范区建设贡献智慧和力量。同时要加强铜仁内部和周边公共资源交易平台的合作和共享，研究建立区域交易合作机制，推进信息、场所、专家等资源共享，促进要素跨区域流动。

第四篇

新时代生态文明教育

　　造成环境污染的根源在于生产方式，而不是人多"污染"，建设生态文明的根本方法在于产业升级，而不是"增长的极限"。改变生产方式、做好产业升级，最根本的方法就是创新。创新是引领新时代绿色发展的第一动力①。如果把环境问题怪罪于人口，甚至从"富人"与"穷人"的博弈②分析，在新时代具有一定的局限性。"现代化建设面临经济发展、人口增长对资源能源和环境带来的双重巨大压力。"③ 这种观点显然是没有看到人的价值，主观性地把人与自然对立起来。其实，各个时代都有自己的时代的环境问题，包括人数非常少的原始社会，他们其中使用的烧山的捕猎方式，常常不得不不断地迁徙求得生存。现代化建设的今天，面临的困难仍然不是资源少和同胞与子孙多，而是缺乏创新、缺少创新的人，造成新能源、清洁能源和有生态意识的人少。张之洞说得好，"古来世运之明晦，人才之盛衰，其表在政，其里在学"④。因此，我们要通过教育大力培育创新型人才和生态人。

　　再者，相对于传统的 GDP 生产，绿色发展也是一种革命，而且是一种综合性、全方位的革命，不仅包含上面阐述的社会层面的体制机制改革，还包括个体层面的自我革命。只有通过教育等途径培养社会的每一个个体都能树立绿色发展的伟大自觉，才能真正推动全社会参加新发展理念的伟大实践，从而实现社会主义现代化生态文明建设的伟大飞跃。康德说，"人只有靠教育才能成为人"，同样，生态人是教育和培养的结果。因此，这种自我革命的自觉，迫切需要思想政治教育的关照，迫切需要生态文明教育的在场，形成校、社、人共同为生态文明建设和高质量绿色发展服务。

---

　　① 陈亮、哈战荣：《新时代创新引领绿色发展的内在逻辑、现实基础与实施路径》，载《马克思主义研究》2018 年第 6 期。

　　② 陈亮：《人与环境》，北京：中国环境科学出版社 2009 年版，第 109 页。

　　③ 陈亮：《人与环境》，北京：中国环境科学出版社 2009 年版，第 206 页。

　　④ 张之洞：《劝学篇》，见《张之洞全集》（第 12 册），苑书义、孙华峰等编，石家庄：河北人民出版社 1998 年版，第 9704 页。

生态文化是我国生态文明建设的思想根基，作为中华文明重要组成部分的少数民族生态文化是民族生态智慧的结晶……与当代生态文明社会建设目标有着相通相承的价值诉求。

——李桃

第十四章

青少年思想道德教育的生态向度

习近平总书记指出，"每个人都是生态环境的保护者、建设者、受益者"[①]。青少年是祖国的未来，是生态文明建设的生力军，是绿色现代化实现的中坚力量。因此青少年思想道德教育作为社会主义现代化建设人才培养的基础工程，不能做生态环境与绿色发展的旁观者。思想道德教育时代新人的培育与青少年成长成人的实现，正是青少年思想道德教育的生态向度。

一、人的现代化的生态内涵

经济人是资本主义价值增值的产物，培养的社会人具有显著的"竞争"性。在资本主义社会，经济人主要充当剩余价值和交换价值产生及运行的工具，其竞争的直接目的是创造更多利润与资本增值，导致整个社会的生产是利润的生产。与生产者或者说劳动者社会生活的生产具有不可调

① 《让绿水青山造福人民泽被子孙——习近平总书记关于生态文明建设重要论述综述》，载《人民日报》2021 年 6 月 3 日。

和的矛盾。因此，马克思在《哲学的贫困》中指出，竞争使人们的利益分裂，最终导致资本主义人的生存"异化"。即使有生态正确和生态治理，也仅仅是对经济人的外在规范，缺乏对人的内在品行的提升，出现资本主义生产"规中无人"的经济"规范"。只有趋向人类共同体构建的同盟才"片刻不停地随着现代工业的发展和成长而日益进步和扩大"①。与"竞争"关联对立的"同盟"思想，是马克思对资本主义批评的生态向度。生态人是在竞争的基础上发展的生态集体主义，是人与自然和谐共生的物质交换基础上演绎出的美好生活共同体，是对经济人的超越，是社会人的完善。从生态文明视角来看，生态人是对其他文明形态人的生存范式的辩证否定。

生态人之所以具有"同盟"的旨趣，就在于其对自然、对他人、对自己的"共同体"态度，是实现人的全面解放的必经阶段。生态人不仅关注人与人、人与社会的关系，还关注人与自然的关系。在与自然相处中，具有系统性思维，既不是自然人的自然崇拜而在自然之下，也不是经济人的征服自然而在自然之上，他追求和自然的共生、一体；在与他人的相处中，超越人的依赖或物的依赖，秉承公平和正义，追求人的解放，实现每个人的自由发展成为他人自由发展的条件。在与自己相处中，真正区别于动物，"法天而立道""与天地合其德"，推行"己所不欲勿施于人"的生态道德②，在劳动中而非消费中体验和感受快乐。同时，生态人之所以具有时代新人的内涵，就在于其不仅对自然人和经济人的超越，还是对人类命运共同体的话语构建，符合绿色发展规律，顺应人类面临环境困境而对人性的呼唤，对生产和消费的重构，对人和劳动价值的再认识。在社会主义现代化进程中，生态人是当前从生态扶贫到生态富裕的图式。

习近平总书记指出，"我们要建设的现代化是人与自然和谐共生的现代化"③，这里的现代化张力，理应包含人的现代化。何为人的现代化，在当今寻求解决生态困境中，除了技术技能理性的现代化，人的思想现代化

①《马克思恩格斯文集》（第 1 卷），北京：人民出版社 2009 年版，第 653 页。

② 陈红、孙雯：《生态人：人的全面发展的当代阐释》，载《哈尔滨工业大学学报》（社会科学版）2019 年第 11 期。

③《让绿水青山造福人民泽被子孙——习近平总书记关于生态文明建设重要论述综述》，载《人民日报》2021 年 6 月 3 日。

应该在场。具有新发展理念的生态人思想在生活、生产中无不彰显生态的价值和人的"现代"。

二、思想道德教育的生态构建

思想政治工作是一切工作的生命线。生态文明新形态的构建和生态人的培养，同样离不开思想道德教育的社会功能，不能轻视其"生命线"作用。习近平总书记指出，新矛盾下，"既要创造更多物质财富和精神财富……也要提供更多优质生态产品以满足人民日益增长的优美生态环境需要"①。这不仅为生态经济建设和绿色高质量发展提供了经济指引，更为思想道德教育指明了生态向度。如果说社会可以在生态产品上服务生态人，那思想道德教育就可以在生态教育上塑造生态人。

生态人培养的思想道德教育功能生成。在经济人社会中，思想道德教育聚焦政治、经济和个体的"自由"，千方百计提升人的"征服能力"，维护的是经济利益、政治关系或"普世价值"。这样的思想道德教育缺乏对自然的关怀，缺乏对人生存风险的评估，从而导致外在规范与内在修养的悖论，个体竞争与共同体分裂的悖论。2020年新冠病毒大流行给人类带来生存困境的同时，加深和加速了人们对经济人的再认识和对中国思想道德教育生态功能的点赞。从目前学术界对思想道德教育社会治理理论研究成果来看，具有弱关联性的自然环境对思想道德教育却产生了直接的、较为明显的影响。同样，我国这次思想道德教育也的确在协同抗疫的社会动员、人民至上的制度认同、居家隔离的合法性评价等方面发挥了思想道德教育的生态自适性、生态自觉性和生态自为性②。

生态人培养的思想道德教育要素生成。马克思主义"生态人"思想为中国制定正确的发展路线、抗疫方针、生态富裕提供了正确的行动指南③，当然也为当下生态教育，特别是"三为"构建的生态人培养提供了范式和

---

① 《让绿水青山造福人民泽被子孙——习近平总书记关于生态文明建设重要论述综述》，载《人民日报》2021年6月3日。

② 张毅翔：《从自适、自觉到自为：重大疫情应对中思想政治教育的整体性构建》，载《思想教育研究》2020年第3期。

③ 郁蓓蓓、孙昊犇、陆树程：《论马克思"生态人"思想及其当代价值》，载《世界哲学》2019年第3期。

图景。一要修复和搭建自然、人与思想道德教育的社会良性生产体系，破除人与人、人与社会的"小圈子"，增加精神生产份额，丰富思想道德教育应有的治理功能和生态意蕴，推动绿色发展。二要围绕和巩固生态人意识、生态人情感、生态人生活的生态人生存价值体系，在思想道德教育要素供给、内容创新、空间布置、媒体应用等方面提供更多的生态教育产品，匡正思想道德教育的政治偏袒和经济偏好，弘扬生态集体主义①。三要回归和遵循促进青少年成长成人的生态教育体系，在教材、教学、教法和评价上守正创新，培育人类文明新形态下的幸福生态人。

三、青少年思想道德教育的生态取向

生态人培养的对象是全体社会人，但关键时期是"拔节孕穗期"的青少年。因为代表人类未来的青少年具有"三好"的阶段性属性：好奇、好动、好强。青少年时期，无论是对生活与社会，还是对自然与科学，都具有童真式好奇，达尔文因为好奇泥土可以长出庄稼却"生"不出小狗而最终著成《物种起源》，张衡因为好奇北斗星的"倒挂"而最终创造了传世杰作地动仪。好奇心是创造性思维的萌芽，是青少年成长过程中的自然禀赋，也是孩子们的天性和本能。从教育效果论看，这时的青少年，是生态教育和引领工作的最佳时期，科学的生态教育能满足其对世界万物的好奇。习近平总书记指出，"好奇心是人的天性，对科学兴趣的引导和培养要从娃娃抓起"②。作为教育，要抓住青少年"好奇"的关键时期，做好生态引领与价值指导。

好动同样是青少年时期的又一天性。抗日名将吉鸿昌曾说，路是踏出来的，人的每一步行动都在书写自己的历史。青少年好动的激情同样是探索知识的开始，迈向思考的第一步。平静的湖面，练不出精悍的水手。青少年只有在自己的"无知"好动中、勇敢"叛逆"中、好奇动手中，或吃一堑长一智完成"失败是成功之母"，或实现激流勇进一步一个台阶。当然，动是变量，有玩物丧志的可能。但只要有思想道德教育的生态塑形，

---

① 耿步健：《生态集体主义：构建人类命运共同体的重要价值观基础》，载《江苏社会科学》2020 年第 2 期。

② 习近平：《在科学家座谈会上的讲话》，载《人民日报》2020 年 9 月 12 日。

一定会有量的积累的同向。这时的思想道德教育，就是要抓住动态的"好塑形"，做好塑造青少年灵魂的工程，树立生态人的价值和绿色形象，使青少年动的旅途少些"黑色"与"灰色"的弯路。

在人的成长过程中，有攀比、攀富、攀贵的可能，但对青少年来说，更多的是期盼老师和父母表扬的认可。这种争做第一的"纯洁"好强，是孩子们学习和进步的原动力，也是人类文明进步的必要前提。巴尔扎克曾说，一个能思考的人，才真是力量无边的人。这时的学校教育也好，社会环境也好，要懂得雪中送炭好帮助的道理，多提供一些必要的条件，帮助青少年及时感受到成功的体验和生态的阳光。

青年就是未来，教育就是指路。我们要为青少年创造一个什么样的时代，就看我们给孩子提供什么样的教育、培育什么样的人。思政道德教育的生态向度，就是要契合生态人培养的主体和边界，不仅要调节人与自然关系的自适，引领文明新形态的自觉，更要做好培养生态人的时间"自为"。依据和激发青少年的好奇、好动、好强的属性，抓住其成长阶段的好引领、好塑性、好帮助的机遇，引领其对生态美的追求，完成其对生态人的塑造，帮助其对生态价值的提升。

青少年思想道德教育的生态向度，对接了社会人，超越了经济人，完成了知识传授与生态引领的统一，实现了青少年思想教育与青少年健康成长的生态和解与绿色互动。

社会主义生态文明教育旨在培养生态文明建设的生态公民，确保实现人的充分发展与生态系统全面改善。

——蒋笃君、田慧

第 十 五 章

生态文明教育融入思政课要义

生态文明建设是一个系统工程，受生活和生产的影响，不仅需要党的领导，政府引导，社会参与，地方落实，还需要高校，特别是立德树人的关键课程思想政治理论课发挥主阵地作用，自觉担当为党育人、为国育才的功能定位，把生态文明教育融入思政课，培养绿色发展的后备人才。

一、生态文明教育的价值耦合

在工业文明社会，科学与人文的冲突不可调和，所有的文明在野蛮的大炮面前好像一文不值。所以斯诺曾指出两种文化不去交流那是十分危险的①。为了破解科学文化与人文文化这两种"文化之争"，在高校学科设置中，便出现了"知识学科"到"交叉学科"和"跨学科"的变迁。从而推动了"新知识文化"生态文明的发展。生态文明不仅含有政治、经济、社会、价值等人文研究，还含有生态、环境、生物、地质等自然科学知识及技术操作。它的研究对象不仅关注于"建构"绿色科学的自然事实问题，还研究"应该建构"什么样的生态科学的社会价值问题，即关注于科

---

① C. P. Snow：*The Two Cultures*，Cambridge：Cambridge University Press，1998：90.

学的人文关怀，这也是生态文明研究者的价值使命和不懈追求。从马克思主义发展与发展观的角度分析，生态文明既含有发展的科学，又含有发展的哲学，是把"如何发展得更快"与"什么样的发展才是好的发展"两个问题进行了生态"联姻"。因此生态文明教育相比其他课程，是更追求于人文文化与科学文化的有效交流与跨文化融合，这也是迎接生态文明时代到来的学科贡献与教育智慧。

　　生态文明教育满足两个需要。从社会发展层面来看，无论是古代的大禹治水，还是如今的南水北调；无论近代的"三光政策"，还是现代的海湾战争，都深刻说明了生态环境是人类生存的前提条件，自然气候是社会变化的终极原因。只不过面对相同的生存境遇，不同文化教育下采取的方式有文明与野蛮的区别罢了。从个人层面来看，无论是"森林盗窃案"，还是"人民对美好生活的向往"，都印证了人的环境依赖、人是自然的一部分。

　　未来的社会，是文明的社会，是创新的社会，需要创新型教育。生态文明教育从马克思主义历史唯物主义出发，重现了环境气候的变化与人类文明的变迁，科学地阐释了社会的发展规律和人应有的发展观，实现了人的发展需要教育和社会发展需要教育的统一，为构建人类命运共同体凝聚了统一意识的可能。功利主义研究的代表人物穆勒指出，人生的终极目的，就是尽可能多地免除痛苦，并且在数量和质量两个方面尽可能多地享有快乐[①]。如何免除痛苦，如何增加快乐，不是资本主义生产、剥削、侵略甚至战争能够实现的；损人利己不是中华文化和生态文明所倡导的。唯有开展生态文明教育，传播马克思主义生态文明观与人民至上的价值观，树立生命共同体理念，才能实现世界持久的和平与发展。

　　生态文明教育的价值指引。工业文明单纯追捧人的"伟大"，过重强调人的"能动性"和"征服"能力，造成人们形成"金钱万能""技术万能"和"资本万能"，从而忽视了人与人、人与自然应有的情感，助推劳动与人的异化。生态文明是对工业文明的超越，不再培养单向度的人，不再以人类中心主义或者生态中心主义为标准哲学，突出生态环境与人类文明的共生与共成，培养生态人。这就为学生的成长成才指明了方向，促成

――――――――

① ［英］约翰穆勒：《功利主义》，徐大建译，北京：商务印书馆 2019 年版，第14页。

新时代大学生不仅要获得发展的知识和技能，还要获得形而上的沉思，掌握什么是"好的发展"。

这对思想政治教育而言，是一种新形态的思想政治工作，丰富了以学生为本，因事、因时、因势地调整了思想政治工作内容和思想政治教育方法，为构建科学消费、绿色生活、生态生长的生态文明打下了广泛的群众基础。而且，相对于其他思政载体，生态文明教育更是一种隐性教育，具有资政育人和润物细无声的效果。

二、生态文明教育的思政导向

青年的价值取向决定了未来整个社会的价值取向①。生态文明教育不是《增长的极限》的悲观教育，不是资产阶级庸俗经济学家马尔萨斯人口论的片面教育，更不是帝国主义环境污染转嫁和资源掠夺教育，生态文明教育是共同体教育、感恩教育和创新教育的思政导向。

1. 共同体教育是思政教育的新使命

进入近代以来，有些人为什么成为秩序的扰乱者，文明的冲突者，生态的破坏者？就其个人而言，在资本无限扩张的背景下，其无限占有欲的习气难除。他们渴望不朽，认为平淡的生活不值得过，总要从自然、社会和他人中得到自己的欲望和便宜。于是很难按良知行事，其贪痴已经把本知、理性给遮蔽了。

孔子没有轰轰烈烈的大事大功，和学生拉拉家常就成为万世师表；雷锋没有杀过贼王、擒过反叛，就在为人民服务的平凡中成为青春的活法。特别是在人类命运共同体的新时代，追逐不朽乃是虚妄、追逐金钱乃是虚空。只有渴望自然生活、绿色生活、平淡生活的人才能真正与自然共生，与大地同在，与日月同朽。因此在思政课中，教师要引导学生树立人类命运共同体思想，友善对待城邦中的一草一木。作为未来社会的建设者，更要在了解生态阈值、尊重自然规律的基础上，以热爱自然如同热爱自己的真切情感诠释生命共同体何以可能以及如何可能②。

---

① 《习近平在北京大学师生座谈会上的讲话》，载《人民日报》2014年5月5日。
② 张彦等：《涵养好品德——〈新时代公民道德建设实施纲要〉十讲》，北京：人民出版社2020年版，第52页。

2. 感恩教育是思政教育的责任田

人与自然的关系，最终体现并受制于人与人之间的关系。人与人之间的关系决定于生产关系、社会制度和个人修养等。但从文化的视角，人与人之间关系的改善和固定更多依赖于恩情。滴水之恩当涌泉相报是人类血浓于水之后的第二关系纽带。没有恩，靠权力、金钱或者什么爱情的誓言，最终的结果都是公共资源悖论或资源诅咒。近代西方资本生活中，为什么有人哗众取宠、搬弄是非、制造矛盾、打压他人、见利忘义、争做"小人"，就在于其打着契约的旗帜和民主的幌子，进行着资本和利益的维系。恩情，包括对社会、对自然的感恩之情，是一个民族为什么优秀，一个国家为什么强大的民族素养。捧着一颗感恩的心，人人争做圣人、贤人和大丈夫，怎么可能不产生灿烂文明？哪一个民族的祖先不是从森林中走来，哪一个地方的大经济区不是源于水？感恩于山，靠山养山；感恩于水，傍水惜水，是人类应有的良知。

这就是生态文明教育的思政契合点，主动发挥立德树人的关键课程作用，加强大学生感恩教育，明确地告诉同学自然对人没有"应该"。相反，人要自觉牢记嘱托，感恩奋进。

3. 创新教育是思政教育的新内涵

创新是一个民族发展的灵魂，也是环境治理和绿色发展的根本出路。在生态文明教育中，创新教育是其重要主题。一要引导学生思考自然界对人类社会产生的影响和近代资本主义对自然界的不断改造悖论，推动学生提高对自然规律的认识和把握。二要引导学生思考发展与发展观的矛盾运动，提高学生对科学的认识和对人文的关怀。三要引导学生对技术的矛盾分析，提升同学们的创新思维和创新意识。这就从思想政治教育的高度，为生态文明建设培养了既讲情怀，又讲政治，还讲创新的高素质生态人才。

三、生态文明教育的收益性实现

在生态文明教育中，不免有其收益性的追问。特别是在同学们走出校园后，参加生态文明建设实践、发展绿色经济时，面对要生活还是要生态的"矛盾"，怎么处理好绿水青山与金山银山的关系，怎样认识 GDP 与

GEP，是生态文明教育的收益性问题。前文已经赘述，在资本主义生产关系下，资本积累的最高追求决定了公共资源的悲惨命运和人们对公共利益的消极态度。所以在生态文明教育中，给予生态人收益性的就是生态环境的好坏与政治文明的衰落有必然的联系。人类幸福与智慧的来源必须以良好的生活环境为背景，创造生态经济。

生态经济是创新经济，人在创新中获得无限价值。人对自然的能动关系，在新时代，突出的表现在科学技术之中[1]。也就是说绿色经济本质上是革命的，其发展的基础和动力是不断地创新，因而其技术基础必然是领跑的，是智能的工业、数字的农业和区块链的服务业。如果单纯地靠山吃山、靠水吃水，那是刻舟求剑或守株待兔，带来的必然是人与自然的荒野。比如铜仁在高质量绿色发展中，应主动掌握新技术、搭建新平台，掌握"特有的生产资料，即机器本身，必须用机器来生产机器"[2]。从历史实践来看，地方在发展过程中，落伍的、被打败的原因从来不是竞争对手，而是自己的创新能力。就像移动短信创收业务的消失不是来自联通短信的竞争，而是被微信打败；统一方便面销售的逐渐萧条不是因为其他品牌的方便面侵占了市场份额，而是被美团击打。同样，传统的旅游业、种养业、农产品加工业，如果不及时进行技术创新，即使现在尚有"绿色"的荣光，也有被新业态淘汰的危险。当今世界……谁排斥变革，谁拒绝创新，谁就会落后于时代，谁就会被历史淘汰[3]。从教育角度来说，思政课教师要责无旁贷地把学生培养成有创新意识和创新能力的人才，激发社会创新型经济。

生态经济是等值经济，人在使用价值中满足需要。马克思主义生态文明观清晰地告诉我们，基于交换价值的剩余价值生产，其结果不仅造成了人类社会的剥削、霸权和冷漠，还导致人的异化和自然的毁灭。面对人与自然的这种"冲突"，曾有人提出了《增长的极限》这种悲观与失望的观点；也有人"乐观"，提出了"市场"和"技术"是万能的。现在来看，

---

① 孙正聿等：《马克思主义基础理论研究》（上册），北京：北京师范大学出版社 2019 年版，第 460 页。

② 马克思恩格斯文集（第 5 卷），北京：人民出版社 2009 年版，第 441 页。

③ 习近平：《开放共创繁荣 创新引领未来——在博鳌亚洲论坛 2018 年年会开幕式上的主旨演讲》，载《人民日报》2018 年 4 月 11 日。

我们可以自信地告诉同学们：光有技术还不行，还要有制度的构想，那就是马克思主义"人的解放"学说才是人的终极目标。共产主义优越于资本主义的地方之一就是打破基于交换价值的市场经济，构建基于使用价值的等值经济①，实现社会生产的原初目的：以产品的自然属性即使用价值来满足人的需要，实现人与自然的"等量"交换。同时引导新时代大学生坚定马克思主义的理论自信，树立共产主义的远大理想。

生态经济是文化经济，人在文化滋养中获得自由。什么是财富？在原始文明，农业文明，工业文明时代，分别主要是工具、土地和资本的占有。在人类现代化的生态文明时代，人类的财富观念不再是货币拜物教，有的追求美丽，有的向往健康，有的渴望尊重，还有的崇拜速度。就如同生态思想，从环境史来看，也至少经历了从生态伦理到生态政治，再到生态经济和生态文化的转变。文化是人区别于动物的根本，是人文明于物质的标志。同样，在生态经济中，唯有打造生态文化，唱响地方文化品牌，才能引起生态人的同情和共鸣，提高生态人的真正幸福，实现人的自由和解放。

不限于生态经济，把生态文明教育融入思政课中，让社会和学习者受益，增强生态文明教育的收益性，达到孔子所提倡的既有"内圣"、还要"外王"的局面，是生态文明建设与建设生态文明必须持续关注的综合问题。在传统思政中，"收益性"往往被忽视，甚至有些老师潜意识里片面认为，"收益性"是工业文明的产物，造成教师"教"与学生"学"的分离，特别是思想政治理论课，单向地灌输论导致思政课"无情""无味"而"无用"。突出的表现在传统的思想政治理论习惯于"平地一声雷"，教师一张口就是理论概念、理论价值和理论意义，教学生一头雾水。所以生物学、物理学、气候学等研究者听课后指责思政课，缺乏严谨性！当然，思政课教师也往往不服气，指责那些环境专家、政府官员上课专注于问题的具体解决方案，缺乏高度！

---

① 孙正聿等：《马克思主义基础理论研究》（上册），北京：北京师范大学出版社 2019 年版，第 479 页。

建设生态文明必须反对异化消费，树立科学消费观，从思想观念上、生活方式上着手构建和谐的人格及和谐的人际关系，这是实现人与自然关系和谐的必由之路。

——张文富

第 十 六 章

生态文明教育课堂革命

如何开好生态文明教育，贯彻落实好习近平生态文明思想，培养具有生态文明意识和绿色发展技能的高素质地方人才，是新时代生态文明建设和地方高质量绿色发展的关键一环。

传统的思想政治理论课属于单向授课模式，把学生放在教师的"台下"，由教师一个劲儿地讲授理论的"应该"，即教师讲学生听的"跟我学"模式。这种模式的思政课教学，讲师的讲台只停留于知识传授，而没有进行价值引领，即只"讲知识"、不"讲使命"。如在讲到"习近平生态文明思想"时，只注重理论知识的面面俱到，导致理论与现实生活脱节，内容与社会实际脱节，缺乏政治性、缺乏实践体验、缺乏育人功能。教学一般都是两步走：一是介绍内涵，突出坚持习近平生态文明思想的重要性；二是介绍方法，强调促进人与自然和谐共生的格局和要求。其采用的是典型的教师讲、学生听的"跟我学"课堂模式。

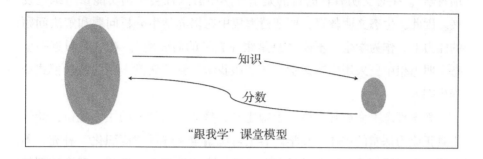

"跟我学"课堂模型

在这个"跟我学"课堂上，教师是主体，职责是传授学生知识，学生是传授知识的对象。造成学生在听"死理论"时，因为没有温度、没有互动、没有实践，而没有触感和共鸣，导致被动接受、被动学习。甚至因为个别教师把学生当作没有感情和个性的灌输对象，教学内容教条化、教学方式僵硬化，长期无法给予学生精神突围的快感，无法激发学生振臂欲搏的豪情，无法唤起学生参与生态文明建设的旨向，无法营造让学生体验自我价值的氛围，学生对思政课逐渐抱有抵触和怀疑情绪。

在教学评价上，崇拜知识的量化和考试的显性，造成方式较为单一和"粗暴"，考试把学生视为"敌人"，仅以上课的出勤率和期末考试成绩定等级，不能客观地反映学生思想道德素质状况，更不能推动学生参与式学习、激发学生社会性贡献。最终的结果，生态文明教育把生态文明理论与绿色发展实践分开，学生无法在实践上学以致用。

根据习近平总书记在学校思想政治理论课教师座谈会上的讲话精神，结合《职业教育提质培优行动计划（2020—2023)》《关于深化新时代学校思想政治理论课改革创新的若干意见》和《高等学校思想政治理论课建设标准（2021年本)》等文件精神，深化思想政治理论课改革创新，推动新时代高校思政课"课堂革命"势在必行。作为思政课教师，得主动承担"三教"改革的排头兵，推动课堂革命，充分发挥自己的积极性、主动性、创造性，坚持八个统一，不断增强思想政治理论课的思想性、理论性和亲和力、针对性。在"课堂革命"中注重过程考核和教学效果考核，引导学生矢志不渝听党话跟党走，争做社会主义合格建设者和可靠接班人，推动构建生命共同体。

毛泽东指出，教改的问题，主要是教员问题。"课程讲得太多，是繁琐哲学"。生态文明教育的目的是引导学生融入社会后确实能参与绿色发展。因此，生态文明教育，要把精力集中在培养学生分析问题和解决问题的能力上。作为学生，不要"只是跟在教员的后面跑"。在学习习近平生态文明思想中，采用生态课堂：从"跟我学"到"跟党走"的教学模式培养生态人。

教学理念上变教师主体为教师主导，努力突出学生的主体地位，让学生真正成为课堂的主体。教学内容上对统编教材进行"高职化"补充，不断将生态文明理论与实践的具有时代性、高职性和地方性的元素渗透到教学中。以高职学生喜闻乐见的方式，深入浅出地讲授教材理论，将统一的教材体系转化为适应高职学生需求的专题学习体系。

教学模式和方法上通过"四变"，打造从"跟我学"到"跟党走"的四季式、参与式、沉浸式生态教学模式，实现学生由被动学习向主动参与、积极思考转变，由课堂的听众向课堂的主体转变。按照"六学、六有"系统构建"三性一力"的思政课，做到理论修养与价值引领同步，引导学生按照"春撒种子、夏耕耘，秋来收割、冬考验"的生态流程做好课前调研、课中展研、课后实践和拓学的全过程学习模式。

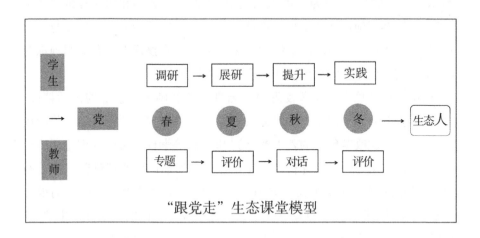

"跟党走"生态课堂模型

一、主要目标

为党育人是思想政治理论课"课堂革命"、形成"跟党走"生态课堂的出发点和落脚点。具体目标包括以下两方面。

（一）解决的问题

1. 回应时代呼唤，聚焦思政关键词，完善《生态文明教育课程标准》，解决思政课重视知识、轻素质的问题，重理论讲授、轻实践教学的问题。

2. 开发专题教学工作任务清单，拓展思政课由课上到课上课下、由线上到线上线下、由校内到校内校外、由考试分数到多元评价的"四季"学习过程，达到"浇花浇根，育人育心"生态化。

3. 完成《生态文明教育评价考核体系》，注重过程评价、成果评价与增值评价，做到习近平生态文明思想的知、能、行的价值引领。

（二）预期成果和创新

1. 形成《生态文明教育课程标准》和《生态文明教育课程评价考核体系》。

2. 形成专题教学工作任务清单。

3. 形成系列学生展示视频。

4. 开辟新的生态文明实践基地和乡村振兴教育基地。

二、工作过程

（一）基本思路

通过学习时空由节变季、学习方式由讲变论、学习内容由点变线、学习评价由卷变现的"四变"，打造从"跟我学"到"跟党走"的四季式、参与式、沉浸式生态教学。

（二）基本方法

立足目标导学、自组探学、合作研学、展示赏学、检测评学、课后拓学的"六学模式"，搭建课堂有理趣、学习有方法、交流有慈爱、育人有手段、个性有张扬、成果有评价的"六有课堂"，按照教师、教材、教法、教风、教案"五教合一"的要求，创建四季"跟党走"的生态课堂。

（三）基本程序

1. 春的播种：学习时空由节变季。在"跟我学"课堂，思想政治理论课属于公共基础课，学生的学习过程只有听课、作业和考试，学习的场所只有课堂一节课，学习的时空只有课上。"跟党走"生态课堂就是要根据"全程育人"理念，打通学习时空，打造"学生主体"课堂。变传统"跟我学"课堂的一节课为春夏秋冬四个流程，分课前调研、课上展示、课上对话和课后实践。在课前，引导学生根据老师布置的专题主题走向社会、走向森林、山地和河流，收集生态方面的资料、收集环境方面的问题。课上时间对分，第一部分则主要是组织学生根据自己的"收集"进行教学展示。第二部分是教师与学生对话，提升理论水平。课后就是实践。这样在无形中，提升了学生学习的主动性，扩大了学生学习的时空。

2. 夏的耕耘：学习方式由讲变论。在"跟我学"课堂，思想政治理论课教师为了完成教材进度和提升学生"成绩"，只讲生态知识，只讲环境史实，即只讲"自己"的理论，"自夸"生态文明"如何好"，不顾学生感受。"跟党走"生态课堂就是按照自组探学、展示赏学、理论对话的模式，变学生为主体，把课堂时间对分，前一部分学生做主角，在课前充分准备的基础上进行自我展示；后一部分师生对话，围绕学生展示情况和课前布置的主题进行积极研讨。研讨中，老师侧重话题补充和价值引领。如在学生展示"知识"的基础上引导学生分析其"来处"；在学生展示"史实"的基础上追问学生其"史识"；在学生展示绿色发展"如何好"的基础上激发学生思考过去人们探索的艰辛与不易、中华民族生态哲学的博大与精深。这样学生自己在课堂"耕耘"中不知不觉养成透析环境治理复杂现实的能力、把握生态污染问题实质的能力、养成科学的生态思维习惯，从而达到思想政治理论课"一个心灵唤醒另一个心灵"。

3. 秋的收获：学习内容由点变线。在"跟我学"课堂，课堂是学生学习的唯一空间，学生收获的是课上教师讲授的教材知识点。下课后，由于思想政治理论课是公共基础课，学生再次学习的机会几乎为零。"跟党走"生态课堂就是按照春种、夏耕、秋收和冬验的生态流程，打通思想政治理论课的学习场域，构建主题调研、主题展示、主题讨论、主题实践的学习模式，形成生态文明教育主题一条线。特别在主题调研和主题实践阶段，学生可以围绕主题，走出课堂向线上延伸、走出校园向社会出发，开展网上"原住民"生活和社会"骨感"关照，提升学生的实践能力。促使新时代大学生在实践的触感中自我认识到环境问题"为何重要"，绿色发展的结论"何以如此"。

4. 冬的考验：学习评价由卷变现。在"跟我学"传统课堂，学习结束后，学校会组织学生参加考试，考试成绩便是学生学习这门课程的"结论"和"成果"。有时老师为了学生顺利毕业和就业，对学习效果不好的、分数考得比较差的，一般会在考试中"施水"，至少在补考中"放水"。"跟党走"生态课堂就是变课后考试为课上表现、课外实践和课下成果，形成过程评价、成果评价与增值评价的综合评价体系。切实通过新的评价体系引导学生"跟党走"，帮助学生从心底上坚定生态文明建设和绿色发展的信心，从行动上积极参与到构建人类命运共同体的实践中来。

三、教学保障

"跟党走"生态课堂是思想政治理论课的"课堂革命"，学习时间延伸到"四季"，学习空间拓展到线上和校外，主讲教师扩大到团队。因此，开展好"跟党走"生态课堂，需要以下教学条件。

一是有一个有"良心"的教学团队。办好思政课，关键在教师，好的教师关键在有没有积极性、主动性和创造性，有没有责任心。承担着铸魂育人重要任务的思政课教师，必须要有坚定的马克思主义立场，坚持为党育人、为国育才。站在培养社会主义建设者和接班人的高度，做好春的专题策划、夏的耕耘对话、秋的收获帮扶和冬的验收把关。

二是有数量充分的校外生态文明实践基地。"跟党走"生态课堂，除了理论学习，更要提供数量足够和条件优越的社会实践基地，帮助学生走出校园，开展社会实践调研和现场体验。

三是大力发展现代化教育技术，加快推进教育数字化转型，方便"跟党走"生态课堂开展线上教学、线上实践等混合式教学，建设生态文明教育虚拟仿真实验室。

四是要提前把教材体系转化为教学体系，把教学体系转化为学习主题，设计好专题，帮助学生根据专题提前做好课前调研，收集优质的问题。因为优质的问题是促进学习的燃料。

四、实际成果、成效及推广情况

思想政治理论课"课堂革命"起于2018年，"跟党走"生态课堂实施于2019年3月。开展以来，完成了《生态文明教育课程标准》和《生态文明教育课程评价考核体系》，立项相关课题2项，发表相关论文多篇，开辟了覆盖铜仁各县区的生态文明实践基地和乡村振兴教育基地。目前思政课抬头率100%，学生教学评价连续3次都是98分以上，学生对习近平生态文明思想的价值信仰不再停留于认同教师的"独白"和教材结论，而是上升到情感认同、价值认同层面，学生能主动关注现实、关照未来。

同时带动了我院《毛泽东思想和中国特色社会主义理论体系概论》《贵州省情》《形势与政策》和《党史》等思想政治理论课的改革和应用，得到理想的效果。

五、体会与思考

"跟我走"的传统课堂是受工业革命的影响，效法专业课的知识灌输和技能培训，注重老师的说教，追求知识的量化和考试的显性，导致思政政治理论课欲速不达。

其实生态文明教育不仅是学习的问题，而且还是实践的问题。学习是基础，思考是关键，实践是根本[①]。无论是教师也好，还是学生也罢，都要在学习习近平生态文明思想的过程中，完成理论与实践的融合。

坚持为党育人，注重学生的行为塑造和价值引领，厘清思想政治理论课内生需求，尊重学生的主体地位，在此基础上把生态教学思想融入思政课堂，以问题设计为核心，构建"跟党走"四季生态课堂模式，实现了完善人才培养规则、提高人才培养质量的"课堂革命"初衷，达到了知行合一。

随着课堂革命的深入，下一步，"跟党走"生态课堂模式将进一步优

---

① 《杨叔子院士文化素质教育演讲录》，合肥：合肥工业大学出版社2007年版，第51页。

化学生、教师、学习主题、实践、环境和学习评价组成的"生态系统"，不断提升生态主体学生的"获得感"。特别在面向中华民族伟大复兴的第二个100年，"跟党走"生态课堂"课堂革命"应更加自信地立足于新的社会生产力和人类文明新形态，把思政小课堂同社会大课堂结合起来，注重启发性教育，最大限度地发挥为党育人功能，培养更多智能社会的生态人，实现学生发展"德福一致"、人与自然和谐共生。

结　语

　　生态环境问题不仅威胁到了人类的健康生存，还影响社会生产力的可持续发展。2005 年习近平同志在浙江安吉考察时，就从人类文明的发展方向和地方气候等实际出发，高瞻远瞩地提出了"绿水青山就是金山银山"的绿色发展理念。2015 年 6 月，习近平总书记在贵州考察指导时，针对贵州的历史沉淀和地理环境，要求贵州守住发展和生态两条底线，正确处理生态和发展的关系。语重心长的叮嘱贵州干部要像保护自己的眼睛一样保护生态环境，要像对待自己的生命一样对待生态环境，要走生态优先、绿色发展之路，使多彩贵州宝地固有的绿水青山产生巨大生态效益、经济效益和社会效益，走出一条有别于东部、不同于西部其他省份的发展新路，在"特色"产品上下功夫。

　　牢记嘱托，感恩奋进。2016 年 12 月，铜仁市委一届十一次全会通过了《中共铜仁市委铜仁市人民政府关于奋力创建绿色发展先行示范区的意见》，作出了"奋力创建绿色发展先行示范区"的战略决策。同年，铜仁市第二次代表大会则把"奋力创建绿色发展先行示范区，阔步迈向社会主义生态文明新时代"作为主题，把营造"活力迸发的经济生态、和谐稳定的社会生态、山清水秀的自然生态、多彩繁荣的文化生态、风清气正的政治生态"作为新时期的发展遵循和发展方向，描绘了"奋力创建绿色发展先行示范区，全力打造绿色发展高地、内陆开放要地、文化旅游胜地、安居乐业福地、风清气正净地"的宏伟蓝图。

　　通过近 3 年的理论与实践，铜仁市在生态底线上得到了"先行"，秉持了绿水青山就是金山银山的理念，守住了山青、天蓝、水清、地洁的底线，完成了绿廊、绿水、绿城、绿园、绿景、绿村工程。"一区五地"建设初见成效，2018 年地区生产总值为 1066.52 亿元，人均收入为 33720 元，均达历史最高，全市经济社会发展呈现出了总量扩大、质量向好、生态优美、位次前移的良好态势。

逆水行舟不进则退。在百年未有之大变局中，在新时代西部大开发出新绩中，铜仁高质量绿色发展先行示范区建设决不能就此止步。要按照构建绿色、共富、开放、仁义的铜仁标准，在绿色标准上继续"打造"，实现生产、生态与生活的统一，完成"铜仁样板"的高标准；要在绿色产业上继续"施工"，实现经济生态化与生态经济化的统一，完成山地经济、绿色经济"铜仁方案"的高质量。

坚定不移地贯彻五大发展理念，形成铜仁生态产业链，提升铜仁绿色品牌价值，实现铜仁"一区五地"建设占领新时代高质量绿色发展新高地，创新是关键，人才是基础，教育是根本。如今，在新一届市委、市政府的正确领导下，梵净星城正在高质量绿色发展和乡村振兴的道路上阔步前行，在"黄金十年"的基础上奋力创造更优异的成绩向党的二十大献礼。

参考文献

一、马克思主义经典著作

1. 《马克思恩格斯全集》（第 1 卷），北京：人民出版社 1956 年版。

2. 《马克思恩格斯全集》（第 2 卷），北京：人民出版社 1957 年版。

3. 《马克思恩格斯全集》（第 3 卷），北京：人民出版社 1995 年版。

4. 《马克思恩格斯全集》（第 3 卷），北京：人民出版社 1995 年版。

5. 《马克思恩格斯全集》（第 3 卷），北京：人民出版社 1960 年版。

6. 《马克思恩格斯全集》（第 23 卷），北京：人民出版社 1972 年版。

7. 《马克思恩格斯全集》（第 25 卷），北京：人民出版社 1997 年版。

8. 《马克思恩格斯全集》（第 26 卷），北京：人民出版社 1974 年版。

9. 《马克思恩格斯全集》（第 32 卷），北京：人民出版社 1974 年版。

10. 《马克思恩格斯全集》（第 34 卷），北京：人民出版社 1972 年版。

11. 《马克思恩格斯全集》（第 39 卷），北京：人民出版社 1974 年版。

12. 《马克思恩格斯全集》（第 42 卷），北京：人民出版社 1979 年版。

13. 《马克思恩格斯选集》（第 1 卷），北京：人民出版社 1972 年版。

14. 《马克思恩格斯选集》（第 1 卷），北京：人民出版社 1995 年版。

15. 《马克思恩格斯选集》（第 2 卷），北京：人民出版社 1995 年版。

16. 《马克思恩格斯选集》（第 3 卷），北京：人民出版社 1995 年版。

17. 《马克思恩格斯选集》（第 4 卷），北京：人民出版社 1995 年版。

18. 《马克思恩格斯文集》（第 1 卷），北京：人民出版社 2009 年版。

19. 《马克思恩格斯文集》（第 9 卷），北京：人民出版社 2009 年版。

20. 马克思：《资本论》（第 1 卷），北京：人民出版社 2004 年版。

21. 马克思：《1844 年经济学哲学手稿》，北京：人民出版社 2000 年版。

22. 恩格斯：《自然辩证法》，北京：人民出版社 1984 年版。

23. 《列宁全集》（第 5 卷），北京：人民出版社 1986 年版。

24. 《毛泽东文集》（第 6 卷），北京：人民出版社 1999 年版。

25. 《毛泽东文集》（第 7 卷），北京：人民出版社 1999 年版。

26. 《毛泽东选集》（第 2 卷），北京：人民出版社 1991 年版。

27. 《周恩来选集》（下卷），北京：人民出版社 1984 年版。

28. 《邓小平文选》（第 2 卷）北京：人民出版社 1993 年版。

29. 《邓小平文选》（第 3 卷），北京：人民出版社 1993 年版。

30. 《江泽民文选》（第 3 卷），北京：人民出版社 2006 年版。

31. 《胡锦涛文选》（第 1 卷），北京：人民出版社 2016 年版。

32. 《胡锦涛文选》（第 2 卷），北京：人民出版社 2016 年版。

33. 《胡锦涛文选》（第 3 卷），北京：人民出版社 2016 年版。

34. 《习近平谈治国理政》，北京：外文出版社 2014 年版。

35. 《习近平谈治国理政》（第二卷），北京：外文出版社 2017 年版。

36. 《习近平谈治国理政》（第三卷），北京：外文出版社 2020 年版。

37. 中共中央文献研究室：《十四大以来重要文献选编》（中卷），北京：人民出版社 1997 年版。

38. 中共中央文献研究室：《十六大以来重要文献选编》（中），北京：中央文献出版社 2006 年版。

39. 中共中央文献研究室：《十六大以来重要文献选编》（下），北京：中央文献出版社 2008 年版。

40. 中共中央文献研究室：《十七大以来重要文献选编》（上），北京：中央文献出版社 2009 年版。

41. 中共中央文献研究室：《十八大以来重要文献选编》（上），北京：中央文献出版社 2014 年版。

42. 中共中央文献研究室：《科学发展观重要论述摘编》，北京：中央文献出版社、党建读物出版社 2008 年版。

43. 中共中央文献研究室：《习近平关于社会主义生态文明建设论述摘编》，北京：中央文献出版社 2017 年版。

44. 《新华月报》编：《十六大以来党和国家重要文献选编：上（一）》，北京：人民出版社 2005 年版。

45. 《新华月报》编：《十六大以来党和国家重要文献选编：上（二）》，北京：人民出版社 2005 年版。

46. 江泽民：《论科学技术》，北京：中央文献出版社 2001 年版。

47. 习近平：《决胜全面建成小康社会 夺取新时代中国特色社会主义伟大胜利——在中国共产党第十九次全国代表大会上的报告》，北京：人民出版社 2017 年版。

48. 习近平：《干在实处走在前列——推进浙江新发展的思考与实践》，北京：中共中央党校出版社 2006 年版。

49. 习近平：《论坚持人与自然和谐共生》，北京：中央文献出版社 2022 年版。

二、中文著作

1. 乔石：《乔石谈党风与党建》，北京：人民出版社 2017 年版。

2. 竺可桢：《竺可桢文集》（第 3 卷），上海：上海科技教育出版社 2004 年版。

3. 陈嵘：《中国森林史料》，北京：中国林业出版社 1983 年版。

4. 陈亮：《人与环境》，北京：中国环境科学出版社 2009 年版。

5. 操鹏：《文都揽胜》，呼伦贝尔：内蒙古文化出版社 2000 年版。

6. 重庆市综合经济研究院、铜仁市发展和改革委员会：《铜仁市创建新时代绿色发展先行示范区规划研究》，北京：中国经济出版社 2019 年版。

7. 广州市环境保护宣教中心编：《马克思恩格斯论环境》，北京：中国环境科学出版社 2003 年版。

8. 洪银兴、孙宁华：《中国经济发展理论实践趋势》，南京：南京大学出版社 2016 年版。

9. 高放等：《科学社会主义的理论与实践》，北京：中国人民大学出版社 2004 年版。

10. 高文学：《中国自然灾害史》，北京：地震出版社 1997 年版。

11. 李德顺：《价值论》，北京：中国人民大学出版社 1987 年版。

12. 李惠斌、薛晓源、王治河：《生态文明与马克思主义》，北京：中央编译出版社 2008 年版。

13. 刘增惠：《马克思主义生态思想及实践研究》，北京：北京师范大学出版社 2010 年版。

14. 刘同舫：《马克思人类解放思想史》，北京：人民出版社 2019 年版。

15. 祁志祥：《人学原理》，北京：商务印书馆 2012 年版。

16. 荣兆梓：《政治经济学教程新编》，合肥：安徽人民出版社 2008 年版。

17. 孙正聿：《马克思主义基础理论研究》（上），北京：北京师范大学出版社 2019 年版。

18. 田丰、李旭明、叶金宝、郭秀文等：《环境史：从人与自然的关系叙述历史》，北京：商务印书馆 2017 年版。

19. 汪青松等编：《杨叔子院士文化素质教育演讲录》，合肥：合肥工业大学出版社 2007 年版。

20. 汪青松：《马克思主义中国化与中国化的马克思主义》，北京：中国社会科学出版社 2004 年版。

21. 汪青松、钟玉海：《中国特色社会主义理论体系百问》，合肥：合肥工业大学出版社 2008 年版。

22. 王雨辰：《生态批判与绿色乌托邦》，北京：人民出版社 2009 年版。

23. 薛晓源、李惠斌：《生态文明研究前沿报告》，上海：华东师范大学出版社 2007 年版。

24. 严耕、林震：《生态文明理论构建与文化资源》，北京：中央编译出版社 2009 年版。

25. 衣俊卿：《西方马克思主义概论》，北京：北京大学出版社 2008 年版。

26. 张盾：《马克思的六个经典问题》，北京：中国社会科学出版社2009年版。

27. 张文台：《生态文明十论》，北京：中国环境科学出版社2012年版。

28. 张彦等：《涵养好品德——〈新时代公民道德建设实施纲要〉十讲》，北京：人民出版社2020年版。

29. 张越：《民国时期生态环境思想研究》，北京：知识产权出版社2019年版。

30. 赵农：《一条绿色发展之路——对额尔古纳乡镇经济的考察与分析》，北京：中国社会科学出版社2013年版。

31. 竺效：《生态损害的社会化填补法理研究》，北京：中国政法大学出版社2007年版。

32. 钟玉海等：《科学社会主义理论与实践专题》，合肥：合肥工业大学出版社2007年版。

三、译著

1. ［德］康德：《康德著作全集》（第8卷），李秋零译，北京：中国人民大学出版社2010年版。

2. ［德］尤尔根·哈尔马斯：《作为"意识形态"的技术与科学》，上海：学林出版社2000年版。

3. ［德］雅思贝尔斯：《什么是教育》，邹进译，北京：生活·读书·新知三联书店1991年版。

4. ［加］本·阿格尔：《西方马克思主义概论》，慎之等译，北京：中国人民大学出版社1991年版。

5. ［美］戴维·施韦卡特：《超越资本主义》，黄瑾译，北京：社会科学文献出版社2015年版。

6. ［美］戴维·施韦卡特：《反对资本主义》，李智、陈志刚等译，北京：中国人民大学出版社2016年版。

7. ［美］戴安娜·马尔卡希：《零工经济推动社会变革的引擎》，陈桂芳译，北京：中信出版集团2017年版。

8. ［美］唐纳德·沃斯特：《自然的经济体系》，侯文蕙译，北京：商务印书馆 1999 年版。

9. ［美］约翰·贝拉来·福斯特：《生态危机与资本主义》，耿建新、宋兴无译，上海：上海译文出版社 2006 年版。

10. ［美］约翰·贝拉来·福斯特：《马克思的生态学——唯物主义与自然》，刘仁胜等译，北京：高等教育出版社 2006 年版。

11. ［美］濮德培：《万物并作：中西方环境史的起源与展望》，韩昭庆译，北京：生活·读书·新知三联书店 2018 年版。

12. ［英］布赖恩·巴克斯特：《生态主义导论》，曾建平译，重庆：重庆出版社 2007 年版。

13. ［英］安德·鲁多布森：《绿色政治思想》，郇庆治译，济南：山东大学出版社 2005 年版。

14. ［英］约翰穆勒：《功利主义》，徐大建译，北京：商务印书馆 2019 年版。

四、中文报刊、论文

1. 习近平：《完整准确全面贯彻新发展理念发挥改革在构建新发展格局中关键作用》，载《人民日报》2021 年 2 月 20 日。

2. 习近平：《在科学家座谈会上的讲话》，载《人民日报》2020 年 9 月 12 日。

3. 习近平：《在经济社会领域专家座谈会上的讲话》，载《人民日报》2020 年 8 月 25 日。

4. 习近平：《用新时代中国特色社会主义思想铸魂育人》，载《人民日报》2019 年 3 月 19 日。

5. 习近平：《开放共创繁荣 创新引领未来——在博鳌亚洲论坛 2018 年年会开幕式上的主旨演讲》，载《人民日报》2018 年 4 月 11 日。

6. 《让绿水青山造福人民泽被子孙——习近平总书记关于生态文明建设重要论述综述》，载《人民日报》2021 年 6 月 3 日。

7. 《习近平春节前夕赴贵州看望慰问各族干部群众向全国各族人民致以美好的新春祝福祝各族人民幸福吉祥祝伟大祖国繁荣富强》，载《人民日报》2021年2月6日。

8.《习近平在贵州调研时强调：看清形势适应趋势发挥优势善于运用辩证思维谋划发展》，载《人民日报》2015年6月19日。

9.《习近平在北京大学师生座谈会上的讲话》，载《人民日报》2014年5月5日。

10.《中央农村工作会议在京召开——习近平对做好"三农"工作作出重要指示》，载《人民日报》2019年12月22日。

11.《中国共产党第十九届中央委员会第四次全体会议公报》，载《人民日报》2019年11月1日。

12. 习近平：《推动我国生态文明建设迈上新台阶》，载《求是》2019年第3期。

13. 习近平：《在深入推动长江经济带发展座谈会上的讲话》，载《求是》2019年第17期。

14.《习近平春节前夕赴贵州看望慰问各族干部》，载《贵州日报》2021年2月6日。

15. 栗战书：《在中国共产党贵州省第十一次代表大会上的报告》，载《当代贵州》2012年第4期（下）。

16. 秋石：《中国特色社会主义旗帜是社会主义与爱国主义相统一的旗帜》，载《求是》2009年第18期。

17. 蔡仲：《科学与人文的分裂、冲突与融合——"科学实践哲学"视角的思考》，载《华南师范大学学报》（社会科学版）2014年第5期。

18. 谌贻琴：《传达学习贯彻习近平总书记视察贵州重要讲话精神》，载《贵州日报》2021年2月8日。

19. 谌贻琴：《发展是执政兴国的第一要务》，载《铜仁地委党校铜仁行政学院学报》2003年第3期。

20. 陈昌旭：《尊崇自然顺应自然保护自然》，载《当代贵州》2018年第31期。

21. 陈昌旭：《铜仁奋力创建新时代绿色发展先行示范区》，载《当代贵州》2018年第7期。

22. 陈昌旭：《奋力创建绿色发展先行示范区》，载《当代贵州》2017年第10期。

23. 陈少荣：《让"梵净山珍"更加健康养生》，载《贵州日报》2019年7月9日。

24. 陈华洲、徐杨巧：《美丽中国三个层次的美》，载《人民日报》2013年5月7日。

25. 陈学明：《在中国特色社会主义的旗帜下建设生态文明的战略选择》，载《毛泽东邓小平理论研究》2008年第5期。

26. 陈亮、哈战荣：《新时代创新引领绿色发展的内在逻辑、现实基础与实施路径》，载《马克思主义研究》2018年第6期。

27. 陈凯、高歌：《绿色生活方式内涵及其促进机制研究》，载《中国特色社会主义研究》2019年第6期。

28. 陈晓清：《耶鲁大学实行绿色教育与科研的理念措施》，载《中国高校科技》2016年第1期。

29. 程汪红：《文化的经济化和经济的文化化》，载《企业文明》2003年第9期。

30. 邓晓芒：《马克思人本主义的生态主义探源》，载《马克思主义与现实》2009年第1期。

31. 方时娇：《论社会主义生态文明三个基本概念及其相互关系》，载《马克思主义研究》2014年第7期。

32. 方世南：《绿色发展：迈向人与自然和谐共生的绿色经济社会》，载《苏州大学学报》（哲学社会科学版）2021年第1期。

33. 方世南：《马克思的环境意识与当代发展观的转换》，载《马克思主义研究》2002年第3期。

34. 方世南：《马克思社会发展理论的深刻意蕴与当代价值》，载《马克思主义研究》2004年第3期。

35. 郭道辉：《科学发展观与生态文明》，载《广州大学学报》（社会科学版）2008年第1期。

36. 葛厚伟：《传统儒家思想对新时代生态文明建设的有益启示》，载《人民论坛》2019年第34期。

37. 耿步健：《生态集体主义：构建人类命运共同体的重要价值观基础》，载《江苏社会科学》2020年第2期。

38. 高文洁：《浅析新时代中国特色社会主义社会发展动力》，载《延安大学学报》（社会科学版）2020 年第 1 期。

39. 高帅、孙来斌：《习近平生态文明思想的创造性贡献——基于马克思主义生态观基本原理的分析》，载《江汉论坛》2021 年第 1 期。

40. 韩卉：《习近平生态文明思想的贵州实践研究》，载《贵州社会科学》2020 年第 11 期。

41. 郇庆治：《生态文明创建的绿色发展路径：以江西为例》，载《鄱阳湖学刊》2017 年第 1 期。

42. 郇庆治、曹得宝：《关于习近平生态文明思想教学的若干问题研究——以北京大学为例》，载《中国大学教学》2021 年第 3 期。

43. 黄志斌、任雪萍：《马克思恩格斯生态思想及当代价值》，载《马克思主义研究》2008 年第 7 期。

44. 洪向华、杨发庭：《绿色发展理念的哲学意蕴》，载《光明日报》2016 年 12 月 3 日。

45. 侯佳儒：《全面推进生态文明法治建设》，载《中国生态文明》2019 年第 6 期。

46. 江永红、马中：《环境视野中的农民行为分析》，载《江苏社会科学》2008 年第 2 期。

47. 蒋笃君、田慧：《我国生态文明教育的内涵·现状与创新》，载《学习与探索》2021 年第 1 期。

48. 姜友维：《生态文明教育融入高职思政课研究》，载《高校党建与思想教育》2016 年第 1 期。

49. 康永久：《绿色教育的意蕴与纲领》，载《教育学报》2011 年第 6 期。

50. 李作勋：《做发展"干将"改革"闯将"攻坚"猛将"在新的赶考之路上交出优异答卷》，载《当代贵州》2022 年第 19 期。

51. 李蕉：《教学比赛比什么：从"一堂课"看思想政治理论课的"课堂革命"》，载《思想教育研究》2020 年第 1 期。

52. 李儒忠：《论文化产业》，载《新疆财经大学学报》2008 年第 2 期。

53. 李桃：《生态文明视阈下贵州少数民族生态文化研究——以新形势下"努力建设人与自然和谐共生的现代化"理念为指引》，载《贵州社会科学》2021 年第 9 期。

54. 廖国勋、夏庆丰：《苦干实干 开放创新——全面建设美好幸福新铜仁》，载《当代贵州》2012 年第 4 期。

55. 廖福霖：《三谈生态文明及其消费观的几个问题》，载《福建师范大学学报》（哲学社会科学版）2010 年第 4 期。

56. 刘奇：《推动井冈山高质量发展的调查思考》，载《求是》2019 年第 20 期。

57. 刘奇凡：《以改革统揽全局以改革开创新局》，载《当代贵州》2014 年第 1 期。

58. 刘奇凡：《探索铜仁后发赶超之路》，载《当代贵州》2012 年第 10 期（下）。

59. 刘焕明：《生态文明逻辑下的绿色技术范式建构》，载《自然辩证法研究》2019 年第 12 期。

60. 刘亦晴、张建玲：《比较视角下江西生态文明试验区建设研究》，载《生态经济》2018 年第 10 期。

61. 刘雅兰、卜祥记：《只有在社会主义制度中才能真正实践生态文明思想》，载《毛泽东邓小平理论研究》2020 年第 9 期。

62. 刘芳、李昕：《民族音乐文化与旅游开发的互动性》，载《大连民族学院学报》2009 年第 7 期。

63. 刘毓航：《时代新人型塑的生态向度：价值、目标与路径》，载《教育理论与实践》2020 年第 31 期。

64. 林默彪：《中国特色社会主义生态文明何以可能》，载《中共福建省委党校学报》2017 年第 7 期。

65. 卢丽刚、时玉柱：《弘扬红色文化与建设社会主义核心价值体系》，载《西安邮电学院学报》2009 年第 3 期。

66. 罗贤宇、俞白桦：《绿色教育：高校生态文明建设的路径选择》，载《云南民族大学学报》（哲学社会科学版）2017 年第 2 期。

67. 龙静云、吴涛：《绿色发展的人本特质与绿色伦理之创生》，载《湖北大学学报》（哲学社会科学版）2019 年第 2 期。

68. 孟志宏、李毅弘：《思政课与生态文明观念培育》，载《人民论坛》2011 年第 7 期（中）。

69. 祁家能：《从"文化"到"文化生产力"》，载《安徽工业大学学报》（社会科学版）2006 年第 2 期。

70. 潘岳：《生态文明的前夜》，载《瞭望》2007 年第 43 期。

71. 孙道进：《马克思主义环境哲学的本体论维度》，载《哲学研究》2008 年第 1 期。

72. 时青昊：《"物质变换"与马克思的生态思想》，载《科学社会主义》2007 年第 5 期。

73. 邵军：《"绿色教育"：杨叔子院士文化素质教育思想的核心》，载《中国科技论坛》2008 年第 6 期。

74. 任暟：《科学发展观：中国环境伦理学的理论基点》，载《马克思主义研究》2009 年第 7 期。

75. 申曙光：《生态文明及其理论与现实基础》，载《北京大学学报》1994 年第 3 期。

76. 唐登杰：《福建在推动高质量发展中实现新突破》，载《求是》2019 年第 19 期。

77. 汪信砚：《生态文明建设的价值论审思》，载《武汉大学学报》（哲学社会科学版）2020 年第 3 期。

78. 汪青松：《两个转变的互动与经济社会发展转型的实现》，载《当代世界与社会主义》2010 年第 6 期。

79. 汪旭、岳伟：《深层生态文明教育的价值理念及其实现》，载《教育研究与实验》2021 年第 3 期。

80. 王丽平：《中国共产党人民至上的理论逻辑、历史逻辑和实现方式》，载《新疆师范大学学报》（哲学社会科学版）2022 年第 1 期。

81. 王青：《新时代人与自然和谐共生观的哲学意蕴》，载《山东社会科学》2021 年第 1 期。

82. 王琳：《面对金融危机的中国文化创意产业创新》，载《国家行政学院学报》2009 年第 3 期。

83. 王成端等：《区域经济绿色发展的评价指标体系研究》，载《四川文理学院学报》2019 年第 9 期。

84. 王雨辰：《论生态文明的本质与价值归宿》，载《东岳论丛》2020 年第 8 期。

85. 王军：《准确把握高质量发展的六大内涵》，载《证券日报》2017年 12 月 23 日。

86. 韦建桦：《在科学发展观指引下创建生态文明——经典作家的理论构想和厦门实践的生动启示》，载《马克思主义与现实》2006 年第 4 期。

87. 吴宣恭：《新发展格局及对构建中国特色社会主义政治经济学体系的启示》，载《经济纵横》2021 年第 2 期。

88. 吴明红：《政治理论课高校思想政治理论课实践教学中融入生态文明教育的思考》，载《教育探索》2013 年第 10 期。

89. 夏庆丰：《后发赶超需要乘法效应先行先试》，载《当代贵州》2012 年第 11 期（上）。

90. 夏清：《如何让思想政治理论课有广度："课堂革命"与视角转换》，载《思想教育研究》2020 年第 1 期。

91. 肖永安：《迎接西部大开发，谋求铜仁大发展》，载《当代贵州》2000 年第 4 期。

92. 徐良梅：《马克思社会发展动力论在中国的当代发展》，载《中国社会科学报》2019 年 12 月 26 日。

93. 徐静：《从贵州生态文明路径探索看西部欠发达地区生态文明建设取向》，载《红旗文稿》2008 年第 17 期。

94. 徐春：《对生态文明概念的理论阐释》，载《北京大学学报》（哲学社会科学版）2010 年第 1 期。

95. 许邵庭：《牢记习近平总书记殷切嘱托努力在生态文明建设上出新绩》，载《贵州日报》2021 年 2 月 19 日。

96. 俞可平：《科学发展观与生态文明》，载《马克思主义与现实》2005 年第 4 期。

97. 余吉安、张友生、彭茜：《树立绿色素养理念培育高校绿色人才》，载《中国高等教育》2017 年第 23 期。

98. 姚伟钧、任晓飞：《中国文化资源禀赋的多维构成与开发思路》，载《江西社会科学》2009 年第 6 期。

99. 杨传柱：《推动贵州乡村候鸟式养老业发展》，载《贵州日报》2018 年 10 月 16 日。

100. 杨玉学：《实施"招商引资带动"战略促进铜仁经济加快发展》，

载《当代贵州》2003 年第 9 期。

101. 叶向红：《绿色教育"三尊重"理论探析》，载《中国教育学刊》2015 年第 4 期。

102. 郁蓓蓓、孙昃怿、陆树程：《论马克思"生态人"思想及其当代价值》，载《世界哲学》2019 年第 3 期。

103. 尹成勇：《浅析生态文明建设》，载《生态经济》2006 年第 9 期。

104. 张雄、范宝舟：《科学发展观精神实质初探》，载《哲学研究》2008 年第 11 期。

105. 张智光：《超循环经济：破解"资源诅咒"，实现"两山"共生》，载《世界林业研究》2022 年第 1 期。

106. 张涛：《新时代生态文明建设若干创新论断的哲学解读》，载《大连理工大学学报》（社会科学版）2018 年第 6 期。

107. 张汝伦：《什么是"自然"？》，载《哲学研究》2011 年第 4 期。

108. 张毅翔：《从自适、自觉到自为：重大疫情应对中思想政治教育的整体性构建》，《思想教育研究》2020 年第 3 期。

109. 张保权：《文化经济与经济文化》，《重庆社会科学》2006 年第 5 期。

110. 张晨宇、于文卿、刘唯贤：《生态文明教育融入高等教育的历史、现状与未来》，《清华大学教育研究》2021 年第 2 期。

111. 张军霞：《关于小学科学教材中生态文明教育的思考》，《课程 教材 教法》2020 年第 6 期。

112. 张文富：《生态文明视野下的科学消费观论析》，《前沿》2011 年第 13 期。

113. 赵克志：《如何走后发赶超路》，《求是》2013 年第 4 期。

114. 赵成、于萍：《生态文明制度体系建设的路径选择》，《哈尔滨工业大学学报》（社会科学版）2016 年第 9 期。

115. 周生贤：《生态文明建设：环境保护工作的基础和灵魂》，《求是》2008 年第 4 期。

116. 朱海涛：《中国特色社会主义制度优势生成的理论逻辑探析》，《理论导刊》2021 年第 2 期。

117. 朱炳元：《关于〈资本论〉中的生态思想》，《马克思主义研究》

2009 年第 1 期。

五、博士论文

1. 胡安军：《环境规制、技术创新与中国工业绿色转型研究》，兰州：兰州大学 2019 年博士论文。

2. 梁枫：《新时代中国农村生态文明建设研究》，保定：河北大学 2019 年博士论文。

3. 刘涵：《习近平生态文明思想研究》，长沙：湖南师范大学 2019 年博士论文。

4. 宋玉兰：《关系理性视域下马克思恩格斯生态思想研究》，长春：吉林大学 2020 年博士论文。

5. 王晶晶：《习近平以人民为中心的发展思想研究》，沈阳：辽宁大学 2019 年博士论文。

6. 王云鹤：《生态文明法治化的正义维度研究》，武汉：华中科技大学 2019 年博士论文。

7. 夏承伯：《马克思生产力论的生态意蕴及其当代价值研究》，呼和浩特：内蒙古大学 2020 年博士论文。

8. 锡宇飞：《感性自然、历史自然与人化自然——马克思恩格斯自然观研究》，长春：吉林大学 2020 年博士论文。

9. 赵光辉：《〈1844 年经济学哲学手稿〉生态思想研究》，海口：海南师范大学 2018 年博士论文。

10. 赵晓丹：《生态批判与图景构建——当代西方生态社会主义思想研究》，长春：吉林大学 2020 年博士论文。

11. 张成利：《中国特色社会主义生态文明观研究》，北京：中共中央党校 2019 年博士论文。

12. 张丽伟：《中国经济高质量发展方略与制度建设》，北京：中共中央党校 2019 年博士论文。

13. 张艳：《新时代中国特色绿色发展的经济机理、效率评价与路径选择研究》，西安：西北大学 2018 年博士论文。

六、其他

1.《习近平在参加党的十九大贵州省代表团讨论时强调：万众一心开拓进取把新时代中国特色社会主义推向前进》，http://www.xinhuanet.com/2017-10/19/c_1121828266.htm。

2.《中华人民共和国国民经济和社会发展第十四个五年规划和2035年远景目标纲要》，http://www.gov.cn/xinwen/2021-03/13/content_5592681.htm。

3.《国务院关于支持贵州在新时代西部大开发上闯新路的意见》，http://www.gov.cn/zhengce/content/2022-01/26/content_5670527.htm。

4. C. P. Snow：*The Two Cultures*，Cambridge：Cambridge University Press，1998。

5. 践行"两山"理论建设美丽铜仁，http://www.trs.gov.cn/xwzx/trsyw/201911/t20191113_25880763.html。

后　记

　　本成果主要在 2019 年完成并于 2020 年 1 月交稿。后由于各种原因未能如期出版。几经周折，在 2020—2021 年做了少量修改和有关补充后得以呈现。最终成果吸收了《铜仁高质量绿色发展先行示范区建设研究（编号：201909）》《习近平生态文明思想在铜仁的实践研究（编号：2020TRRW01）》、铜仁职业技术学院"思政课改革创新团队（编号：2020-118-2）"和"概论课教学创新团队（编号：2021-4-15）"等项目的研究。

　　成果的第三篇提纲是在胡光荣主任的指导和要求下修改而成，凝结了其智慧和汗水。写作过程中，得到了经济学博士、铜仁学院翟玉胜教授和经济学博士大连民族大学郭景福教授的鼎力帮助和细心指导。得到了学院党委书记张命华教授的支持和鼓励。成果的最终成果的最终形成，还吸收了马结华、吴成芳、谭子安等领导、专家的批评意见和修改要求，在此一并感谢。没有以上专家的指导和帮助，就没有本成果的成型。更要感谢我的两位导师：国家级教学名师汪青松教授和国家"万人计划"青年拔尖人才张彦教授，是他们的渊博知识和对学术的不断攀登，还有对学生的诲人不倦，深深地感动和鼓舞着我，时刻鞭策，终身感激！

　　在课题调研过程中，要特别感谢铜仁、丽水各区县的发改、环保、生态、林业等相关部门和企业，如丽水的马根生、陈一艳，玉屏的吴登伦，德江的樊睿智、杨进，江口的任明勇……当时的座谈和研讨情形我历历在目，是他们在高质量绿色发展一线工作中表现出来的敬业精神、拼搏精神、严谨态度和必胜信念鼓励着我、激励着我不断前进。

当然，在课题研究、调研和资料收集等方面，得到了何寻梦主任、张家俊博士、陈荣强教授，还有章林、刘鸿燕、苏慧琴、李廷智等领导、同仁的指导、帮助，在这里表示十分感谢。

本成果的写作和完稿，大量借鉴、参考和引用了前辈、专家和有关学者的研究成果，在此，向那些给予我启发的著作、论文和调研报告的作者，表示衷心的感谢。如有遗漏标注出处的，表示非常的歉意。

由于本人水平非常有限，对我国古代生态环境保护、环境建设、文明迁徙等形成的环境史、生态哲学、气候思想等涉足甚少，加上马克思主义思想博大精深，文中不当之处在所难免，还望各位不吝赐教，批评指正，谢谢！我会继续努力……

脱贫济困是中华民族的高尚品格，实现小康是中国人民梦寐以求的事情。中国共产党坚持人民至上的价值理念，顺应历史、敢于担当，把人民对美好生活的向往作为自己的工作目标。通过土地改革、社会主义改造和工业化的制度扶贫，改革开放的实践扶贫，取消了延续几千年的农业税，消除了中国人民的绝对贫困。党的十八大以来，在党中央的坚强领导下，中国共产党人承前启后、继往开来，领导全国人民万众一心，全面实施规模最大、力度最强的精准扶贫行动。通过八年"抗战"，历史性地解决了困扰中华民族历史发展长河中的重大贫困问题，实现了一个郑重承诺：2020年实现全面小康；实施了一项先进模式：生态脱贫；体现了一种伟大精神：致富路上一个都不能少。作为一名中华儿女，我们为祖国的繁荣富强而骄傲，为党的伟大事业蒸蒸日上而自豪。作为一名共产党员，我们不做旁观者，脚踏实地埋头干，继续发扬党的优良作风，增强"四个意识"，坚定"四个自信"，做到"两个维护"，全身心投入到乡村振兴、绿色发展和生态文明建设等国家发展战略，为实现中华民族伟大复兴中国梦在自己的岗位上作出应有的贡献。

人类的生存和发展是以生态环境为基础的。感恩共产党，感恩好时代。让我们尽情地享受祖国的大好河山，在悠久的中华文明中自豪地续写生命共同体！

人生总是有许多遗憾，成果同样有很多不足。下一步我将尽量补缺补差，向同行专家学习，不断提升自己的理论修养、追寻形而上沉思的城邦……并在今后持续跟踪和关注贵州下一个"黄金十年"和铜仁高质量绿色发展，研究和贯彻国发〔2022〕2号文件精神，做好当代中国生态文明建设的案例研究和铜仁生态产品价值实现机制与实践研究，为地方高质量绿色发展和新时代西部大开发"出新绩"贡献微薄之力。

黄　江

2022 年 2 月 18 日